U0296530

青海省生态系统服务价值总量及时空差异的量化

于德永　史培军　周　涛 等　著

科 学 出 版 社
北　京

内 容 简 介

本书以景观生态学格局-过程分析、生态学模型与模拟、野外调查等相结合的研究方法，建立青海省生态系统服务评估指标体系与方法，计算2000～2018年各类生态系统服务的物质量，量化生态系统服务物质量的货币价值；在像元、生态系统类型、生态功能区等多空间尺度上揭示青海省生态系统服务的时空演变特征及驱动力，阐明生态系统服务的得失权衡机制及关键生态系统服务的区域外溢出效应。

本书可供生态学、地理学、经济学、管理学的科研人员和资源与环境领域的管理工作者等参考。

审图号：青S（2023）032

图书在版编目（CIP）数据

青海省生态系统服务价值总量及时空差异的量化 / 于德永等著. —北京：科学出版社，2023.6

ISBN 978-7-03-071538-8

Ⅰ. ①青… Ⅱ. ①于… Ⅲ. ①生态系-服务功能-评价-研究-青海 Ⅳ. ① X171.1

中国版本图书馆CIP数据核字（2022）第028182号

责任编辑：杨帅英　张力群 / 责任校对：郝甜甜
责任印制：吴兆东 / 封面设计：图阅设计

科学出版社 出版
北京东黄城根北街16号
邮政编码：100717
http://www.sciencep.com

北京建宏印刷有限公司 印刷
科学出版社发行　各地新华书店经销

*

2023年6月第　一　版　开本：787×1092　1/16
2023年6月第一次印刷　印张：15 1/2
字数：368 000

定价：170.00 元

（如有印装质量问题，我社负责调换）

作 者 名 单

于德永　史培军　周　涛

郝蕊芳　黄　婷　李思函

赵　霞　毛爱涵　曹　茜

前　言

青藏高原是世界屋脊、亚洲水塔，是地球第三极，是我国重要的生态安全屏障、战略资源储备基地，是中华民族特色文化的重要保护地。青海省是青藏高原的重要组成部分，是长江、黄河、澜沧江等重要水系的发源地，生态环境在中国及全球均具有十分重要的战略地位。

2016年8月22～24日习近平总书记在青海考察时指出："青海最大的价值在生态、最大的责任在生态、最大的潜力也在生态。"2021年6月7～9日，习近平总书记再次来到青海考察时强调："保护好青海生态环境，是'国之大者'。"

2008年，青海省正式提出"生态立省"战略。中共青海省委明确指出："要金山银山，更要碧水青山。我们决不能靠牺牲生态环境和人民健康来换取经济增长，一定要保护好'中华水塔'的一山一水、一草一木，一定要建设好生产发展、生活富裕、生态良好的绿色家园，为中华民族的伟大复兴提供强有力的生态支撑。"2018年7月23～24日，中国共产党青海省第十三届委员会第四次全体会议提出了"坚持生态保护优先、推动高质量发展、创造高品质生活"的发展战略。

青海的生态地位决定了青海必须实施生态优先战略，这不仅是构筑中下游地区可持续发展的生态屏障之根基所在，更是维护东南亚乃至全球生态安全的必要保障。生态优先战略的确立决定了必须全面研究青海的生态价值、生态责任和生态潜力，以便从理论上、技术上和模式上为这一战略的顺利实施提供必要的科技支撑。

如何科学客观地阐明青海的生态价值在全球和全国的特殊性和重要性？青海省确立生态立省以来生态价值是否变化，如何变化，变化的原因是什么？如何评估青海高原生态系统服务对于区域外的溢出价值？高原隆升和气候变化如何影响生态价值得失权衡？这些问题不仅是党中央、国务院和省委省政府等各级管理部门和决策层迫切需要了解和共同期盼解决的重大科学问题，也是实现社会经济和生态环境协调发展迫切需要解决的重大实践问题。

本书紧紧围绕如何量化青海省生态系统服务价值这一关键科学问题，应用联合国千年生态系统评估计划提出的生态系统服务评估框架，将青海省生态系统服务分为支持服务、供给服务、调节服务和文化服务，建立了青海省2000～2018年生态系统服务的物质量和价值量账户，揭示了2000～2018年青海省生态系统服务的时空演变特征，阐明了关键生态系统服务的维持机制。

本书分为十三章，第1～3章由于德永撰写，第4章由李思函、于德永撰写，第5章由黄婷、李思函、毛爱涵、于德永撰写，第6章由黄婷、罗惠、刘霞、郝蕊芳、李思函、于德永、赵霞、于佩鑫、张亚杰、周涛撰写，第7章由毛爰涵、于德永撰写，第8章由黄婷、郝蕊芳、李思函、毛爰涵、于德永撰写，第9章由黄婷、于佩鑫、张亚杰、郝蕊芳、李思函、于德永、赵霞、罗惠、刘霞、周涛撰写，第10章由毛爰涵、于德永撰写，第11章由李思函、于德永撰写，第12章由于德永撰写，第13章由郝蕊芳、黄婷、曹茜、于德永撰写。全书由于德永统稿，史培军负责研究内容总体设计并最后审定。

本书的研究工作得到了“第二次青藏高原综合科学考察研究”项目任务十“区域绿色发展途径”专题一“高原气候资料稀缺地区气候变化及其影响与应对（编号：2019QZKK1001）”、青海省科技厅重大科技专项项目“青海生态环境价值评估及大生态产业发展综合研究（编号：2019SFA12）”和青海师范大学高原科学与可持续发展研究院的支持。

中国科学院孙鸿烈院士、郑度院士、吴国雄院士、秦大河院士、傅伯杰院士、于贵瑞院士，中国工程院李文华院士，北京师范大学宋长青教授、效存德教授，北京大学彭建教授，青海师范大学陈克龙教授等专家；国家发展和改革委员会基础设施司、生态环境部生态司、自然资源部国土空间生态修复司、青海省委和省政府及省直机关有关部门负责同志对本书的研究工作给予了大量支持、指导、肯定和鼓励，在此一并致谢！

囿于作者水平和认识上的局限性，书中不足之处在所难免，欢迎广大读者批评指正，不吝赐教，以便在后续工作中更正。

作　者

2021年12月18日

目　　录

第1章 青海生态立省及生态系统服务

1.1 青海生态立省的战略地位与政策背景

青藏高原是世界屋脊、亚洲水塔，是地球第三极，是我国重要的生态安全屏障、战略资源储备基地，是中华民族特色文化的重要保护地。揭示青藏高原环境变化机理，优化生态安全屏障体系，对推动青藏高原可持续发展、推进国家生态文明建设、促进全球生态环境保护将产生十分重要的影响。

青海省因境内有国内最大的内陆咸水湖—青海湖而得名，简称“青”。青海省位于我国西部，雄踞世界屋脊青藏高原的东北部。青海省地理位置介于89°35′～103°04′E，31°36′～39°19′N之间，全省东西长1200多千米，南北宽800多千米，总面积72.23万km^2，约占全国总面积的1/13，面积排在新疆、西藏、内蒙古之后，列全国各省份的第四位。青海北部和东部同甘肃省相接，西北部与新疆维吾尔自治区相邻，南部和西南部与西藏自治区毗连，东南部与四川省接壤，是联结西藏、新疆与内地的纽带。青海全省平均海拔3000米以上。青海省地大物博、山川壮美、历史悠久、民族众多、文化多姿多彩。青海的美，具有原生态、多样性，不可替代的独特魅力，青海省具有生态、资源、安全稳定上的重要战略地位。

由于高寒缺氧、气候恶劣等原因，直到今天，青海仍然是一个西部欠发达省份，然而青海省是中国乃至亚洲重要的生态屏障和水源涵养区，青海是长江、黄河、澜沧江的发源地，故被称为“江河源头”，又称“三江源”，湿地面积达800多万公顷，居全国之首，被誉为“中华水塔”。青海还是河西走廊主要内流河的河源区。

2008年，青海省正式提出“生态立省”战略。中共青海省委明确指出：“要金山银山，更要碧水青山。我们决不能靠牺牲生态环境和人民健康来换取经济增长，一定要保护好‘中华水塔’的一山一水、一草一木，一定要建设好生产发展、生活富裕、生态良好的绿色家园，为中华民族的伟大复兴提供强有力的生态支撑。”“保护生态环境、发展生态经济、培育生态文化”是青海省实施生态立省战略的基本内涵。青海脆弱的生态环境，决定了青海发展经济必须以保护生态环境与自然资源为先导。维护江河源地区生态系统的完整性及其生态系统服务，为大江大河整个流域的发展提供生态支撑，青海责无旁贷。青海省以生态文明建设为核心，立生态为本，保护生态环境，守护江河源远流长；仰资源之丰，发展生态经济，人与自然和谐共处；借景观之优，培育生态文化，打造生态主导型旅游强省。遵循生态规律，建设生态社会，促进现代化发展模式的生态转型，积极维护和保障我国长江黄河流域的生态安全，在21世纪中叶前建成一个生态良好、经济繁荣、人与自然和谐发展的新青海。

2016年8月22～24日中共中央总书记、国家主席、中央军委主席习近平在青海考察时强调，生态环境保护和生态文明建设，是我国持续发展最为重要的基础。青海最大的价值在生态、最大的责任在生态、最大的潜力也在生态，必须把生态文明建设放在突出位置来抓，尊重自然、顺应自然、保护自然，筑牢国家生态安全屏障，实现经济效益、社会效益、生态效益相统一。

2018年7月23～24日，中国共产党青海省第十三届委员会第四次全体会议在西宁召开，全会审议通过《中共青海省委青海省人民政府关于坚持生态保护优先推动高质量发展创造高品质生活的若干意见》。青海省委做出“一优两高”的战略部署，就是要以习近平新时代中国特色社会主义思想为指导，全面贯彻党的十九大精神，贯彻“四个扎扎实实”重大要求，扎实落实青海省第十三次党代会精神，统筹推进“五位一体”总体布局和协调推进“四个全面”战略布局，坚持新发展理念，坚持稳中求进工作总基调，坚持以供给侧结构性改革为主线，紧扣我国社会主要矛盾转化在青海的具体体现，深入实施“五四战略”，以生态文明理念统领经济社会发展全局，坚定不移走高质量发展和高品质生活之路，坚定不移推进和加强党的建设，确保与全国同步全面建成小康社会、建设更加富裕文明和谐美丽的新青海。

（1）要立足于生态保护优先。人与自然是生命共同体，“绿水青山就是金山银山”的理念在全省已经深入人心。青海是生态大省，要紧扣省情实际，坚决扛起生态保护的责任，坚守“生态环境质量只能变好，不能变坏”的底线，在青海工作，要牢固树立不抓生态就是失职，抓不好生态就是不称职的理念，一切工作都要坚持生态保护优先，推动形成人与自然和谐发展的现代化建设新格局。要处理好生态保护与经济发展的关系、绿水青山与民生福祉的关系、顶层设计与地方探索的关系、政府主导与市场机制的关系、突出重点和整体推进的关系、以人为本和尊重自然的关系、制度建设和行动自觉的关系、立足当下和着眼长远的关系。这八个关系，要与全省生态环境保护大会的安排部署一体把握，一并落实。

（2）要着眼于推动高质量发展。高质量发展是满足人民群众对美好生活向往的发展，是体现新发展理念的发展，涉及发展方式、经济结构、增长动力等诸多方面的系统性重大变革，推动经济从“高速度”转向“高质量”、从“有没有”转向“好不好”、从“中低端”转向“中高端”，实现从“数量追赶”向“质量追赶”“规模扩张”向“结构优化”“要素驱动”向“创新驱动”的更有效率、更加公平、更可持续的发展。推动青海省经济发展的高质量，人的思想观念要高质量，在思想观念、思维方式、领导能力、基本素质等方面来一个大转变、大提升。区域协调要高质量，打造宜居宜业“大西宁”、城乡统筹和农业现代化“新海东”、开放“柴达木”、特色“环湖圈”、绿色“江河源”。产业布局要高质量，选择与生态环境保护相向而行的产业，着力改造提升传统产业、发展特色新兴产业，全力推动质量变革、效率变革、动力变革，大力发展园区经济，加快构建现代产业体系。城乡建设要高质量，围绕“四化同步”来建立健全城乡融合发展的体制机制，用历史和发展的眼光从容规划建设管理城乡，加快城镇建设，让城市生活更美好，乡村生活更富足，走出一条具有青海特色的城乡融合发展之路。生态文明建设要高质量，坚持生态优先、绿色发展，把生态文明建设融入经济、政治、文化、社会建设全过程，实施好“五大行动”，推进好山水林田湖草系统治理，建设好国家公园，为建设美丽中国和全球生态安全做出青海贡献。融入国家战略要高质量，把青海放到全国大局中来审视和谋划，找到定位、找准方向，以时不我待的紧迫感搭上国家发展的快车，在推动和服务国家发展的同时，实现自身更好更快发展。

（3）要致力于创造高品质生活。党和政府的一切工作都是为了人民、造福人民，让全省各族群众有更多的获得感、幸福感、安全感，这既是以人民为中心的发展思想的核心要义，也是创造高品质生活的题中应有之义。我们要始终把人民放在心中最高位置，倾力关注民生事业，在幼有所育、学有所教、劳有所得、病有所医、老有所养、住有所居、弱有所扶上不断取得新发展。进一步提升各族群众的获得感，要打好打赢脱贫攻坚战，扩大就业创业，提高社会保障水平，持续增加居民收入，保持物价稳定，加大住房保障。进一步提升各族群众的幸福感，要抓好教育，提升健康，提速基础设施建设，丰富群众文化生活，加大养老服务供给，实施乡村环境治理，推进“厕所革命”。进一步提升各族群众的安全感，要建设法治青海、平安青海、公正青海、诚信青海、和谐青海。

1.2 青海省生态系统服务评估的意义

生态系统服务是指人类从自然生态系统中获取的惠益，是人类社会与自然生态系统发生作用的桥梁与纽带，对满足人类福祉，维持生态安全和促进区域可持续发展均发挥着十分重要的支撑作用。

消除贫穷、消除饥饿、良好的健康与福祉、清洁水和卫生设施、廉价和清洁的能源、可持续城市和社区、气候行动、生物安全等维持人类生计和福祉的关键生态系统服务已经成为联合国2030年要实现的17项可持续发展目标的重要组成部分。

据联合国预测，21世纪末全球人口数量将突破100亿（UN，2012），随着人口增加和人们生活水平的提高，对关键生态系统服务的需求量也将大幅增加。然而关键生态系统服务的供给却是有限的，过去五十年近全球60%的生态系统服务已经退化（Costanza et al.，2014）。自然生态系统服务的退化有许多原因，IGBP认为影响全球自然变化最大的直接驱动力有土地/海洋利用的变化和气候变化等。人类社会的可持续发展已经成为21世纪的主要议题和巨大挑战。世界各国正在寻求既满足人类福祉，同时又使环境维持在可承受范围内的可持续发展之路。

面对气候变化的威胁，合理规划和利用土地资源，使自然环境能在长时期、大范围不发生明显退化，甚至能持续好转，同时满足当地社会经济发展对自然资源和高质量环境的需求，实现人与环境系统整体利益最佳，而非局部利益最佳（叶笃正等，2001，2012），这对于改善和提高国计民生均具有十分重要的科学研究意义和现实应用价值。

青海生态优先战略的确立决定了必须全面研究青海的生态价值、生态责任和生态潜力，以便从理论上、技术上和模式上为这一战略的顺利实施提供必要的科技支撑。如何科学客观地阐明青海的生态价值在全球和全国的特殊性和重要性？青海省确立生态立省以来生态价值是否变化，如何变化，变化的原因是什么？21世纪以来推进的重大生态保护、恢复、修复工程的生态效益如何？如何评估青海高原生态系统服务对于区域外的溢出效应？青海高原土地利用和气候变化如何影响生态价值的得失权衡？这些问题不仅是党中央、国务院和省委省政府等各级政府部门和决策层迫切需要了解和共同期盼解决的重大科学问题，也是实现社会经济和生态环境协调发展迫切需要解决的重大实践问题。因此开展青海省生态系统服务评估，揭示青海高原高寒生态系统服务的变化机制，核算生态系统服务价值，这些研究内容对于优化国家生态安全屏障体系，推动青藏高原可持续发展，推进国家生态文明建设，促进全球生态环境保护具有重要的战略价值和现实应用价值。

第2章　青海省概况

2.1　自然地理

青海山脉纵横，峰峦重叠，湖泊众多，峡谷、盆地遍布。祁连山、巴颜喀拉山、阿尼玛卿山、唐古拉山等山脉横亘境内。青海湖是我国最大的内陆咸水湖，柴达木盆地以“聚宝盆”著称于世。全省地貌复杂多样，五分之四以上的地区为高原，东部多山，海拔较低，西部为高原和盆地，境内的山脉，有东西向、南北向两组，构成了青海的地貌骨架。青海是农业区和牧区的分水岭，兼具了青藏高原、内陆干旱盆地和黄土高原的三种地形地貌，汇聚了大陆季风性气候、内陆干旱气候和青藏高原气候的三种气候形态，这里既有高原的博大、大漠的广袤，也有河谷的富庶和水乡的旖旎。地区间差异大，垂直变化明显。青海太阳辐射强度大，光照时间长，太阳能资源丰富。

2.1.1　地形

青海全省地势总体呈西高东低，南北高中部低的态势，西部海拔高峻，向东倾斜，呈梯形下降，东部地区为青藏高原向黄土高原过渡地带，地形复杂，地貌多样。各大山脉构成全省地貌的基本骨架。

全省平均海拔3000m以上，省内海拔3000m以下地区面积为11.1万km^2，占全省总面积的15.9%；海拔3000～5000m地区面积为53.2万km^2，占全省总面积的76.3%；海拔5000m以上地区面积为5.4万km^2，占全省总面积的7.8%。青南高原平均海拔超过4000m，面积占全省总面积的一半以上；河湟谷地海拔较低，多在2000m左右。最高点位于昆仑山的布喀达坂峰，海拔为6851m，最低点位于海东市民和县马场垣乡境内青海省最东端与甘肃省交界处，海拔为1644m。青海省地貌相接的四周，东北和东部与黄土高原、秦岭山地相过渡，北部与甘肃河西走廊相望，西北部通过阿尔金山和新疆塔里木盆地相隔，南与藏北高原相接，东南部通过山地和高原盆地与四川盆地相连。省内平原面积为19.7万km^2，占全省总面积的28.3%；山地面积为34.1万km^2，占全省总面积的48.9%；丘陵面积为10.2万km^2，占全省总面积的14.6%；台地面积为

5.7万km^2，占全省总面积的8.2%。

2.1.2 气候

青海省深居内陆，远离海洋，地处青藏高原，属于高原大陆性气候。其气候特征是：日照时间长、辐射强；冬季漫长、夏季凉爽；气温日较差大，年较差小；降水量少，地域差异大，东部雨水较多，西部干燥多风、缺氧、寒冷。

年平均气温受地形的影响，其总的分布形式是北高南低。青海省境内各地区年平均气温在－5.1～9.0℃之间，1月（最冷月）平均气温－17.4～－4.7℃，其中祁连托勒为最冷的地区；7月（最热月）平均气温在5.8～20.2℃之间，民和为最热的地区。年平均气温在0℃以下的祁连山区、青南高原占全省面积的2/3以上，较暖的东部湟水、黄河谷地等地年平均气温在6～9℃左右。全省年降水量总的分布趋势是由东南向西北逐渐减少，境内绝大部分地区年降水量在400mm以下，祁连山区在410～520mm之间，东南部的久治、班玛一带超过600mm，其中久治为降水量最大的地区，年平均降水量达到745mm；柴达木盆地年降水量在17～182mm之间，盆地西北部少于50mm，其中冷湖为降水最少的地区。无霜期东部农业区为3～5个月，其他地区仅1～2个月，三江源部分地区无绝对无霜期。1961～2015年，平均年辐射总量可达5860～7400MJ/m^2（1kW·h＝3.6MJ），日照时数为2336～3341小时，太阳能资源丰富。近年来，青海省气温升高、降水量增加，加之生态建设保护工程的实施，青海省生态环境得到明显改善。2000～2019年青海省气温、降水、太阳辐射变化情况如图2-1所示，2000～2014年平均气温呈增加趋势，2014～2019年呈下降趋势；2000～2019年降水呈增加趋势，2000～2016年太阳辐射呈增加趋势，但2016～2019年下降趋势明显。

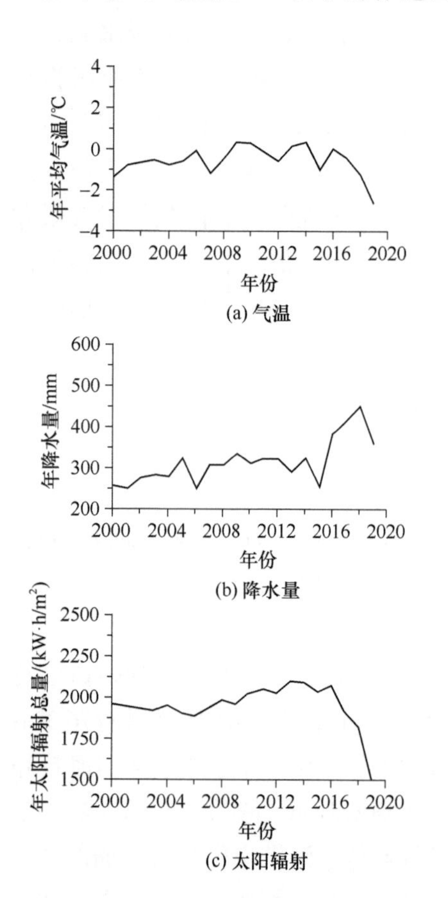

图2-1 2000～2019年青海省主要气象指标变化特征

2.2 可再生自然资源

2.2.1 土地

截至2015年，全省土地最新实测总面积共69.66万km^2（0.6966亿hm^2）。其中农用地面积4510.50万hm^2，占全省土地总面积的64.75%。农用地中耕地面积达58.57万hm^2，牧草地面积为4081.21万hm^2，林地面积为354.15万hm^2，园地面积为0.61万hm^2；建设用地面积为33.99万hm^2，占全省总面积的0.49%；未利用地面积达2421.99万hm^2，占全省土地面积的34.77%。青海土地类型多样，垂直分异明显，大致以日月山、青南高原北部边缘为界，以西为牧区，以东为农耕区；自西而东，冰川、戈壁、沙漠、草地、水域、林地、耕地梯形分布，东部农业区形成川、浅、脑立体阶地，地块分散，难以连片开发集约利用。东部耕地占全省总耕地面积的90.8%，宜耕后备资源主要分布在柴达木盆地、海南台地、环青海湖地区及东部地区。

2.2.2 耕地

全省耕地面积为58.57万hm^2，2015年农作物播种面积达55.84万hm^2，比上年增加0.47万hm^2。其中粮食作物面积为27.71万hm^2，占总播种面积的49.62%；经济作物播种面积为17.70万hm^2，其中，油料作物面积为14.47万hm^2，占25.91%；蔬菜种植面积为4.96万hm^2，占8.88%；枸杞面积为2.96万hm^2。农作物复种指数达95%。2015年主要农产品产量为：粮食102.72万t、油料30.48万t、蔬菜166.4万t、水果1.5万t。主要农产品品种有小麦、青稞、玉米、油菜、蚕豆、豌豆、马铃薯、胡麻等。主要水果品种有苹果（品种有红元帅、红星、红富士等）、贵德长把梨、软儿梨、杏、桃、李子、樱桃、沙果、核桃、花檎、草莓、西瓜、葡萄等。

2.2.3 草地

全省草地面积达4193.33万hm^2，其中可利用面积为3866.67万hm^2，分为9个草地类，7个草地亚类，28个草地组，173个草地型。在各类草原中，高寒草甸面积为2366.16万hm^2，占全省草地面积的56.43%，是青海省天然草地的主体。在草地总面积中，可利用草地占86.72%，其中夏秋草场达1825.35万hm^2。在全省173个草地型中，以莎草科牧草为优势品种的草地型有40个，面积可达2091万hm^2。全省可利用草地每年牧草产量为8093万t。

2.2.4 林地

全省林地总面积为1096万hm^2，占全省面积的15.3%。森林面积为452万hm^2，森林覆盖率达6.3%，较2010年增加了1.07个百分点，东部地区达到35.29%。天然林资源管护面积为367.8万hm^2，国家级公益林管护面积为496万hm^2。现有森林公园23处，总面积为54万hm^2；其中国家级森林公园7处，面积为29万hm^2，省级森林公园16处，面积为25万hm^2。国家级良种基地4个，面积为0.11万hm^2。荒漠化土地面积为1903.58万hm^2，占全省面积的26.5%，沙化土地面积为1246.17万hm^2，占全省面积的17.4%。全省枸杞种植面积为3.62万hm^2，干果产量为5.83万t；沙棘种植面积为16万hm^2，可采果利用面积为6.6万hm^2；核桃种植面积为1.55万hm^2，年产量约1388t；大果樱桃种植面积为0.17万hm^2，树莓种植面积为0.38万hm^2。林业年产值在42亿元以上。

2.2.5 湿地

全省湿地面积为814.36万hm^2，占全国湿地总面积的15.19%，湿地面积居全国第一，其中：列入国际重要湿地3处，面积为16.7万hm^2；列入国家重要湿地17处，面积为21.98万hm^2；建立国家湿地公园15处，面积为30.4万hm^2。

2.2.6 水利

全省集水面积在500km^2以上的河流达380条。全省年径流总量为611.23亿m^3，水资源总量居全国第15位，人均占有量是全国平均水平的5.3倍，黄河总径流量的49%，长江总径流量的1.8%，澜沧江总径流量的17%，黑河总径流量的45.1%从青海流出，每年约有596亿m^3的水流出青海。地下水资源量为281.6亿m^3；全省面积在1km^2以上的湖泊有242个，省内湖水总面积为13098.04km^2，居全国第二位。青海水资源总量丰富，但供需矛盾仍然十分突出。长江和澜沧江流域工农业经济总量少，但水资源丰富。黄河流域是省内开发历史最早，人口、耕地比较集中，经济较发达的地区，水资源占全省的33.1%，而流域内人口、耕地面积、地区生产总值分别占全省的81%、84%、70%，其中湟水水资源仅22.2亿m^3，占全省的3.5%，流域内人口、耕地面积、地区生产总值分别占全省的56%、52%、56%，经济社会发展与水资源的分布不相匹配，已成为制约流域经济社会发展的主要因素之一。全省理论水能蕴藏量达2187万kW，全省水能储量在1万kW以上的河流有108条，可装机500kW以上的水电站有241处。

2.2.7 植物

有高等被子植物近1.2万种，蕨类植物800余种，其中，经济植物75类331属1000余种，涉及药用、纤维、淀粉、糖类、油料、化工原料、香油蜜源、野果野菜、观赏花卉等植物种类。药用植物约500余种，其中，著名中药50多种，主要有冬虫夏草、大黄、贝母、枸杞、甘草、雪莲、藏茵陈、党参、黄芪、羌活、莨菪、麻黄等。纤维植物有50余种，主要有紫斑罗布麻、箭叶锦鸡儿、马兰、芦苇、狼毒、芨芨、山柳等。油料植物有香薷、沙棘、文冠果、薄荷、宿根亚麻等70余种。淀粉类植物有蕨麻、锁阳、黄精、玉竹等50余种。化工原料植物主要有油松、金露梅、地榆、柽柳等50余种。香料蜜源植物有丁香、忍冬、百里香、玫瑰等40余种。野果和蔬用植物有草莓、山楂、山葡萄、猕猴桃等40余种。食用菌类有发菜等10余种。

2.2.8 动物

全省有陆栖脊椎动物类约1100种，有经济价值动物250种，鸟类294种、兽类103种，分别占全国的1/4和1/3。其中列为国家重点保护的一、二类动物有69种。珍稀动物有：野骆驼、野牦牛、野驴、藏羚羊、盘羊、白唇鹿、梅花鹿、麝、雪豹、黑颈鹤、藏雪鸡、天鹅等。皮毛、革、羽用、肉用动物主要有水獭、喜马拉雅旱獭、赤狐、猞猁、香鼬、兔狲、金猫、石貂、豹、岩羊、原羚、黄羊等。药用动物主要有马鹿、水鹿、毛冠鹿、棕熊等。家畜家禽主要有互助黑猪、八眉猪、藏系羊、贵南黑紫羊、环湖改良细毛羊、山羊、骆驼、牦牛、黄牛、犏牛、浩门马、河曲马、玉树马、大通马、柴达木马等。其他动物主要有灰鹤、鸿雁、豆雁、大鵟、岩鸽、藏马鸡、金雕、啄木鸟、猫头鹰等。

2.2.9 畜牧

2015年底存栏大小牲畜2261.64万头（只），主要牲畜品种有八眉猪、海东鸡、青海高原牦牛、青海白牦牛、大通牦牛、柴达木山羊、柴达木绒山羊、贵德黑裘皮羊、欧拉羊、蒙古羊、青海毛肉兼用细毛羊、青海高原毛肉兼用半细毛羊、河曲马、玉树马、柴达木马、大通马、青海挽乘马、骆驼、毛驴、白唇鹿、马鹿等。2015年，全省育活仔畜达757.92万头（只）。年末草食畜存栏量达1920.47万头（只）；全年肉用畜（草食畜）出栏776.18万头（只），增长3.5%；草食畜出栏率42.9%；牲畜商品率36.1%。

2.2.10 水产品

全省有水域面积1970.42万亩*，河流、湖泊众多，适宜野生鱼类繁殖和人工养殖，特别是人工养殖水产品数量增长迅速，种类增多，一些外地鱼、虾、蟹等品种也落户高原水域。2015年，全省水产品产量10579吨，主要养殖鱼类为虹鳟鱼。全省分布的各类水生野生动物中，哺乳类1种（水獭）、两栖类分属2目5科6属9种、鱼类分属3目5科18属51种。鱼类主要以裂腹鱼亚科和条鳅亚科为主，且多数种类为我国特有的高原珍稀物种。按省鱼类区系分布，境内有21种产于长江水系、22种产于黄河水系、8种产于澜沧江水系，19种产于内陆水系。属国家二类保护水生生物有大鲵、水獭、川陕哲罗鲑3种，省内重点保护水生生物有青海湖裸鲤、齐口裂腹鱼等14种。

2.3 人文地理

青海人口分布不均，主要分布在河湟谷地和柴达木盆地。青海是少数民族人口比例较高的省市区，已达48%，青南地区相对更高，达85%以上。社会经济发达程度区域差异很大。西宁、海东、格尔木等相对发达，青南相对滞后。农牧业广泛分布，工业和服务业主要集中在海河湟谷地和柴达木盆地。城市化水平区域差异较大，海河湟谷地和柴达木盆地城市化水平区较高，青南地区相对较低。少数民族人口占比较高，达48%。

2.3.1 人口

2018年年末全省常住人口603.23万人，比上年末增加4.85万人。其中，城镇常住人口328.57万人，占总人口的比重为54.47%，比上年末提高1.40个百分点。全年人口出生率14.31‰，比上年低0.11个千分点；人口死亡率6.25‰，比上年高0.08个千分点；人口自然增长率8.06‰，比上年低0.19个千分点。全省人户分离的人口为117.67万人，其中流动人口100.97万人。年末全省户籍人口586.77万人，其中城镇户籍人口240.09万人，占总户籍人口的比重（户籍人口城镇化率）为40.92%。全省以草地利用为主，裸地比例较高。

2.3.2 经济

2018年全年全省实现生产总值2865.23亿元，按可比价格计算，比上年增长7.2%。

---

* 1亩≈666.67m^2，全书同

分产业看，第一产业增加值268.10亿元，增长4.5%；第二产业增加值1247.06亿元，增长7.8%；第三产业增加值1350.07亿元，增长6.9%。第一产业增加值占全省生产总值的比重为9.4%，第二产业增加值比重为43.5%，第三产业增加值比重为47.1%。人均生产总值47689元，比上年增长6.3%。

2.3.3 土地利用

青海省的主要土地利用类型为草地和裸地（图2-2）。裸地主要分布在青海省西北部，此处是我国四大盆地之一——柴达木盆地。农田主要分布在东部干旱山区。2000～2015年各土地利用类型空间分布没有显著变化，仅农田面积有所减小。青海省2000年、2005年、2010年及2015年土地利用类型如图2-3所示。

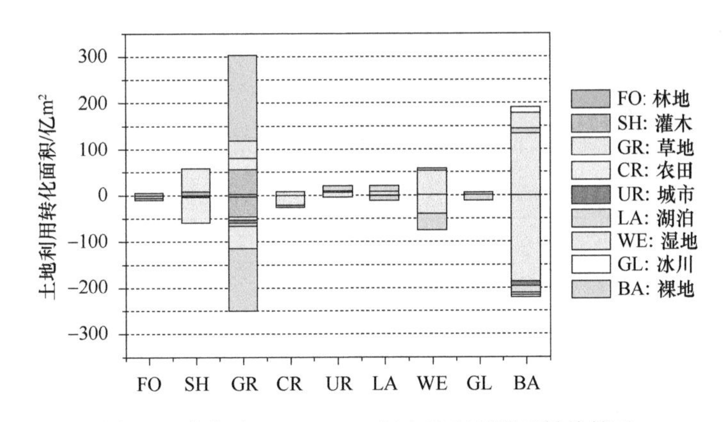

图2-2 青海省2000～2015年土地利用类型转换情况

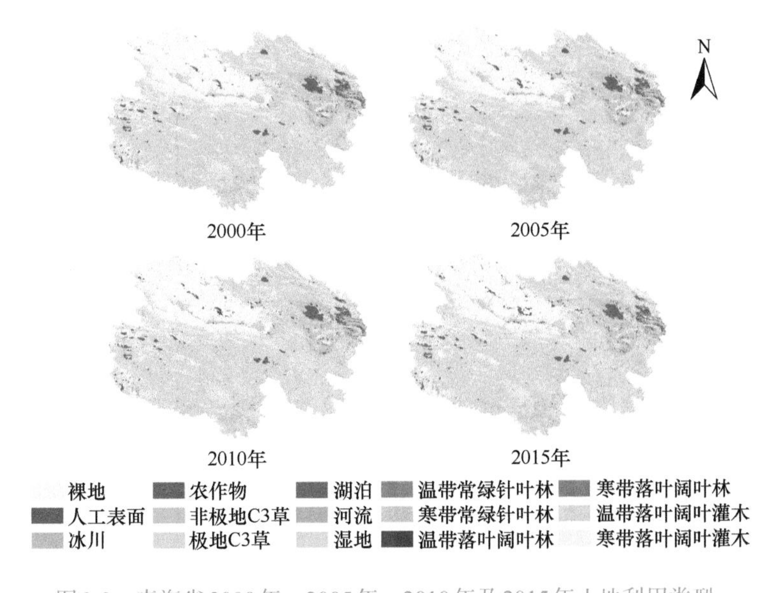

图2-3 青海省2000年、2005年、2010年及2015年土地利用类型

2000～2015年，发生相对较大面积转化的土地利用类型为草地、裸地、湿地和灌木。新增草地面积约300亿m^2，主要转化自184亿m^2裸地、53亿m^2灌木、37亿m^2湿地及19亿m^2农田；约250亿m^2草地转化为其他土地利用类型，其中包括133亿m^2新增裸地。由此可以看出退耕还草政策的实施情况较好。新增裸地面积约200亿m^2，220亿m^2裸地转化为其他土地利用类型。其中，132亿m^2草地以及35亿m^2湿地是新增裸地的主要来源，另有11亿m^2冰川转化为裸地，这说明部分湿地和冰川有所退化（图2-2）。

从表2-1可以看出，2000～2010年土地利用面积变化较小，2010～2015年的土地利用面积变化较快。2000～2015年，林地、灌木、农田、冰川和裸地面积有所减小，而草地、城市、湖泊面积有所增加。

表2-1　2000～2015年青海省四期土地利用类型面积　（单位：km^2）

年份	林地	灌木	草地	农田	城市	湖泊	湿地	冰川	裸地
2000	2924.3	26218.0	377460.0	9951.2	1377.8	13339.0	33667.0	4890.4	226952.3
2005	2928.1	26220.0	378350.0	8933.8	1679.1	13978.0	33921.0	4809.3	225960.7
2010	2928.1	26221.0	378370.0	8762.1	1863.8	14362.0	34177.0	4962.2	225133.8
2015	2494.8	26141.0	382580.0	8284.7	3018.5	14317.0	31852.0	4296.7	223795.3

第3章 生态系统服务研究进展与研究内容

3.1 研究进展

3.1.1 生态系统服务

生态系统服务概念萌芽于20世纪60年代。最初，生态系统服务以“环境服务”的形式首次出现在文献中（Helliwell，1969）。Westman（1977）将其描述为“自然服务”。这一概念最终在1982年被确定为“生态系统服务”（Ehrlich and Ehrlich，1982）。

Daily（1997）将生态系统服务定义为：生态系统形成并维持人类赖以生存和发展的环境条件和效用。Costanza等（1997，1998）将生态系统服务定义为人类直接或者间接从生态系统中得到的利益，并对全球生态系统服务进行了价值化分析。此后大多数生态系统服务价值化研究都以此为基础，并对区域生态系统服务进行更为深入的价值化评估（欧阳志云等，1999；谢高地等，2001）。生态系统服务研究的另一个高潮是联合国新千年生态系统评估（millennium ecosystem assessment，MEA），其将生态系统服务定义为：是人类从自然生态系统中获得的惠益（MEA，2001，2005）。该定义受到普遍接受。

Daily（1997）将生态系统服务分为13类，包括净化空气、净化水、减轻干旱和洪水、传粉、农业害虫控制等。Costanza等（1998）将生态系统服务分为17大类，只包括可再生的服务，不包括不可再生的燃料和矿物质等。MEA（2001）提出将生态系统服务分为支持服务、供给服务、调节服务和文化服务四大类。支持服务包括土壤形成、植物光合作用、净初级生产力（net primary productivity，NPP）、养分循环等，是其他三类生态系统服务的基础。供给服务指人类从生态系统中获得的产品，包括食品、木材、燃料、清洁淡水等；调节服务指人类从生态系统的调节过程中获得的利益，包括空气质量调节、气候调节、水文调节、水质调节等；文化服务指人类从生态系统中获得的非物质收益，包括认知能力提高、对自然美感的享受、休憩娱乐等。支持服务与其他类型服务之间的主要区别在于它们对人类的影响是间接的、长期的，而其他类型服务对人类的影响是相对直接的、短期的，一些服务既可以归为调节服务，也可以归类为支持服务，这依赖于它们对人类影响的时间尺度，比如土壤侵蚀调节（MEA，2001）。Fisher等（2009）强调生态系统服务的可利用性，将其定义为生态系统中被人类主动或者被动利用的部分。Carpenter等（2009）以MEA为基础，将生态建设融入生态系统服务概念，指出生态系统服务的研究应该全面考虑生态系统过程与反馈以及社会系统与生态系统之间的相互依赖关系。生态系统与生物多样性经济学（the economics of ecosystems and biodiversity，TEEB）提出的生态系统服务分类体系与MEA的区别主要在于生物栖息地与支持服务，TEEB将生态系统服务分为供给服务、调节服务、生物栖息地以及文化服务，如土壤构成在MEA分类系统中属于支持服务，但是在TEEB分类系统中属于调节服务（de Groot et al.，2010）。

生态系统服务有限供给能力与人类巨大需求之间的矛盾使自然生态系统承受着巨大压力。过去五十年近60%的已知生态系统服务都退化了（Costanza et al.，2014）。生态系统调节服务的下降尤为引人关注，因为这预示未来其他生态系统服务的下降，未来情景模拟显示生态系统服务下降的趋势仍不容乐观（MEA，2005）。

自然生态系统服务的退化有许多原因，包括制度与政策缺陷，科学知识的不完备，突发事件及其他因素等，但大部分生态系统服务的退化是由于生态系统过程尺度与人类管理尺度的错配（Cumming et al.，2013；Fu et al.，2013；MEA，2005）。

目前全球正面临深刻的环境危机，这场危机主要由三个因素引发：①人口的快速增长及经济活动；②可更新资源和不可更新资源的过度利用；③对生态系统和生物多样性广泛而日渐加深的破坏。在这样的背景下，人类社会的可持续发展已经成为21世纪的主要议题和巨大挑战。在空前的环境压力之下，世界各国正在寻求既满足人类福祉，同时又使环境维持在可承受范围内的可持续发展之路。

3.1.2 景观可持续性

Forman（1995）定义景观可持续为："在一定区域内，生态完整性和人类需求同时在数代之间得以维系"。Forman进一步指出，适应性而非恒定性是取得可持续性的关键。这一观点类似于弹性理论（Cumming et al.，2013）。Haines-Young和Potschin（2010）认为：一个可持续的景观应该是人们从景观中得到的收益（商品和服务）能够得到满足，同时我们的债务不能增加。Potschin和Haines-Young（2006）认为，可持续的景观应该提供商品和服务，同时这些系统为未来子孙提供收益的能力不能受到损害。Nassauer 和 Opdam（2008）认为，可持续的景观能够不断提供生态系统服务，同时还能够满足社会需求和尊重社会价值。Cumming等（2013）认为，景观可持续性是指景观内的格局和过程及其相互作用能够无限期保持到未来的程度。Wu（2013）认为景观可持续性是指在一定区域背景之下，不管环境和社会文化如何变化，特定景观能够不断、稳定、长期地提供生态系统服务，用以保持和改善人类福祉的能力。Turner等（2013）认为，可持续性是指我们利用环境和资源满足当代人的需求，而不损害系统满足未来子孙需求的能力，具体地指在人类土地利用和变化的环境之下，现在以及将来，系统提供需要的生态系统服务的能力。景观可持续性在很大程度是衡量不同尺度的景观提供满足人类福祉、具有景观特色的生态系统服务的能力（Nowak and Grunewald，2018；Opdam et al.，2018）。

景观可持续性的核心要点可以归纳为四个方面：

（1）景观可持续性至少包括三个维度：①环境维度，侧重于景观的空间格局与生态系统过程等；②社会维度，体现人类感知、土地利用、人体健康、制度等；③经济维度，侧重景观产生经济价值的能力。如何理解这些维度以及景观多功能性的相互关系是构建可持续性景观的重要基础。

（2）景观可持续性聚焦于生态系统服务，最终目标是不断满足人类需求。各种生态系统服务彼此并不是独立存在的，而是存在着复杂的相互作用。由于生态系统服务种类的多样性、形成条件的差异性、景观异质性以及人类使用的选择性，同一地区，不同生态系统服务供给可能会表现出不同的相互作用形式，取得某种服务时，可能会影响到其他服务。

（3）景观可持续性是个多尺度的概念，必须注重多尺度研究。景观和区域是可持续发展研究和实践的基本空间单元，景观和区域是研究可持续性过程和机理方面最可操作的空间尺度（邬建国等，2014），景观尺度上的可持续性重视不同类型的生态系统的组成和空间配置，而区域尺度上的可持续性则重视不同类型的景观的组成和空间配置。不同尺度下空间数据的耦合和应用方法可促进生态系统服务的基础性研究。只有人类管理尺度与生态系统过程尺度有效统一才能尽可能避免生态系统服务之间不必要的权衡，进而实现生态系统的整体效益最佳。

（4）景观可持续性是一个动态的概念，空间格局优化是构建可持续性景观的基础。景观优化的目的是寻求在具有不确定性的内部动态和外部干扰的情况下，能够促进生态系统服务和人类福祉长期维系和改善的景观与区域空间格局。

在气候变化背景下，合理规划和约束人类活动，促进生态系统服务的载体－土地系统管理的优化，使自然环境能在长时期、大范围不发生明显退化，甚至能持续好转，同时满足当地社会经济发展对自然资源和高质量环境的需求，实现人与环境系统整体利益最佳，而非局部利益最佳，即有序人类活动（叶笃正等，2001，2012），这对于改善和提高国计民生，促进区域可持续发展，均具有十分重要的科学研究价值和现实应用价值。

生态系统服务对满足人类生计和福祉，促进区域可持续发展具有重要支持作用。食品、能源、水、原材料等维持人类生计和福祉的关键生态系统服务已经成为联合国2030年要实现的17项可持续发展目标的重要组成部分（UN，2015）。据联合国预测，21世纪末全球人口数量将突破100亿（UN，2012），面对全球人口快速增长和日益变化的需求，关键生态系统服务的供给日益受限，数十亿人的需求无法得到充分满足

（Hoff，2011）。伴随人口的大量增加，满足日益增长的多层次人类需求，对关键生态系统服务的需求量也将大幅增加。

3.2 研究目标

本书紧紧围绕如何量化青海省生态系统服务价值这一关键科学问题，考虑青海省气候、植被、水文、地形地貌、土壤等自然地理要素时空分异特征，建立充分反映青海省生态系统独特性和客观质量的生态系统服务价值测算指标与方法，阐明近20年来气候变化和人类土地利用变化影响下青海省生态系统服务的时空动态变化特征及其驱动机制，为促进青海省生态文明建设，制定促进区域可持续发展的战略决策提供科学支撑。

3.3 研究内容

青海省现有的生态系统服务价值评估指标与方法标准不一，较少考虑青海高原生态系统服务对于区域外的溢出效应，较少考虑青海高原隆升和全球变暖造成的固态水液化带来的生态系统服务价值变化。针对这些问题，本书开展青海省生态系统服务时空差异及其变化的驱动力、青海省生态系统服务的得失权衡与区域外的溢出效应、青海省植被与土壤碳汇的模拟及价值评估研究，核算青海高原生态系统服务的域内域外溢出价值，为全面认识和厘清青海省的生态系统服务价值提供科学依据。

3.3.1 青海省生态系统服务时空差异及其变化的驱动力

基于遥感对地观测数据、GIS地理信息数据、站点观测数据、统计数据等，建立与集成生态系统服务定量计算方法，分别计算青海省各土地利用/覆盖类型（草地、森林、灌木、耕地、湿地、城镇用地、其他（包括冰川/永久积雪、裸土裸岩、沙漠戈壁盐碱地等）的生态系统服务物质量及货币价值，建立2000～2018年研究区各类生态系统服务物质量及价值量账户；研究气温、降水等气候因子变化，以及人类农牧业生产、生态建设与保护工程等实施造成的土地利用变化对生态系统服务的影响。

3.3.2 青海省生态系统服务价值的得失权衡与区域外的溢出效应

在多尺度上阐明各类关键生态系统服务之间的相互关系，揭示各类关键生态系统服务之间得失权衡与协同关系的热点地区及主要影响因子。

研究青藏高原隆升造成的植被分布变化对区域气候的调节作用，即青藏高原海拔梯度变化导致的水热组合变化等对青海地区气温、蒸散、湿度、降水等的影响，并从地-气相互作用的角度，探究隆升过程对区域气候影响的生物地球物理机制。

构建青海高原冻土及固态水消融模拟系统，模拟气候变化下青海高原冻土和固态水的消融过程，分析冻土的时空变化趋势、能量交换过程及其水文效应，并评估气候变暖导致的青海高原冻土退化及固态水液化带来的生态系统服务变化、得失权衡及生态系统服务的区域外溢出效应，探究气候变化对高寒生态系统服务的影响机制。

3.3.3 青海省植被与土壤碳汇的模拟及价值评估

收集和整理现有的文献资料与实验数据，针对区域特点与模型的验证需求，开展典型地点的NPP、地下生物量与土壤有机碳（SOC）调查；在此基础上，综合多源与多尺度观测信息与过程模型的机理信息，构建区域尺度碳循环数据-模型融合系统，反演生态系统碳循环过程模型的关键参数，揭示青海地下生物量与土壤有机碳的空间分布格局和时间动态变化，评估气候变化与人类活动驱动背景下青海土壤碳输入与输出的变化及碳汇潜力，评价青海高原植被-土壤碳汇的生态价值。

3.4 技术路线

本书考虑青海省生态系统的特点，同时应用联合国千年生态系统评估提出的生态系统服务研究框架，将青海省生态系统服务分为：支持服务、供给服务、调节服务和文化服务，其中支持服务是其他三类服务的基础。本书首先计算各类生态系统服务的物质量，然后再基于物质量采用机会成本法、市场价格法、影子工程法等价值化方法量化生态系统服务货币价值。为避免重复计算，本书仅计算支持服务的物质量和时空分布状况，并不计算其货币价值。技术路线如图3-1所示。

本书以景观生态学格局-过程分析、生态学模型与模拟、定量情景分析相结合的研究方法，以空间显式的方式考虑气候变化、土地利用变化、自然地理要素空间分异等特征，建立青海省生态系统服务物质量及价值评估指标体系与方法，在像元、生态系统类型、生态功能区、行政区等多空间尺度上揭示2000～2018年青海省生态系统服务时空演变特征及驱动力，阐明生态系统服务得失权衡机制与关键生态系统服务的域外溢出效应。本书的研究成果可为青海省生态系统保护与修复提供科学支撑。

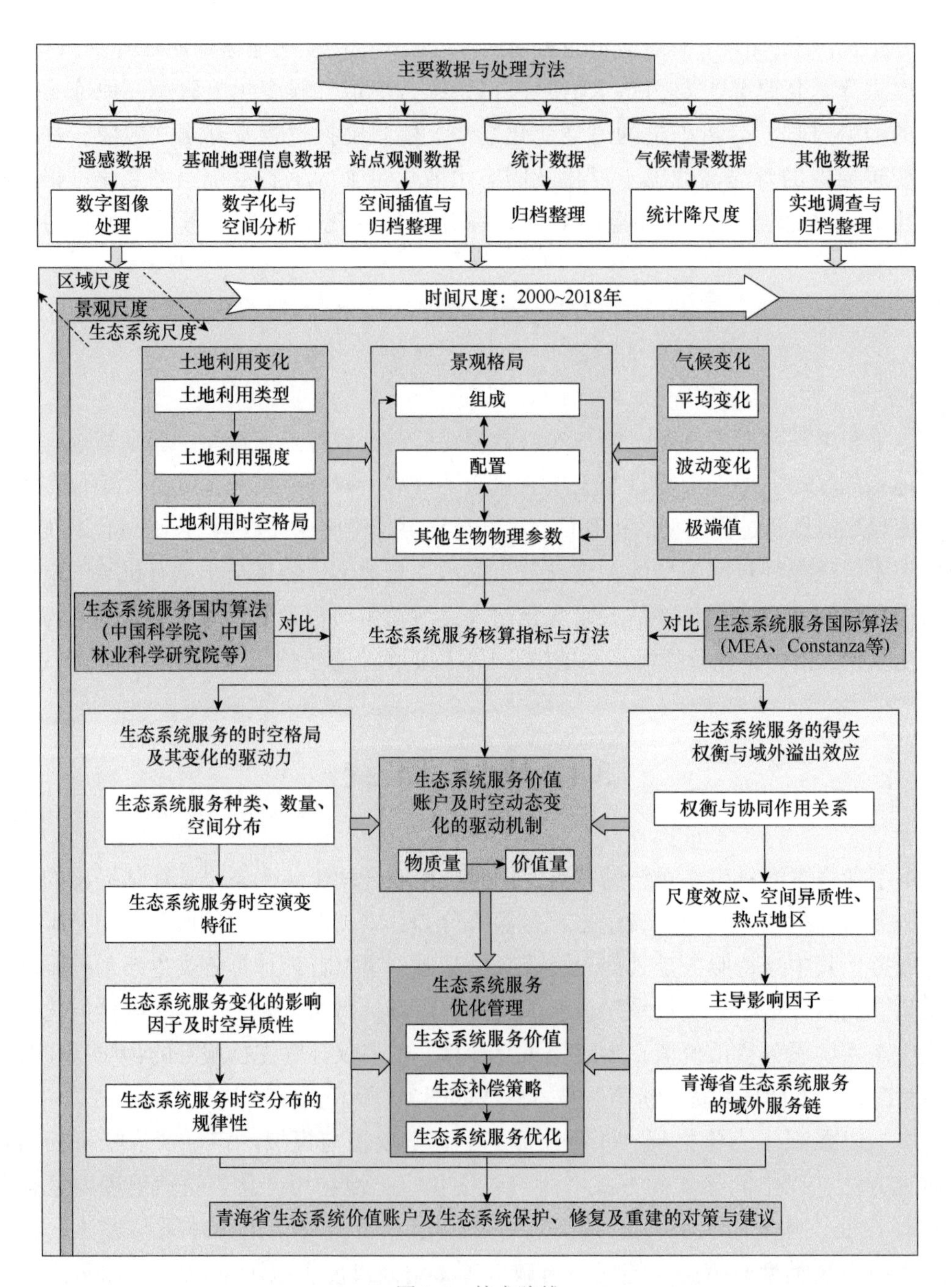

主要数据与处理方法
遥感数据
基础地理信息数据
站点观测数据
统计数据
气候情景数据
其他数据
数字图像处理
数字化与空间分析
空间插值与归档整理
归档整理
统计降尺度
实地调查与归档整理
区域尺度
景观尺度
生态系统尺度
时间尺度：2000~2018年
土地利用变化
土地利用类型
土地利用强度
土地利用时空格局
景观格局
组成
配置
其他生物物理参数
气候变化
平均变化
波动变化
极端值
生态系统服务国内算法（中国科学院、中国林业科学研究院等）
对比
生态系统服务核算指标与方法
对比
生态系统服务国际算法（MEA、Constanza等）
生态系统服务的时空格局及其变化的驱动力
生态系统服务种类、数量、空间分布
生态系统服务时空演变特征
生态系统服务变化的影响因子及时空异质性
生态系统服务时空分布的规律性
生态系统服务价值账户及时空动态变化的驱动机制
物质量
价值量
生态系统服务优化管理
生态系统服务价值
生态补偿策略
生态系统服务优化
生态系统服务的得失权衡与域外溢出效应
权衡与协同作用关系
尺度效应、空间异质性、热点地区
主导影响因子
青海省生态系统服务的域外服务链
青海省生态系统价值账户及生态系统保护、修复及重建的对策与建议

图 3-1　技术路线

3.5　生态系统服务计算指标

本书生态系统服务计算类型包括供给服务、调节服务、文化服务和支持服务，其中供给服务包括9项指标，调节服务包括11项指标，文化服务包括7项指标，支持服务包括2项指标，共计29项指标（表3-1）。

表3-1　本书生态系统服务计算指标与方法

生态系统服务类型	计算指标	物质量计算方法	价值量计算方法
供给服务	农业产品（谷物、薯类、油料、豆类、麻类、蔬菜，其他农产品）	统计年鉴记载	直接市场价值法（播种面积、单产、价格，扣除化肥、农药、灌溉、薄膜等成本）
	林业产品（薪材、苗木、核桃、花椒、花卉、水果、木材等）	统计年鉴记载，森林资源二类清查	直接市场价值法（水果等需根据播种面积、单产、价格，扣除化肥、农药、灌溉、薄膜等成本）
	畜牧业产品（牛、羊、马、驴、骆驼、奶产品、毛绒产品、牛粪等）	统计年鉴记载	直接市场价值法，扣除饲料等成本
	渔业产品（包括自然湿地与人工池塘）	统计年鉴记载，淡水鱼调查数据	直接市场价值法，扣除饲料、捕捞等成本
	生物医药（枸杞、冬虫夏草、黄菇等）	统计年鉴记载	直接市场价值法，扣除运输成本
	水资源供给（域内水资源＋域外溢出水资源）	CLM陆面过程模型	水量×水价
	水电势能发电潜力	CLM陆面过程模型	上网电价
	太阳能发电潜力	根据年等效利用小时数、理论装机量计算发电潜力	上网电价
	风能发电潜力	根据平均风速、风功率、风能密度计算发电潜力	上网电价
调节服务	生态系统碳汇	碳循环数据-模型融合系统	碳税法
	释放氧气	根据植被光合作用方程式计算	制造氧气价格
	空气净化（O_3、SO_2、NO_2、PM_{10}、CO）	CITY-green模型	排污收费标准
	水电势能减排价值	清洁电能相对火电碳减排量	碳市场交易价值
	太阳能发电潜力减排价值	清洁电能相对火电碳减排量	碳市场交易价值
	风能发电潜力减排价值	清洁电能相对火电碳减排量	碳市场交易价值
	土壤水蚀控制	CSLE模型	固土价值＋保肥价值＋减淤价值
	土壤风蚀控制	RWEQ模型	固土价值＋保肥价值

续表

生态系统服务类型	计算指标	物质量计算方法	价值量计算方法
调节服务	洪峰调节	CLM陆面过程模型	防洪成本
	水文调节	CLM陆面过程模型	防洪成本
	水质净化（去除氮、磷）	InVEST模型	污水处理价格
文化服务	美学价值	SolVES模型	SolVES模型、社会经济统计数据
	教育价值		
	文化遗产价值		
	消遣娱乐		
	康养价值		
	宗教与精神		
	科研服务	根据国家科研投入	根据国家科研投入
支持服务	植被净初级生产力	CASA光能利用率模型	无
	生境质量	InVEST模型	无

第4章　生态系统支持服务计算方法

4.1　生境质量计算方法

4.1.1　InVEST模型生境质量模块简介

生物多样性是生态系统稳定和维持生态系统功能的基础，它属于生态系统服务中的支持服务，是生态系统向外界提供其他各类生态系统服务的基本支撑和必要条件。生态系统服务是由生态系统的格局和过程相互作用产生的，生物因素是其中的重要环节，只有维持生物多样性稳定，才能使得生态系统可以长期且稳定地向外界提供服务，因此，评估生物多样性是一项极为重要的任务。

InVEST模型（Sharp et al.，2015，2016）生境质量模块可以通过评估某一地区各种生境类型或植被类型的范围及其退化程度来反映生物多样性，该模型是根据土地覆被和生物多样性威胁因素相互作用生成的生境质量地图作为评价依据。该模型使用威胁源图层来评估不同土地利用类型的退化程度。用户先对生境进行定义，将研究区的土地利用类型分为生境和非生境；然后再选择对生境有影响的威胁源，比如道路、农田和城市化等，确定每种威胁对生境影响的程度；最后在模型中进行模拟，得到生境质量地图。具体采用的计算公式如下：

威胁在空间上衰减可以是线性或指数距离衰减函数形式，威胁r在栅格x的生境对栅格y的影响用i_{rxy}表示，用如下公式表达：

$$i_{rxy}=1-\left(\frac{d_{xy}}{d_{r\max}}\right)\quad \text{if linear} \tag{4-1}$$

$$i_{rxy}=\exp\left(-\left(\frac{2.99}{d_{r\max}}\right)d_{xy}\right)\quad \text{if exp onential} \tag{4-2}$$

式中，d_{xy}为栅格x和y之间的线性距离；$d_{r\max}$为威胁r的最大作用距离。

每种生境对威胁的敏感性不同，因此对威胁的响应也不同，用敏感性修正上一步计算出的影响，S_{jr}表示生境对威胁r的敏感性，越接近于1说明越敏感，在生境类型j中栅格x的总威胁水平用如下公式表达：

$$D_{xj}=\sum_{r=1}^{R}\sum_{y=1}^{Y_r}\left(\frac{w_r}{\sum_{r=1}^{R}w_r}\right)r_y i_{rxy}\beta_x S_{jr} \qquad (4-3)$$

式中，y为威胁r栅格图上的所有栅格；Y_r为威胁r栅格图上的一组栅格。如果$S_{jr}=0$，那么D_{xj}不是威胁r的函数。

采用半饱和函数将一个栅格单元退化分值解译成生境质量得分值，栅格单元的退化分值增加其栖息地质量减少，在生境类型j中x的生境质量用Q_{xj}表示：

$$Q_{xj}=H_j\left(1-\left(\frac{D_{xj}^z}{D_{xj}^z+k^z}\right)\right) \qquad (4-4)$$

式中，z和k为比例因子（常数），定义$z=2.5$，k常数为半饱和常数，其含义是景观类型上的最高退化栅格值。

4.1.2 InVEST模型生境质量模块参数化方案

生境质量模块需要的数据具体如下：

（1）土地利用/覆盖类型：要求为栅格数据，每一个栅格对应一个数字化的土地利用类型代码；

（2）威胁因子数据：要求为CSV表格，要求的列有：THREAT（威胁的名称）、MAX_DIST（威胁对生境的影响距离）、WEIGHT（威胁影响的权重）、DECAY（威胁带来的退化类型，包括线性或指数）；

（3）威胁源数据：代表每种威胁空间分布和强度的栅格数据；

（4）退化源的可达性：要求为矢量文件，代表每个多边形矢量文件对退化源的可达程度，可达度最小的多边形（如：严格的自然保护区）赋予0值，可达度最大的多边形赋予1值，中间保护水平赋予0～1之间的值。本书提取了自然保护区的矢量文件，将其可达度设为0，其余土地利用类型可达度设为1进行模拟；

（5）生境类型及生境类型对威胁的敏感性：要求为CSV表格，要求的列有：LULC（土地利用类型数值代码）、NAME（每种土地利用类型的名称）、HABITAT（每种土地利用类型是否被认为是生境，1代表生境，0代表非生境）、THREAT（被认为是生境的土地利用类型对威胁的敏感程度，1最敏感，0不敏感）。

半饱和参数k：代表景观类型上的最高退化栅格值，本书设置为0.5。

4.2　净初级生产力计算方法

4.2.1　CASA光能利用率模型简介

植被净初级生产力是单位时间、单位面积内植物利用光能转换成化学能所积累的有机物数量。NPP是生物圈碳循环的重要组成部分，直接反映着植被在自然环境下的生产能力，表征陆地生态系统的质量，是生态系统生态过程的调节因子，也是自然生态系统向外界提供各类生态系统服务的基础，因此衡量自然生态系统净初级生产力十分重要。本书采用CASA(carnegie-ames-stanford approach) 模型 (Potter et al.，1993) 计算青海省的净初级生产力，模型原理如下：

$$\mathrm{NPP}=\mathrm{APAR}\times\varepsilon \tag{4-5}$$

式中，NPP为净初级生产力，g C/m^2；APAR为植物在光合作用中太阳辐射能够被植物吸收利用的部分，MJ/m^2；ε为植物光合作用中光能转化为化学能比率的最大值，g C/MJ。

$$\mathrm{APAR}=\mathrm{TSOL}\times\mathrm{FPAR}\times r \tag{4-6}$$

$$\mathrm{FPAR}=\min\left(\frac{\mathrm{SI}-\mathrm{SI}_{\min}}{\mathrm{SI}_{\max}-\mathrm{SI}_{\min}},\ 0.95\right) \tag{4-7}$$

式中，TSOL为太阳照射地面的总辐射量，MJ/m^2；FPAR为植被层吸收用于光合作用的太阳辐射量；r（一般情况下取值为0.5）为植被吸收的用于光合作用的太阳辐射与太阳总辐射的比值。

$$\mathrm{SI}=\frac{1+\mathrm{NDVI}}{1-\mathrm{NDVI}} \tag{4-8}$$

式中，SI为比值植被指数；$\mathrm{SI}_{\min}$取值为1.08，$\mathrm{SI}_{\max}$与植被类型有关，取值范围为4.46～6.91（具体见表4-1）；NDVI为归一化植被指数。

$$\varepsilon=\mathrm{TP}_{\varepsilon1}\times\mathrm{TP}_{\varepsilon2}\times W_{\varepsilon}\times\varepsilon_{\max} \tag{4-9}$$

式中，温度胁迫系数由$\mathrm{TP}_{\varepsilon1}$表示，表征的是当温度在适宜植物生长的范围之外时，它通过影响植物生理过程减弱植物光合作用能力，使得净初级生产力的积累有所降低；$\mathrm{TP}_{\varepsilon2}$的含义类似于$\mathrm{TP}_{\varepsilon1}$，表征的是植物所处温度与最佳温度（$\mathrm{TP}_{\mathrm{opt}}$）的距离，两者相差越小，它对植物将光能转化为化学能的影响越小；水分胁迫系数W_{ε}表示环境水分条件对植物光合作用的胁迫；$\varepsilon_{\max}$表示植物处在最优环境下，最大光能转化率的取值。

表4-1 不同植被类型SI_{max}取值（朱文泉等，2007）

植被类型	SI_{max}	植被类型	SI_{max}
落叶针叶林	6.63	荒漠草地	4.46
常绿针叶林	4.67	草甸	4.46
常绿阔叶林	5.17	城市	4.46
灌丛	4.49	河流	4.46
疏林	4.49	湖泊	4.46
海边湿地	4.46	沼泽	4.46
高山、亚高山草甸	4.46	冰川	4.46
坡面草地	4.46	裸岩	4.46
平原草地	4.46	砾石	4.46
荒漠	4.46	耕地	4.46
高山、亚高山草地	4.46	落叶阔叶林	6.91

$$TP_{\varepsilon1}=0.8+0.2\times TP_{opt}-0.0005\times TP_{opt}^2 \tag{4-10}$$

$$TP_{\varepsilon2}=\frac{1.184}{\{1+\exp[0.2\times TP_{opt}-10-TP]\}}\times\frac{1}{\{1+\exp[0.3\times(-TP_{opt}-10+TP)]\}} \tag{4-11}$$

式中，TP_{opt}为研究区内NDVI值达到最高时所在月份的平均气温，当某个月的平均气温低于或者等于−10℃时，$TP_{\varepsilon1}$取值为0；TP为某月的平均气温，℃。

$$W_{\varepsilon}=0.5+0.5\times AET/PET \tag{4-12}$$

式中，W_{ε}为水分胁迫系数；AET为区域实际蒸散量，mm；PET为区域潜在蒸散量，mm。当该月降水量PPT≥PET时，AET＝PET，即$W_{\varepsilon}=1$；当该月降水量PPT＜PET时：

$$AET=\frac{PPT\times Rn\times(PPT^2+Rn^2+PPT\times Rn)}{(PPT+Rn)\times(PPT^2+Rn^2)} \tag{4-13}$$

式中，PPT为月降水量，mm；Rn为月净辐射量，MJ。

$$Rn=(Ep\times PPT)^{0.5}\times[0.369+0.598\times(Ep/PPT)^{0.5}] \tag{4-14}$$

式中，Ep为局地可能蒸散量，mm。

$$Ep=16\times(10\times T/I)^a \tag{4-15}$$

$$I=\sum_{i=1}^{12}(T/5)^{1.514} \tag{4-16}$$

$$a=(0.675I^3-77.1I^2+17920I+492390)\times10^{-6} \tag{4-17}$$

$$PET=0.5\times(Ep+AET) \tag{4-18}$$

式中，PET为区域可能蒸散量，mm；Ep为局地可能蒸散量，mm；AET为区域真实蒸散量，mm。

$$\mathrm{NPP}(x)=\sum_{t=1}^{12}\mathrm{NPP}(x,t) \tag{4-19}$$

式中，NPP（x）为像元x在一年12个月的NPP总量。本书分别计算月NPP，进而得到年累积NPP。

4.2.2　CASA模型参数化方案

运行CASA模型的数据具体如下：

（1）气象数据：青海省的月均温度（℃），月降水量（mm），月总太阳辐射（MJ）栅格数据，分辨率为1 km×1km；

（2）土地利用数据：2000年、2005年、2010年和2015年四期青海省土地利用类型/覆盖数据；

（3）NDVI数据：使用MOD13A2全球1km×1km分辨率植被指数16天合成数据，经过最大值合成后提取得到青海省NDVI的月尺度数据。

第5章 生态系统供给服务计算方法

5.1 农林牧渔业价值计算方法

自然生态系统向外界提供各类经济产品，满足人们的日常需求。本书选择农业产品、林业产品、牧业产品和渔业产品四类核算青海省经济产品供给服务的价值，通过查阅青海省统计局出版的2001～2018年青海省统计年鉴中的相关数据对上述四类经济产品价值进行核算。

5.2 水资源量与价值计算方法

5.2.1 CLM陆面过程模式

CLM（Community Land Model）陆面过程模式是NCAR（National Center of Atmpspheric Research）发展推广的陆面过程模式。CLM在综合了LSM（Land Surface Model）、IAP94（Institute of Atmospheric Physics Land Surface model） 以 及BATS（Biosphere- Atmosphere Transfer Scheme）等陆面模型优点的基础上，改进了一些物理过程参数化方案，并且加入了水文、生物地球化学以及动态植被等过程，是目前世界上发展最为完善而且也是最具发展潜力的陆面过程模式之一。国际上已有很多学者利用CLM模式在中国区域开展研究，结果表明CLM适用于中国区域，可较好地模拟出典型下垫面的陆-气相互作用特征。

本书采用最新发布的CLM5.0版本（Lawrence et al.，2019）。与CLM4.5相比，CLM5.0土壤和植物水文、降雪密度、碳氮循环和耦合过程等发生了显著变化。水文学的更新包括基于干表层的土壤蒸发阻力和经过修订的林冠截留参数化方案。地面层数从CLM4.5的15层增加到25层，以解决冻土活动层的模拟，同时允许土壤层厚度的空间变化（0.5～8.5m）。改进后的雪密度方案可以更好地捕获温度和风的影响。氮的固定与更新模型（FUN）计算了吸收养分所消耗的碳能，CLM4.5中使用的静态植物碳氮比值（C/N）替换为可变的植物C/N比值，使植物可以根据吸收氮的成本来调整其碳氮比值。

CLM5.0中尺度自适应河流运输模型（MOSART）代替了原有的河流运输模型（RTM），通过运动波方法而非线性储层法进行河道汇流，使得除了模拟径流外，还可以模拟随时间变化的河道径流速度、水深以及河道地表水储量。CLM模式发布官网现提供了不同分辨率的全球水文数据集用于支持新的河道模块，通过比较模拟的河道径流量和水文站的径流观测值，能够有效评估和诊断CLM模式中土壤水文模拟的准确性（Li et al.，2015）。

CLM模式主要包含以下几个重要组成部分：

1. 生物地球物理过程

该过程描述了大气中的能量、物质和动量的即时交换，充分考虑了土壤物理过程、地表和冠层的物质交换过程，微气象过程以及辐射传输等方面（图5-1）。

2. 水文循环过程模拟

陆地表面的水文循环过程包括冠层截留、林内雨、地表径流、地表水存储和入渗、土壤水、冻土、冰川和积雪表面的径流等（图5-2）。水文循环过程直接与地球物理和生物化学过程相关，同时影响着气温、径流和降水。地下径流、地表径流通过河道模块汇流到海洋（图5-3）。

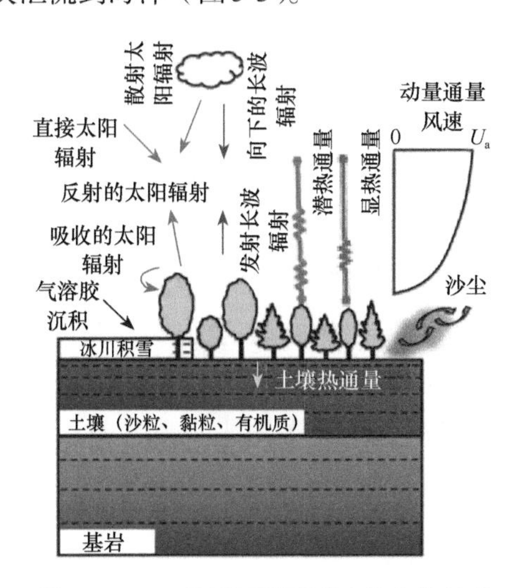

图5-1　CLM陆面过程模式中的生物地球物理过程（改自CLM5.0技术手册）

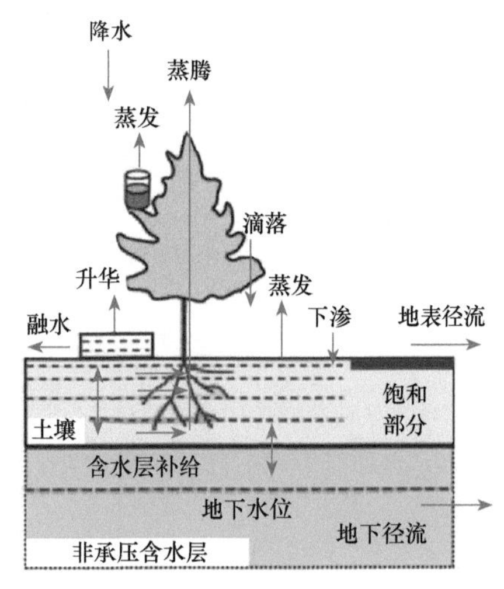

图5-2　CLM模式采用的水文过程方案（改自CLM5.0技术手册）

本书采用高精度（1km，8day）的遥感数据对CLM5.0模型的大气-水文-植被作用过程进行了改进，进而模拟青海省水文过程，计算得到各类水资源的数量（图5-2）。

根据图5-2，一定区域的水量平衡方程为

$$\Delta W_{\mathrm{can}}+\Delta W_{\mathrm{sfc}}+\Delta W_{\mathrm{sng}}+\Delta W_{\mathrm{soilliq}}+\Delta W_{\mathrm{soilice}}+\Delta W_{\mathrm{a}}=(P-\mathrm{ET}-q_{\mathrm{over}}-q_{\mathrm{drai}})\Delta t \quad (5\text{-}1)$$

式中，W_{can}为冠层截留；W_{sfc}为地表水体；W_{sng}为积雪；W_{soilliq}为土壤水；W_{soilice}为土壤冰；W_{a}为非承压含水层水储量，非承压含水层指不透水层以上，不饱和土壤层以下

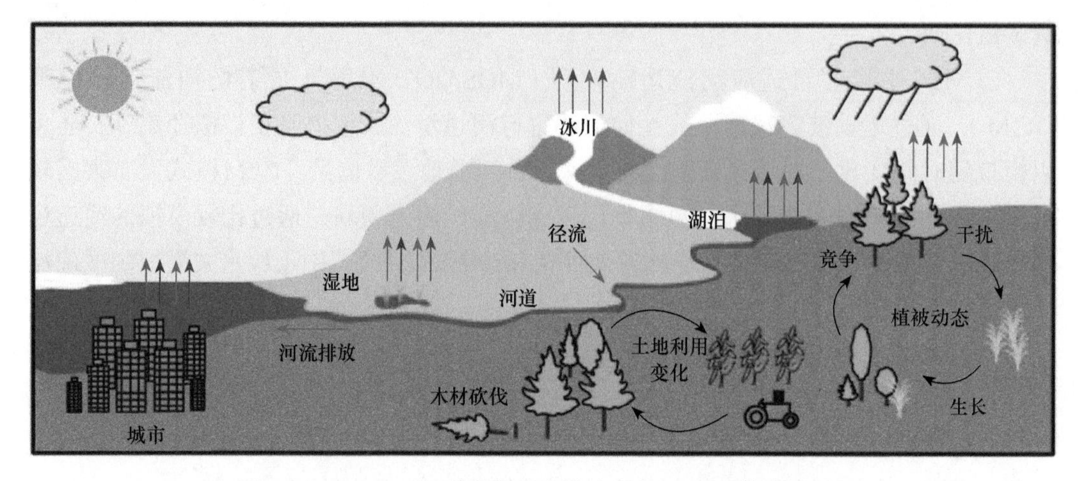

图5-3 MOSART河道模块示意图（改自CLM5.0技术手册）

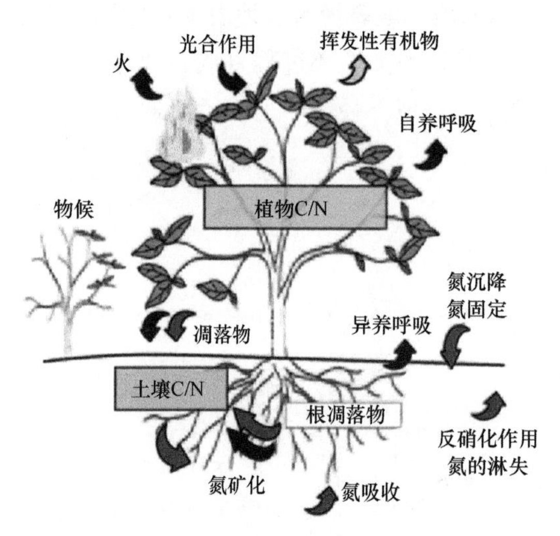

图5-4 CLM模式中的生物地球化学过程（改自CLM5.0技术手册）

的饱和层；P为降水；ET为蒸散发，包括植被蒸腾Et、植被蒸发Ev和土壤蒸发Eg；q_{over}为地表径流，包括地表径流量和地表水（湿地及次网格水体）径流量；q_{drai}为地下径流。

3. 生物地球化学过程

在生态系统中，各种化学元素（或物质）沿特定的途径从环境到生物体，再从生物体到环境并再次被生物体吸收利用的循环过程，即各种化学元素或物质在生物体与非生物环境之间的循环运转过程，包括土壤中碳、氮元素被植物吸收，植物体分解后碳、氮元素输入土壤，有机物挥发，沙尘产生与运移等（图5-4）。

5.2.2 数据来源及预处理

本书采用两套气象驱动数据集，以弥补高时空分辨率的气象驱动数据在时间序列完整性上的不足。这两套数据分别包含2000～2010年及2008～2018年时间段的气象数据（表5-1）。基于2008～2010年期间研究区内的气象数据，本书对这两套气象数据集进行分析，发现两套数据的气温、风速、降水、相对湿度、短波辐射等要素在时间变化趋势以及数值大小上均具有良好的一致性。两套气象数据空间分辨率为0.0625°，时间分辨率为3h，用于CLM模式大气驱动。

表5-1　CLM模式所需的基础数据

类型	名称	时空分辨率	时间范围	来源
气象数据	CLDAS东亚区域大气驱动场再分析数据集	0.0625°/h	2008～2018年	国家气象信息中心
	中国大气强迫数据集	5km/3h	2000～2010年	（Li et al.，2014；Huang et al.，2014）
下垫面数据	土地利用/土地覆盖数据	30m	2000年、2005年、2010年、2015年	中国西部环境与生态科学数据中心
	中国植被功能型数据	1km	—	中国科学院寒区旱区环境与工程研究所
	全球湖泊数据集（GLDBv.2）	1km	—	（Kourzeneva et al.，2012；Choulga et al.，2014）
	DEM	90m	—	地理空间数据云
	GLASS叶面积指数	1km/8d	2000～2018年	国家地球系统科学数据中心
河道数据	全球河道模块数据集	0.125°	—	（Li et al.，2015）

本书采用的原始土地利用/覆盖数据分类系统与CLM模式所需的植被功能型分类（表5-2）不同。因此，本书以四期土地利用数据为基础，将中国植被功能型图与之融合，生成新的地表植被功能型融合数据。本书将2000年的土地利用/覆盖类型代表2000～2004年期间青海省土地利用/覆盖状态，2005年的土地利用/土地覆盖类型代表2005～2009年期间青海省土地利用/覆盖状态，2010年的土地利用/土地覆盖类型代表2010～2014年期间青海省土地利用/覆盖状态，2015年的土地利用/土地覆盖类型代表2015～2018年期间青海省土地利用/覆盖状态。

表5-2　CLM模式中的植被功能型

植被功能型	缩写	植被功能型	缩写
温带常绿针叶林	NET Temperate	温带常绿阔叶灌木	BES Temperate
寒带常绿针叶林	NET Boreal	温带落叶阔叶灌木	BDS Temperate
寒带落叶针叶林	NDT Boreal	寒带落叶阔叶灌木	BDS Boreal
热带常绿阔叶林	BET Tropical	C3极地草地	C3 arctic grass
温带常绿阔叶林	BET Temperate	C3草地	C3 grass
热带落叶阔叶林	BDT Tropical	C4草地	C4 grass
温带落叶阔叶林	BDT Temperate	C3雨养作物	UCrop UIrr
寒带落叶阔叶林	BDT Boreal	C3灌溉作物	UCrop Irr
温带常绿阔叶灌木	BES Temperate		

5.2.3　模式验证

1. 径流模拟值验证

图5-5显示了青海省内5个水文站点2000～2018年期间模拟月平均径流量与观测月

平均径流量的对比图。从径流变化趋势上看，5个水文站的模拟径流量与观测径流量均表现出良好的一致性，说明CLM模式对河道径流变化趋势的模拟效果良好。其中，直门达和香达水文站的拟合优度（R^2）和纳什效率系数（NSE）最高。从数值上看，青石水文站的模拟值偏小，直达门水文站的模拟值偏大。直达门水文站的均方根误差（RMSE）值最高，刚察水文站的RMSE值最小，这一定程度上与不同水文站径流量大小有关。总体上看，CLM模式能够准确模拟青海省的地表径流。

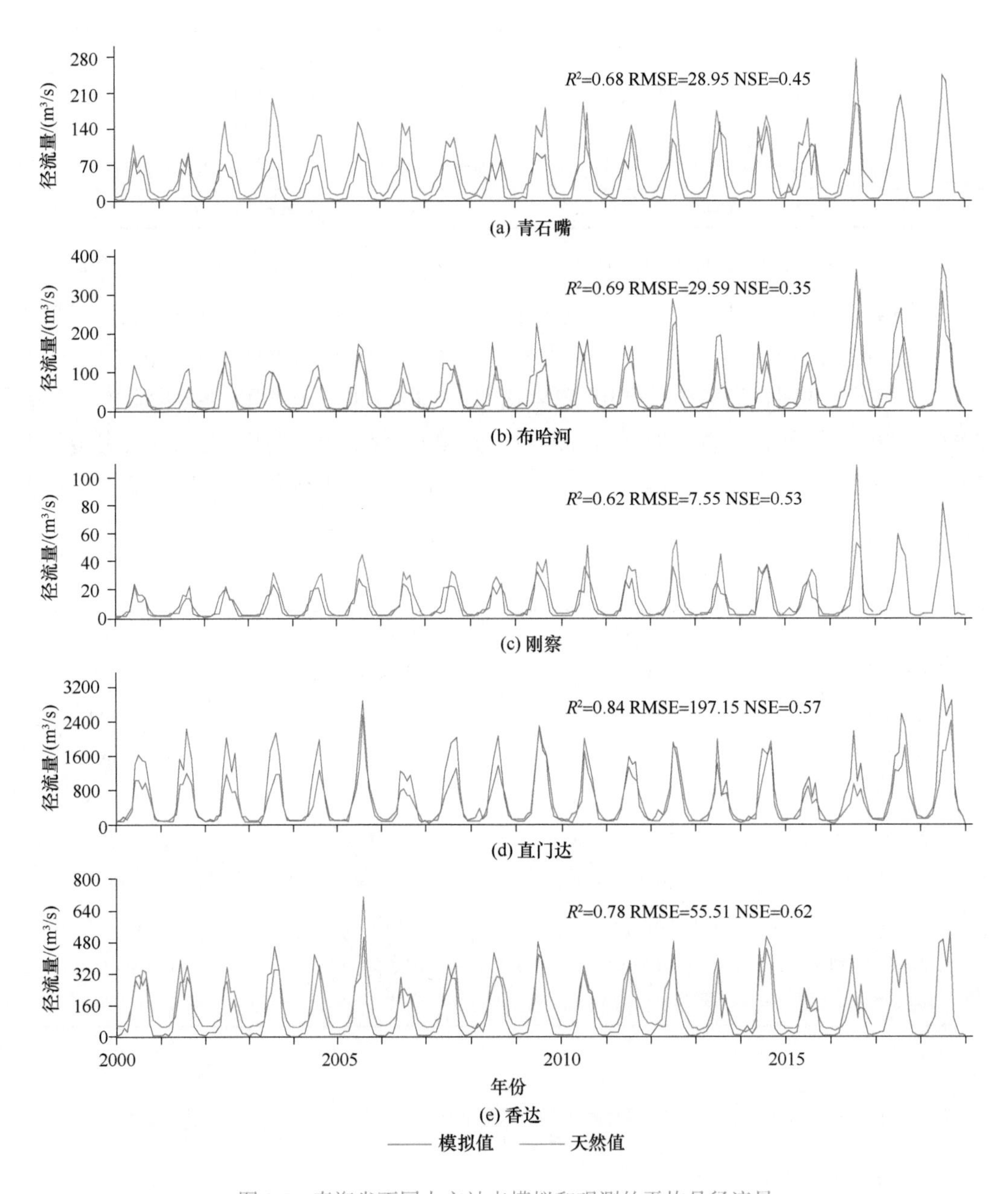

图5-5 青海省不同水文站点模拟和观测的平均月径流量

2. 土壤热通量模拟值验证

本书选择黑河上游葫芦沟观测站2011年、2012年及2014年的土壤热通量观测值与模式模拟的土壤热通量对比（图5-6），评估CLM模式对土壤热通量的模拟效果。结果发现模拟值相对观测值浮动范围较大，但两者总体上具有良好的一致性。

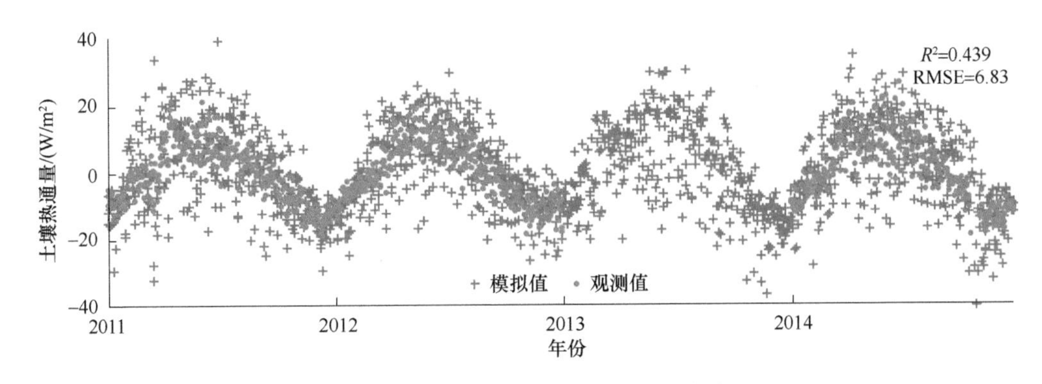

图5-6　葫芦沟测站模拟和观测的日土壤热通量

3. 净辐射模拟值验证

西大滩观测站2004年至2006年净辐射模拟值与观测值的对比如图5-7，可以看出模拟值和观测值变化趋势相似，具有良好的一致性，CLM模拟的夏季净辐射相对偏小。

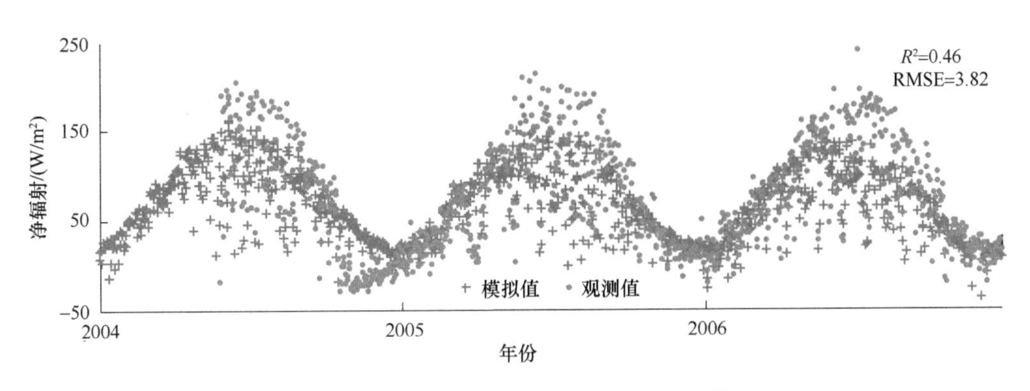

图5-7　西大滩测站模拟和观测的日净辐射

4. 土壤温度模拟值验证

本书分别在青海区域季节性冻土以及多年冻土区域选择了不同观测站点，比较了不同站点不同土壤深度的土壤温度观测值与模拟值。在季节性冻土站点葫芦沟测站（图5-8），可以看出随着土壤深度加深，土壤温度的变化幅度减小。模式很好地模拟了季节性冻土站点表层以及20cm土壤深度处的土壤温度变化。在40cm及以下土壤深度处在1至7月份的土壤温度模拟值相较观测值偏高。

在多年冻土区域，北麓河测站（图5-9）与昆仑山垭口（图5-10）测站不同土壤深度土壤温度模拟与观测值的相关系数均高于季节性冻土区，这说明CLM模式对多年冻土区土壤温度的模拟优于季节性冻土区域。总体上看，CLM模式对青海省土壤温度的

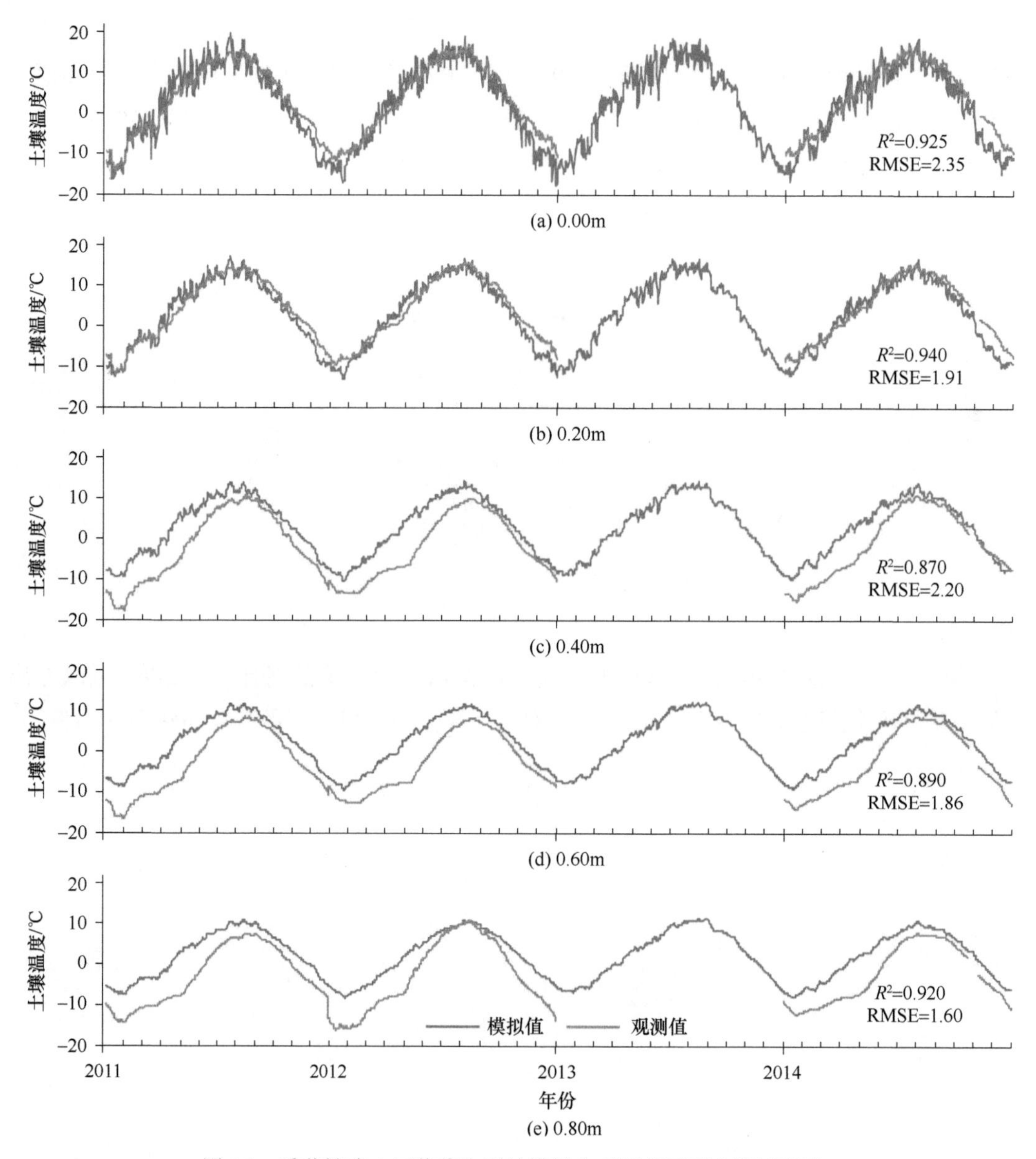

图5-8 季节性冻土区葫芦沟测站模拟和观测的不同土壤层温度

模拟效果良好。

5. 青海省域内水资源验证

图5-11显示本书模拟得到的青海省域内水资源量与GRACE卫星监测得到的青海省域内水资源量具有较好的一致性。

5.2.4 青海省各类水资源量

（1）域内水资源量：包括冠层截留、地表水、积雪、土壤水、土壤冰、非承压含

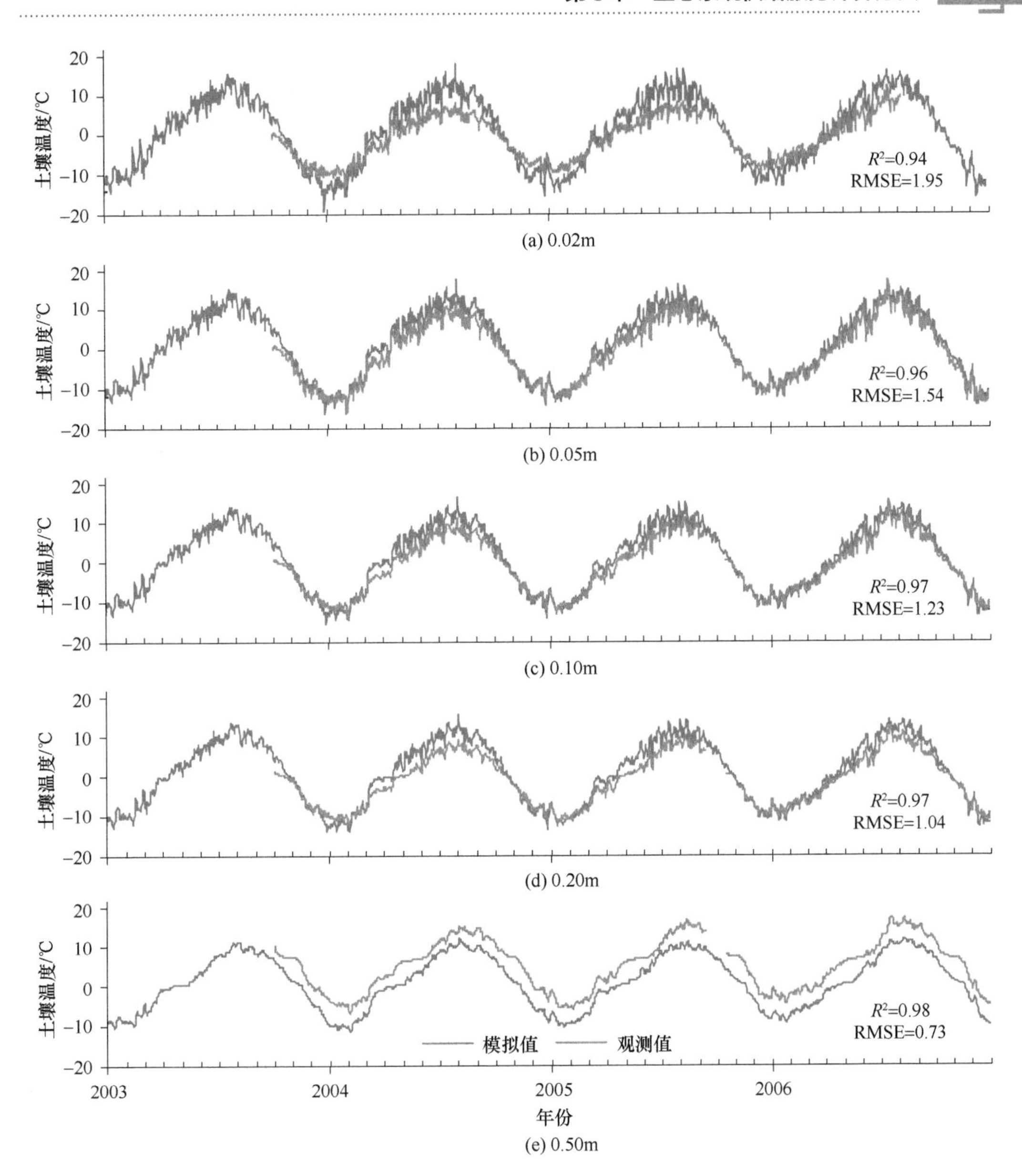

图5-9　多年冻土区北麓河测站模拟和观测的不同土壤层温度

水层水储量，即域内水资源量。

（2）域外溢出水资源量：地表径流量＋地下径流量。

（3）总水资源量：域内水资源量＋域外溢出水资源量。

（4）青海省水资源公报水资源总量：青海省水利厅《水资源公报编制规程》（GBT 23598-2009）计算的水资源总量，即水资源总量是指评价区内当地降水形成的地表和地下产水总量，即地表径流量与降水入渗补给量之和。

为了与《青海省水资源公报》发布的历年水资源总量进行对比，本书根据《水资源公报编制规程》（GBT 23598-2009）的定义，按照如下公式计算相应统计口径的水资

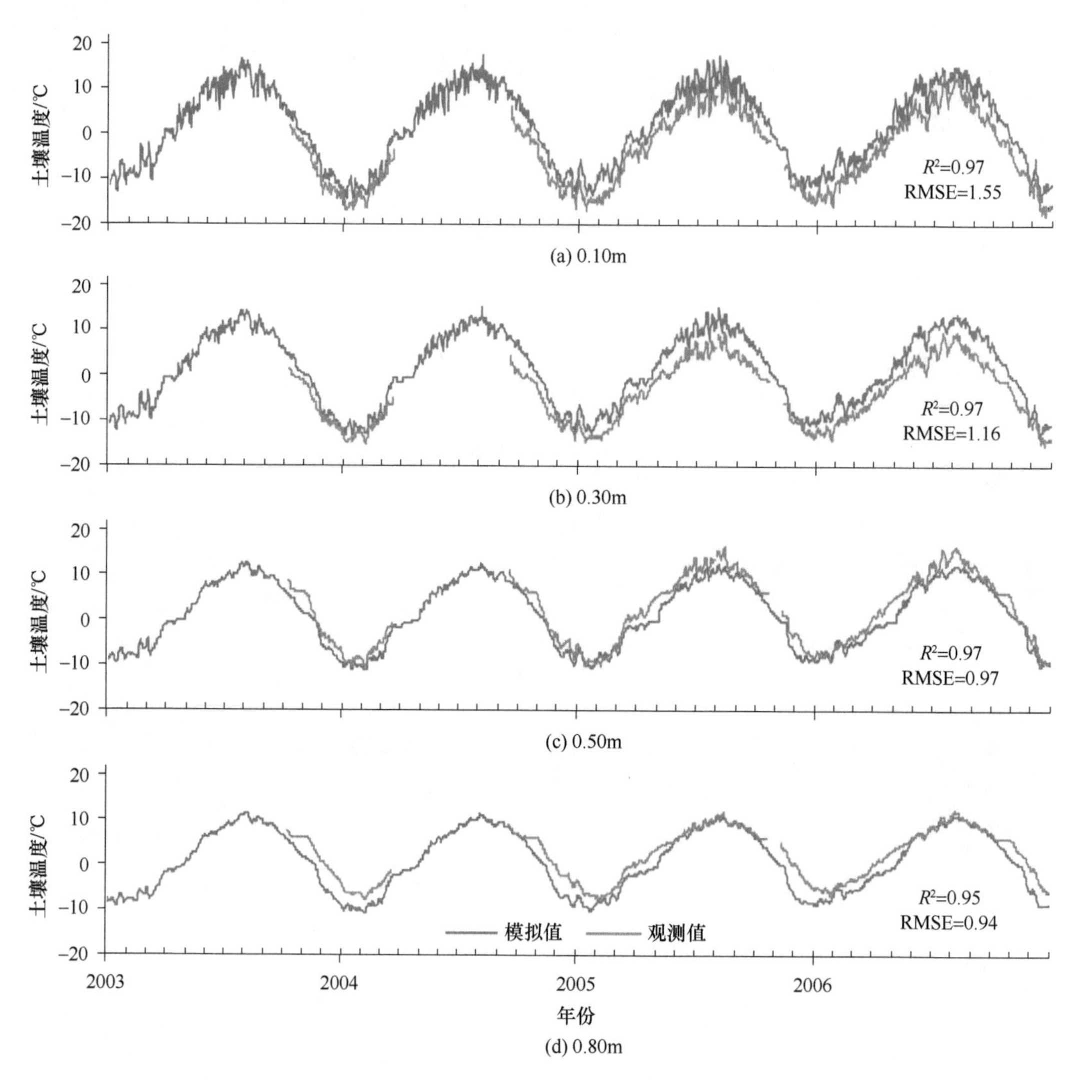

图5-10 多年冻土区昆仑山垭口测站模拟和观测的不同土壤层温度

源总量，即

水资源量总量模拟值＝地表径流量＋地下径流量＋Δ非承压含水层＋Δ土壤水＋Δ土壤冰。Δ表示相应年度较上一年度的增量，增量数值可正可负。

青海省各类水资源量计算结果如表5-3所示。2000～2018青海省平均水资源总量为9988.28亿m^3，其中：土壤水占比35.57%，土壤冰占比4.59%，地表水占比0.23%，非承压含水层水量占比52.86%，地表径流量占比5.38%，地下径流量占比1.37%。域内水资源量占比93.25%，域外溢出水资源量占比6.75%。

根据图5-12，青海省水利厅根据监测数据计算得到的青海省2000～2018年水资源

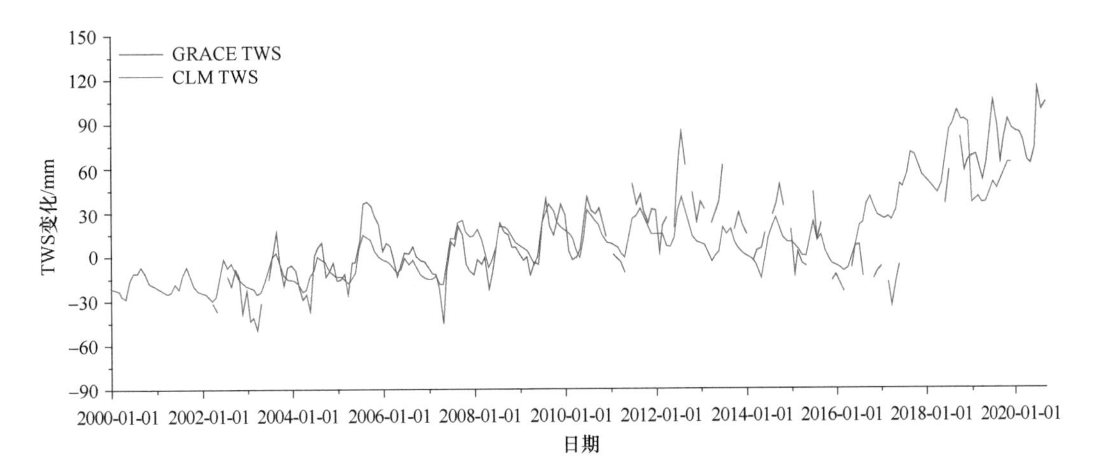

图5-11　2000～2019年青海省域内水资源量的月变化（GRACE TWS：卫星监测值，CLM TWS：本书模拟值）

注：重力恢复和气候实验（GRACE）卫星项目通过监测双GRACE卫星的轨道，评估地球重力场的月变化。重力场的变化可用于推断总陆地储水量（TWS）的变化。图中，GRACE TWS数据来自由太空研究中心（CSR）生成的Release 6（RL06）数据。该数据通过减去2004～2010年的平均TWS值得出了TWS距平值。CLM模式模拟的TWS数据通过相同方法计算了月平均距平值，以验证本书模拟的TWS距平值的一致性

量与本书基于CLM模式模拟得到的水资源量具有较好的一致性（相关系数r=0.66），2000～2018年平均值相对误差为0.21%，几乎可以忽略不计。

5.2.5　青海省水资源价值

$$V=V_{省内}+V_{省外} \tag{5-2}$$

$$V_{省内}=Q_{生活}\times P_{生活}+Q_{工业}\times P_{工业} \tag{5-3}$$

$$V_{省外}=Q_{省外}\times P_{水价} \tag{5-4}$$

式中，V为水资源价值，元/a；$V_{省内}$与$V_{省外}$分别为青海省内水资源价值与溢出省外的水资源价值，元/a。其中省内水资源价值$V_{省内}$是青海省内生活用水水资源价值与工业用水资源价值，$Q_{生活}$与$Q_{工业}$分别为生活用水量与工业用水量，m^3，$P_{生活}$与$P_{工业}$分别为青海省内生活用水价格与工业用水价格，元/m^3。省外水资源价值$V_{省外}$是溢出青海省外的水资源量与全国平均水价乘积。根据全国水网查得青海省内工业用水单价为2.24元/m^3，居民用水单价为1.83元/m^3，除青海省外，全国平均水价为2.52元/m^3。根据青海省年度用水量估算，居民生活用水占年度用水量的4%，工业等用水占年度用水量的96%。

表5-3　2000～2018年青海省各类水资源量

（单位：亿m^3）

年份	域内水资源量					域外溢出水资源量			水资源总量	青海省水资源公告水资源量	本书相应口径水资源量
	土壤水	土壤冰	地表水	非承压含水层水量	域内水资源量	地表径流	地下径流	域外溢出水资源量			
2000	3337.92	494.09	19.24	5286.00	9137.26	436.80	96.38	533.19	9670.45	612.70	533.19
2001	3342.89	478.78	18.26	5286.47	9126.39	416.47	99.69	516.15	9642.54	580.00	506.27
2002	3386.36	452.58	19.23	5287.17	9145.34	453.13	93.27	546.39	9691.73	558.23	564.38
2003	3395.22	466.73	19.02	5285.22	9166.18	473.18	118.90	592.08	9758.27	634.66	613.14
2004	3393.65	480.97	19.52	5282.99	9177.13	465.24	89.67	554.91	9732.04	606.80	565.35
2005	3453.04	489.17	22.68	5277.25	9242.14	536.51	162.70	699.21	9941.35	876.10	761.07
2006	3414.20	507.87	17.28	5278.44	9217.79	402.93	64.67	467.61	9685.40	569.00	448.65
2007	3443.32	531.94	24.16	5275.48	9274.90	538.59	162.79	701.38	9976.29	661.62	751.62
2008	3503.85	535.58	25.69	5273.66	9338.78	543.36	81.89	625.25	9964.02	657.78	687.59
2009	3620.05	449.47	21.76	5275.30	9366.57	581.73	118.35	700.08	10066.65	895.11	731.80
2010	3636.28	442.42	19.48	5277.99	9376.17	534.16	96.97	631.13	10007.30	741.11	643.01
2011	3632.39	440.20	20.76	5279.23	9372.57	564.35	110.73	675.07	10047.64	733.12	670.20
2012	3648.27	441.26	23.45	5278.46	9391.43	575.20	125.22	700.41	10091.85	895.22	716.59
2013	3615.93	394.83	18.93	5285.14	9314.84	502.40	84.44	586.84	9901.68	645.60	514.76
2014	3634.07	363.30	21.10	5286.38	9304.86	567.19	119.56	686.75	9991.61	793.90	674.60
2015	3596.26	403.39	20.20	5287.04	9306.89	447.06	80.54	527.60	9834.49	589.30	530.53
2016	3684.12	359.52	25.92	5284.78	9354.34	634.88	152.69	787.57	10141.91	612.70	829.30
2017	3833.75	445.65	35.72	5268.85	9583.98	740.12	285.20	1025.32	10609.30	785.70	1245.15
2018	3927.94	541.60	48.30	5255.06	9772.91	796.19	453.68	1249.88	11022.78	961.89	1426.23
平均	3552.61	458.91	23.19	5279.52	9314.24	537.34	136.70	674.04	9988.28	705.82	705.97

注：（1）青海省域内水资源量＝土壤水＋土壤冰＋地表水＋非承压含水层水量；

（2）青海省溢出水资源量＝地表径流量＋地下径流量；

（3）青海省水资源总量＝青海省域内水资源量＋青海省域外溢出水资源量；

（4）青海省水资源公告水资源量：青海省水利厅按照《水资源公报编制规程》（GBT 23598—2009）编制的《青海省水资源公报》发布的青海省水资源总量；

（5）本书相应口径水资源量：按照《水资源公报编制规程》（GBT 23598—2009）关于一个区域水资源总量的定义，本书基于改进的CLM模式计算得到青海省总水资源量。即水资源总量＝地表径流量＋地下径流量＋Δ非承压含水层＋Δ土壤水＋Δ土壤冰。Δ表示相应年度较上一年度的增量。

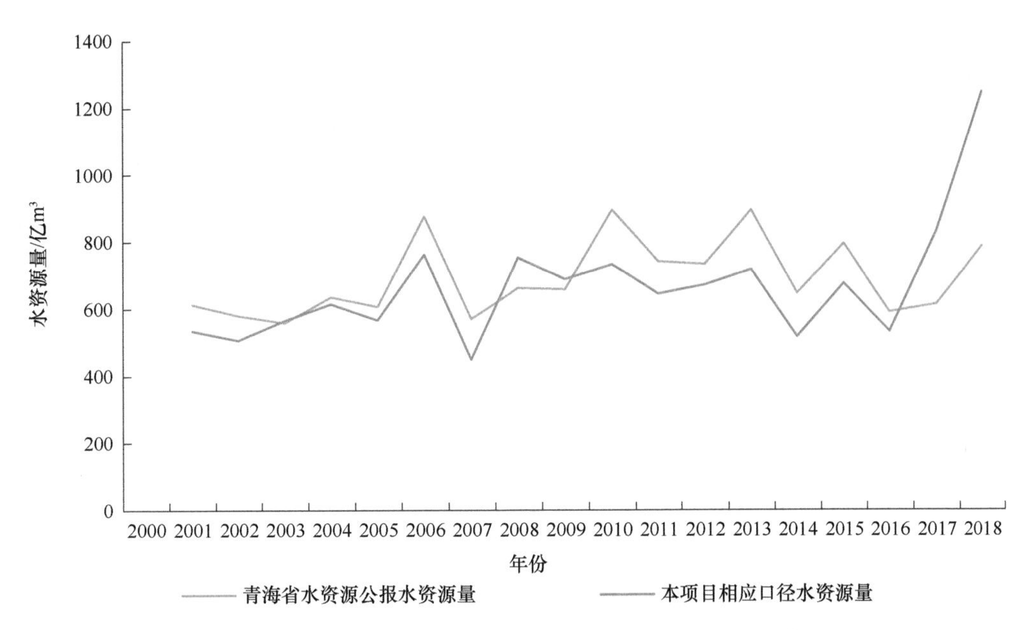

图5-12 《青海省水资源公报》及本书相应统计口径的水资源量

《青海省水资源公报》报告水资源量系青海省水利厅按照《水资源公报编制规程》（GBT 23598—2009）计算得到。本书相应口径水资源量是按照该国家标准关于水资源的定义基于改进的CLM模式计算得到

5.3　清洁能源潜力及价值计算方法

5.3.1　水电势能服务量及价值

1. 水电势能服务量计算方法

由水的势能产生的最大水电能作为水电服务。本书参考唐小平等（2016）的研究成果采用水资源量和水位差（高程）计算水力资源理论蕴藏量，计算公式为

$$N=Q\times H\times g \tag{5-5}$$

式中，N为水力资源理论蕴藏量，kW；Q为水资源量，m^3；H为上下断面水位差，m；g表示重力加速度，取值为$9.81m/s^2$。计算步骤如下：

首先，利用ArcGIS水文分析工具，基于青海省90米数字高程模型（DEM）数据，以当年的地表径流为权重计算青海省汇流累积分布，并生成集水区分布图。水资源只有达到一定汇集量才具有发电能力，该汇集量参考唐小平等（2016）的研究，确定为127.8万m^3，认为达到或超过此阈值点即假定可以建设水库使水势能转化为电能。其次，每个集水区内包含0个（表示较长河网的中间段）或1个阈值点（表征河网的起点）。对于不包含阈值点的集水区，用集水区总水量与集水区河网栅格平均高程计算；对于包含阈值点的集水区，计算阈值点汇得的水量与高程乘积计算作为一部分，另一部分由集水区总水量减去阈值点汇得的水量与集水区河网栅格去掉阈值点后的平均高程计算。

此外，由于当代可开发水电技术条件限制以及水能不能完全转变为电能，存在一定损失，因此真正能够被利用的水能资源为可开发水能资源。全国技术可开发水能资源量占全国水能理论蕴藏量的40.67%（唐小平等，2016），以此比例计算青海省水力资源发电服务及价值。

2. 水电势能服务价值计算方法

$$V=N\times P \tag{5-6}$$

式中，V为水力资源理论发电价值，元/a；N为水力资源理论发电量，kW·h；P为全国上网电价。通过查阅2018年度全国电力价格监管情况得到全国水力发电平均上网电价为0.302元/(kW·h)。

5.3.2 太阳能发电服务量及价值

太阳能发电潜力的分析将以对青海省的太阳能资源模拟为基础，采用空间分析和空间统计方法，通过计算年等效利用小时数（闫加海等，2014）、理论装机量、理论发电量，量化光伏发电潜力（郭鹏等，2019）。

其中年等效利用小时数直接代表了不同地区的太阳能发电效率，是电站选址的首要因素；理论装机量代表了不同地区的装机潜力和开发效率，是指导区域开发的宏观指标；理论发电量则直接量化了区域的太阳能发电潜力。

1. 年等效太阳能利用小时数

年等效太阳能利用小时数因为考虑了系统能量损耗等，因此作为一项资源潜力的指标更为合适。年等效利用小时数表示太阳能电站发电量按照额定功率满发所计算的小时数，本书按照固定式斜面太阳能进行评估，斜面倾角取当地最佳倾角，计算公式如下：

$$H=G\times r \tag{5-7}$$

式中，G为最佳斜面总辐射年总量；r为太阳能电站系统效率，与电池效率、逆变器效率、辐射损耗等因素有关，一般介于0.7～0.9，在本书中取值为0.8。

2. 太阳能理论装机量

表示在考虑地形地貌对太阳能装机的约束后，一定区域太阳能电站的可装机量，公式为

$$P_S=\sum P_0\times R_S \tag{5-8}$$

式中，P_0为不考虑任何约束条件，理想状况单位面积的太阳能装机量，根据实际工程经验，一般在40～50 MW/km^2，本书取值为45 MW/km^2；R_S为土地利用率或装机折减系数，代表单位面积可用于太阳能开发的土地比例，由地形和下垫面决定，取值在0～1，主要考虑因素如下：

（1）坡度大于10°且坡向为北（315°＜坡向＜45°）的区域不可开发；

（2）坡度＞30°区域不可开发；

（3）坡度和下垫面不同，其土地利用系数不同。

主要选取指标如表5-4、表5-5、表5-6：

表5-4　不同坡向土地利用率

坡向类型	土地利用率
（315°<坡向< 45°）和（坡度 >10°）	0
其他坡向	1

表5-5　不同坡度下土地利用率

坡度	土地利用率
（0，10）	1
（10，20）	0.8
（20，30）	0.6
（30，90）	0

表5-6　不同下垫面土地利用率

下垫面类型	土地利用率
湿地、森林、水体等	0
耕地、人造地表	0.05
灌木	0.1
草地	0.2
裸地	1

3. 青海省太阳能发电服务量计算方法

太阳能发电潜力，即理论发电量，表示在单位面积下，考虑太阳能开发的地形地貌约束条件，基于年等效利用小时数和理论装机量得到的一年的总发电量，计算公式为

$$E_S = H \times P_S \tag{5-9}$$

4. 青海省太阳能发电服务价值计算方法

根据国家能源局发布的《2018年度全国电力价格情况监管通报》，2018年光伏发电平均上网电价为859.79元/(1000kW·h)，根据2000～2018年青海省各市（州）太阳能发电潜力，可以得到2000～2018年青海省各市（州）太阳能发电潜力价值。

5.3.3　风能发电服务量及价值

1. 平均风速

风速是单位时间内空气在水平方向上所移动的距离。在近地层中，风速随高度有显著的变化，可以用下式表示：

$$\frac{V}{V_0} = \left(\frac{H}{H_0}\right)^n \tag{5-10}$$

式中，V为高度为H（m）时的风速，m/s；V_0为高度为H_0（m）时的风速，m/s；n为风速随高度变化系数。n值的变化与地面的糙度、大气的稳定度有关，其值为1/8～1/2，在开阔、平坦、稳定度正常的地区为1/7。中国气象部门通过在全国各地测风塔或电视塔计算各种高度下得出n的平均值约为0.16～0.20。风速记录以青海省内观测站的数据

为准，经处理得到10m高度处的年尺度平均风速。

2. 风能发电服务量计算方法

空气运动产生的动能称为风能，在单位时间内流过垂直于风速截面A（m^2）的风能，即风功率（江滢等，2010）：

$$W=\frac{1}{2}\rho v^3 A \tag{5-11}$$

式中，W为风能，W；ρ为空气密度（GB/T 18710—2002，2002），kg/m³；v为风速，m/s。式（5-11）是常用的风功率公式，而在风力工程方面，又习惯称之为风能公式。

为了衡量一个地方风能的大小，评价一个地区的风能潜力，风能密度是最方便和有价值的量（蒋洁等，2014）。风能密度是空气在单位时间内垂直流过单位截面积产生的风能。风能密度的一般表达式为

$$E=\frac{1}{2}\rho v^3 (W/m^2) \tag{5-12}$$

本书采用2000～2018年青海省气象站累年年平均气压、累年年平均气温，根据空气密度计算公式得到平均空气密度，从而进一步计算风能密度。通常也可以用某一段时间内的平均风能密度来说明该地的风能资源潜力。平均风能密度采用直接计算得到将青海省18年每天24小时逐时测到的风速数据按间距分成各等级风速，v_1（3m/s），v_2（4m/s），v_3（5m/s），…，v_i（i+2m/s），然后将各等级风速在该年（月）出现的累积小时数n，n_2，n_3，…，n_i分别乘以相应各风速下的风能密度$\left(n\cdot\frac{1}{2}n_i\rho v_i^3\right)$，再将各等级风能密度相加之后除以年总时数$N$（Xu，2008），即

$$E_{平均}=\left(\sum\frac{1}{2}n_i\rho v_i^3\right)\div N\ (W/m^2) \tag{5-13}$$

据此可求出平均风能密度，即风能发电潜力。

3. 青海省风能发电服务价值计算方法

根据国家能源局发布的《2018年度全国电力价格情况监管通报》，2018 年风电机组平均上网电价为529.01元/(1000kW·h)，根据2000～2018年青海省各市（州）风能发电潜力，可以得到2000～2018年青海省各市（州）风能发电潜力价值。

第6章 生态系统调节服务计算方法

6.1 大气质量调节服务量及价值

6.1.1 生态系统碳汇及价值

生态系统碳收支的大小及变化受气候因素、植被类型、生态环境因素共同影响，综合考虑这些潜在影响因子的作用及其交换效应，是准确模拟生态系统的碳汇空间格局及其动态变化的基础。然而，受植被与土壤碳循环影响因素复杂性影响，当前的植被与土壤碳汇的模拟还存在较大的不确定性。本书从影响生态系统碳汇的植被与气候的关系、土壤有机碳空间分布格局、生态系统碳汇空间格局及变化趋势等层面开展研究。本书综合了遥感数据和气象观测数据，分析青海省植被对水分响应的敏感性及时空格局；基于随机森林等机器学习算法模拟了青海省表层土壤有机碳储量及其空间分布格局，并量化了影响土壤有机碳模拟的主要生态环境因素；基于深度学习模型中最具有代表性的卷积神经网络方法（CNN），通过综合气象观测数据、多源遥感数据、通量观测数据、土壤有机碳数据，模拟青海省陆地生态系统的总第一性生产力（GPP）、生态系统呼吸（RECO）及净生态系统碳交换量（NEE）的空间格局及年际变化。考虑到近年来的研究进展，即气候因素对生态系统碳循环的影响具有滞后性（Wu et al.，2015），往往表现出渐变与累积效应（Huang et al.，2014；Gao et al.，2018）。本书以通量观测所获得的GPP和RECO作为验证数据，引入并评估了多时间尺度上的标准化降水蒸散指数（SPEI）对模拟GPP与RECO精度的影响，从而优化了模型并提高了青海省生态系统碳汇空间格局及变化趋势的模拟精度。

1. 植被与气候因子的关系

（1）SPEI数据产品的适用性评估：近年来的研究表明，影响植被生长的水分状况除了与当月的水分收支有关外，还与前期的降水和水分条件有关，植被对水分的响应表现滞后性和累积性（Huang et al.，2015；Luo et al.，2016，2018）。因此，揭示水分亏缺的时间尺度与累积效应是评估气候变化对植被生长影响的前提。考虑到SPEI具有多时间尺度的特点，且只要选择合适的时间尺度，SPEI干旱指数就可以有效表征可利用水分的累积效应。本书选择SPEI干旱指数来表征水分状态的盈余或者亏缺情况。由于Penman-Monteith算法在计算PET考虑了更多的因素，其结果比Thornthwaite计算的结果更精确（Harris et al.，2014；Allen et al.，1998），同时考虑到东英吉利亚大学的SPEI数据是基于全球观测数据计算而得的结果，因此，本书使用最新版本（版本2.5）的CRU SPEI 数据，并引入了CRU TS3.24.01中的温度、降水、潜在蒸散发数据来表示青海省的气候背景。为了与其他数据进行匹配，本书利用ArcGIS和IDL/ENVI软件将以上数据集重采样到0.05°。

为了确定CRU数据集在表征气候要素时的准确性，以及是否适用于区域尺度上的水分状况，本书首先基于中国593个气象站点的降水、温度、风速、相对湿度等观测数据，应用与CRU-SPEI相同的计算方法（如FAO-56 Penman-Monteith），计算获得了多个时间尺度的SPEI数据，并与CRU-SPEI数据集进行了比较。

结果表明，CRU数据集产品与本书基于气象观测数据所计算的各项指标之间有很好的一致性（图6-1），在区域尺度上探究气候变化及其对植被的影响时，使用CRU数据集是可行的。

（2）青海省植被NDVI变化与水分变化之间的关系：要准确评估草地植被对水分响应的差异性，首先要确定可以有效反映植被生理干旱的SPEI的最优时间尺度，来表示水分对植被影响的累积效应。本书通过分析反映不同时间尺度的气象干旱指数（SPEI）与反映植被生长状态的遥感监测的增强植被指数标准化值（dNDVI）之间的相关性（r）的强弱，得到了每个月相关系数绝对值最大对应的SPEI时间尺度，并以此作为本书最优的水分状态表征指标，其对应的时间尺度表示的是干旱对森林影响的累积效应。考虑到草地植被对水分的响应时间较短（Li et al，2015），因此本书主要考虑一年以内的水分影响，即1～12个月时间尺度。

$$r_{x,y,i,j}=\text{corr}(\text{dNDVI}_{x,y,i},\text{SPEI}_{x,y,i,j}) \tag{6-1}$$

$$|r_{x,y,i}|_{\max}=\max(r_{x,y,i},\text{all}=1,\cdots,j) \tag{6-2}$$

式中，x和y分别为经度、纬度；i为1～12月份；j范围内1～12个月时间尺度。由于r是使用dNDVI和SPEI的值计算15年（N=15，“N”表示数据样本的数量），因此$|r|>0.514$的值（即临界值）表示在0.05水平上显著。

（3）青海省植被生长的气候背景：从图6-2中可以看出，青海省植被的生长季主要集中在5～10月份［图6-2（c）］，其对应的气候条件为温暖干燥［图6-2（a）和6-2（b）］。其中，水分平衡WB（water balance）是指降水和潜在蒸散发的差值，表示水分的盈余或者亏缺状态。温度和水分平衡的单位分别为℃和mm/month。

（4）青海省植被NDVI变化与水分之间相关性：从最佳时间尺度的SPEI与植被指数NDVI的标准化值构建的最强相关关系的空间图（图6-3）来看，青海省植被对最佳时间尺度SPEI表征的可利用水分的敏感性存在时空异质性，植被在生长季期间（5～10月份）的生长状态表现为对水分的正向相关关系，而在非生长季则更多表现为负向的相关关系。

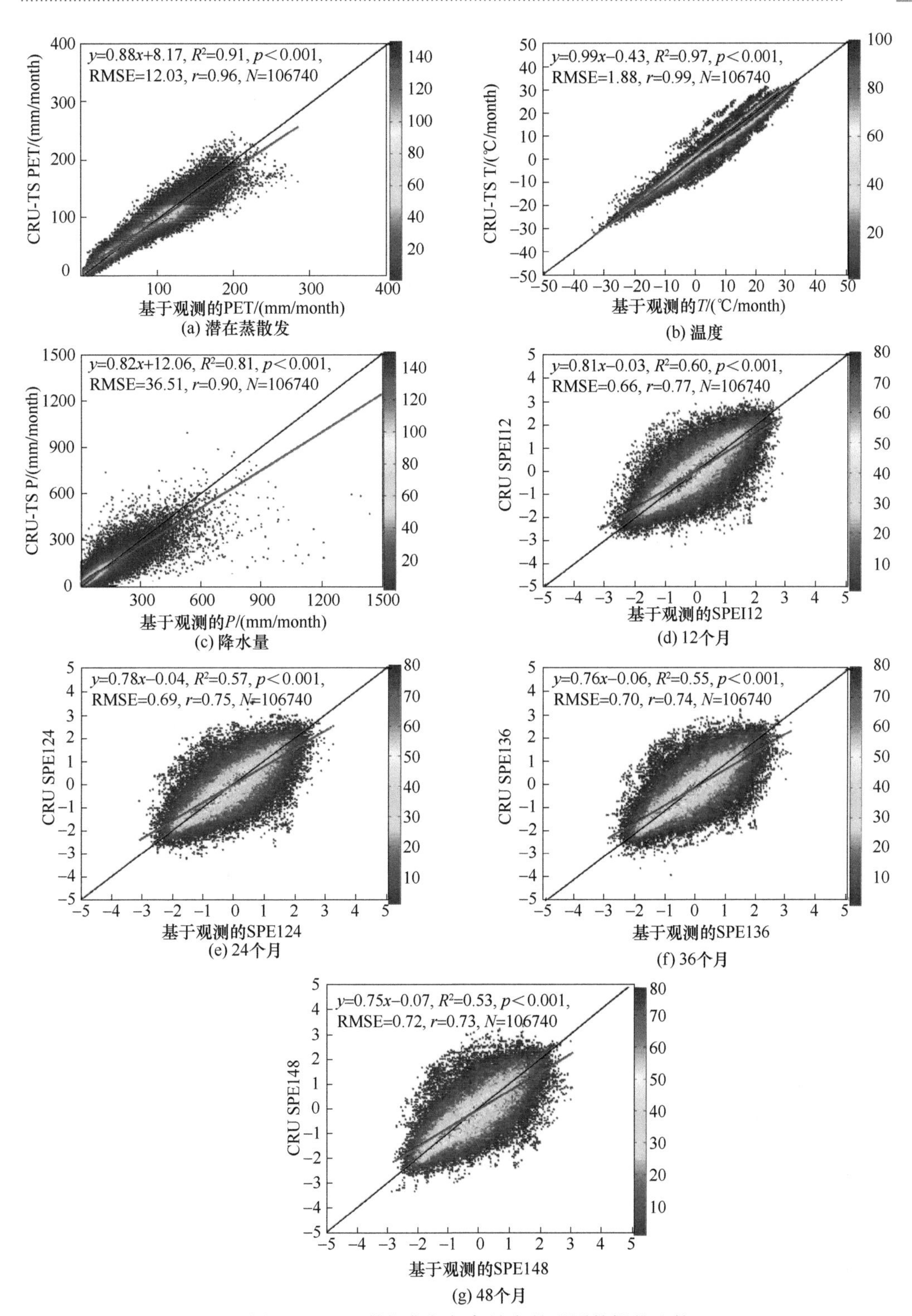

图6-1　CRU数据集与气象站点的观测数据的比较

（a）潜在蒸散发、（b）温度、（c）降水量之间1∶1散点图，以及CRU与气象站SPEI数据在（d）12个月、（e）24个月、（f）36个月、（g）48个月时间尺度上的对比。本图使用的中国气象站点的数据均来源中国气象数据网。该数据集为日值数据，时间序列为1960～2015年。其中，气象站点的观测气象数据缺失时间不超过1个月，且缺失数据以同期所有气象记录的平均值补充

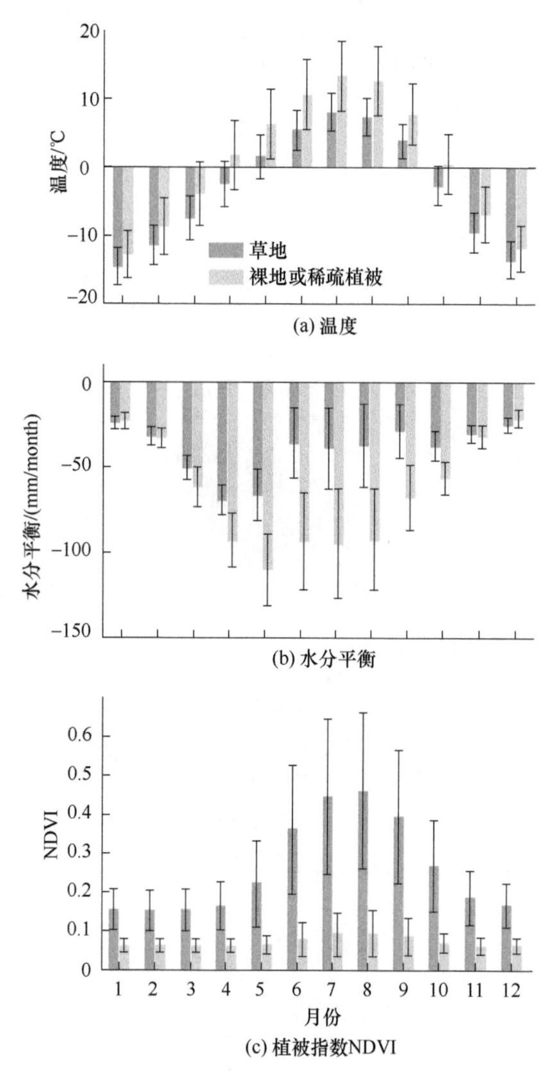

图6-2 青海省草地和裸地或低覆盖植被对应的温度、水分平衡和植被指数NDVI的季节变化

2. 青海省土壤有机碳空间分布格局的模拟

1）数据

土壤有机碳受气候、植被、土壤、自然地理因素及人类活动多种因素的影响，要准确估计青海省土壤有机碳（SOC）的大小及其空间分布格局，需要收集和整理这些影响因素的数据。通过广泛的数据收集和整理，本书采集了青海省不同土壤剖面上的土壤有机碳观测数据（图6-4）、地下生物量、地上生物量站点观测数据（图6-5）。此外，在站点尺度上，项目还收集了气象站、通量塔和生态站的气象和碳通量数据，并对这些数据进行了预处理。青藏高原土壤有机碳观测数据来自知网、万方、WOS等数据库收录的2000～2018年的国内外公开发表的土壤有机碳文献数据，包含土壤有机碳浓度、容重、土壤有机碳密度及其相关地理与环境信息（经纬度、海拔、温度、降水、坡度、坡向等）。SOC数据集包括2594个站点和2508个土壤剖面，共3000多条土壤有机碳数据记录。

在空间分布数据方面，本书收集和整理与植被、土壤碳循环相关的多源与多尺度的空间数据，包括：植被指数数据，如MODIS和GIMMS植被指数数据（LAI、EVI、NDVI）及叶绿素荧光数据（GOME2-SIF、SCIA-SIF）；反映植被光合作用强度和固碳能力的植被生产力数据，如GPP、NPP；与植被光合作用及土壤呼吸作用密切相关的气象数据，如CRU和ERA5气象数据（温度、降水、径流、蒸散发、雪覆盖及雪量、土壤温度及湿度、相对湿度、风速、气压、露点温度、积温等），土壤质地与冻土分布。

2）方法

（1）土壤剖面的有机碳浓度和容重的转换。由于收集到的土壤有机碳数据所分布的土壤深度不一，大多分布在0～100cm之间，因此为了不同剖面数据可比较，本书主

图6-3 青海省植被NDVI变化与水分之间的相关性

要模拟青海省0～20cm，0～50cm以及0～100cm土层的土壤有机碳储量，因此需对不同剖面土壤有机碳浓度和容重数据需转化到30cm、50cm和100cm的土壤深度。指数型土壤剖面函数、多项式土壤剖面函数和等面积二次平滑样条函数是最常用的土壤剖面属性转化方法，但对于土壤剖面土层采样完整且土壤剖面变异复杂的数据，等面积二次平滑样条函数具有更好的预测结果。等面积平滑二次样条函数由一系列适应不同土层的二次多项式组成，不同层之间是线性变换的，通过层与层之间的节点连接。每

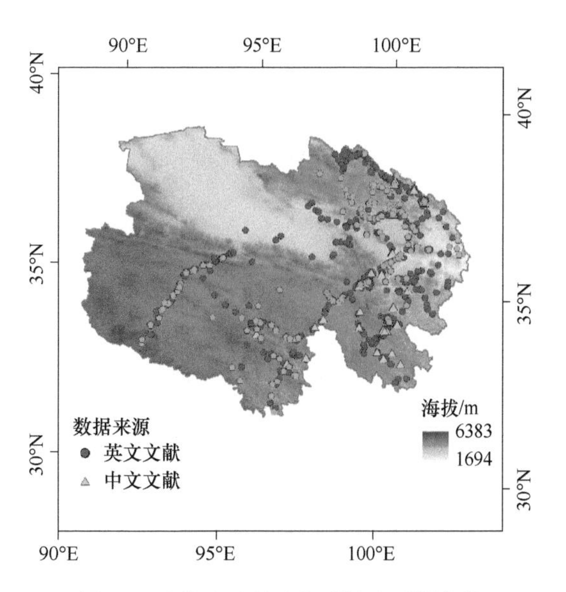

图6-4 青海省土壤有机碳站点观测数据

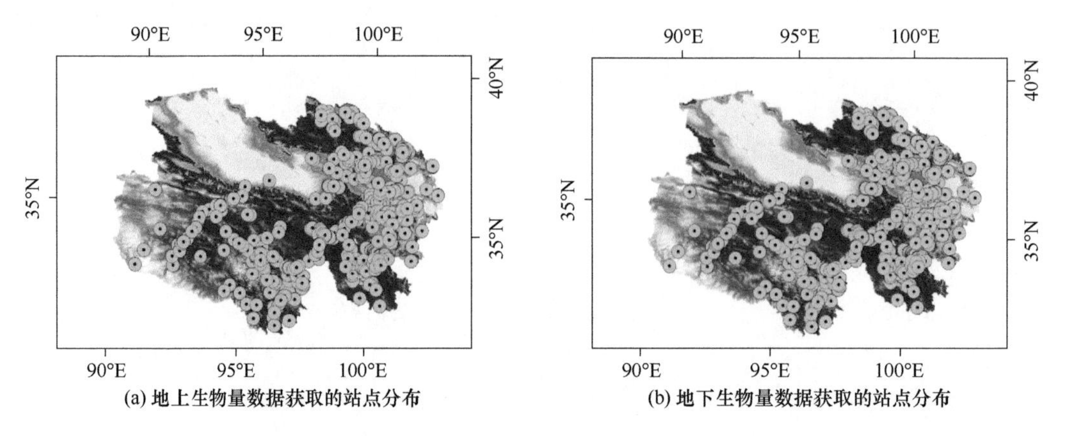

图6-5 青海省地上生物量与地下生物量观测数据

个节点保证包含与未包含入样条函数的面积是相等的。在本书中，采用Spline Tool v2进行土壤剖面有机碳浓度和容重的转换。

（2）环境变量特征的筛选。本书拟采取机器学习的方法，对土壤有机碳密度进行模拟，由于纳入模型中的环境变量数据高达70多个，且变量之间存在高度的共线性，因此需要筛选环境特征变量。本书采用随机森林（Randomforest包）、Brotuna算法（Boruta包）、递归特征删减法（Caret包）和梯度提升机（GBM包）方法对环境特征变量进行重要性排序，最终筛选出四种方法都排在前25位且出现3次及以上的变量参与建模。

（3）土壤有机碳的模拟。土壤有机碳的模拟主要有四种方法，即站点插值、常规统计模型、机器学习、数据-模型融合方法。在本书中，采取随机森林（RF）、梯度提升机（GBM）方法来模拟土壤有机碳空间格局。

3）土壤有机碳（SOC）模拟结果

（1）变量重要性评估。随机森林（RF）与梯度提升机（GBM）对土壤有机碳模拟中的输入变量的重要性进行了估计，两者在变量的选择上具有相似性，主要的影响变量包括土壤质地、PAR、AFAPAR、MAP、GPP/NPP、MAT、pH、土壤微生物碳氮比等（图6-6、图6-7）。

（2）模拟结果精度评估。基于训练集模拟的结果表明，RF和GBM能很好地模拟土壤有机碳，其中RF的模拟SOC与观测SOC的可决系数（R^2）为0.891，RMSE为0.328；GBM的模拟SOC与观测SOC的R^2为0.864，RMSE为0.338（图6-8）。基于验证集的模拟结果类似，模拟的SOC与观测的SOC具有很好的一致性（图6-9）。

（3）青海省表层土壤有机碳的空间格局。采用随机森林、梯度提升机模拟的青海省表层土壤有机碳的分布如图6-10所示，它们与观测数据的对比表明（图6-11），其模拟的效果优于现有的土壤有机碳产品HWSD。从空间分布规律看，青海省土壤有机碳的总体分布趋势是由东向西减少，高值区主要分布在祁连山脉等地的森林分布区，低值区主要分布在柴达木盆地和可可西里西部的高海拔地区。

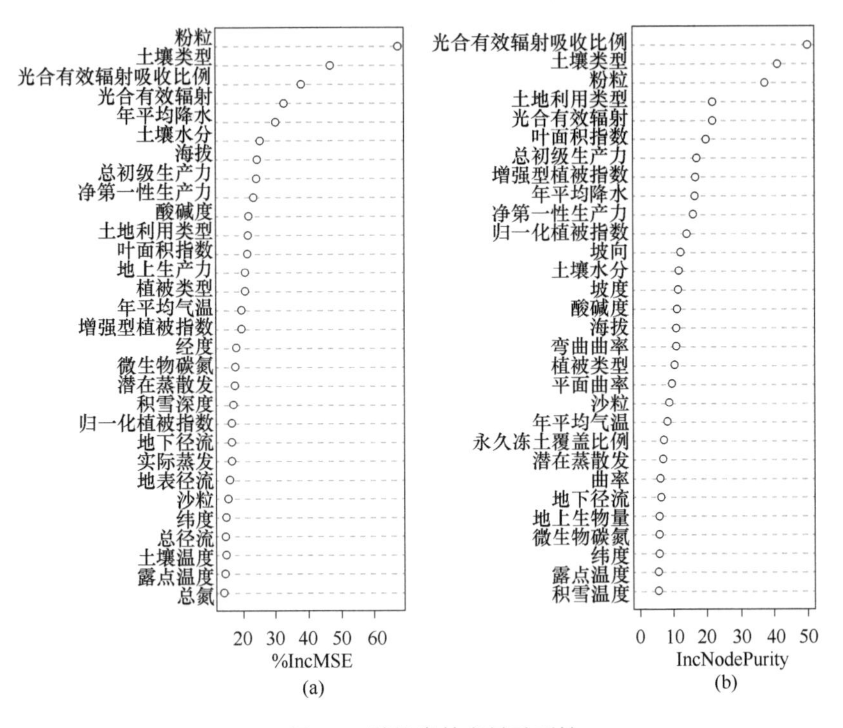

图6-6 随机森林变量重要性

3. 青海省生态系统碳汇模拟

1）数据

（1）遥感数据。遥感技术能够获得长时间序列、大空间尺度的海量数据，可提供多种植被参数和环境要素，本书中使用的遥感数据包括2000～2018年MODIS全球1km月植被指数NDVI和年NPP数据以及GLASS全球1km 8天合成产品中的叶面积指数LAI（Xiao et al.，2015）、光和有效辐射PAR（Cheng et al.，2014）以及光和有效辐射吸收比例FAPAR（Xiao et al.，2013，2016）。

（2）气象数据。年均温（mean annual temperature，MAT），年降水（mean annual precipitation，MAP）来自于CRU 气象数据。CRU-TS 4.01数据集中包括1901～2018年的全球月均温和月降水数据。标准化降水蒸散指数SPEI数据来自于SPEIbase v.2.5，该数据集包含了1091～2018年全球范围的水分平衡情况，时间分辨率为月，空间分辨率为0.5°，并且提供1到48个月的特定时间尺度的干旱指数。本书选取了2000～2018年的12个月、24个月和36个月时间尺度的12月份的SPEI，分别代表当年、前一年和前两年的水分条件。

（3）土壤有机碳数据。土壤有机碳数据来源于SoilGrids250m，该数据集提供了在七个标准深度（0cm、5cm、15cm、30cm、60cm、100cm、200cm）下土壤特性的相关数据，包括土壤碳、容重、土壤pH值、土壤质地组成等（Hengl et al.，2017）。本书选取了0～30cm的土壤有机碳密度（soil organic carbon density）作为土壤有机碳的基础数据。

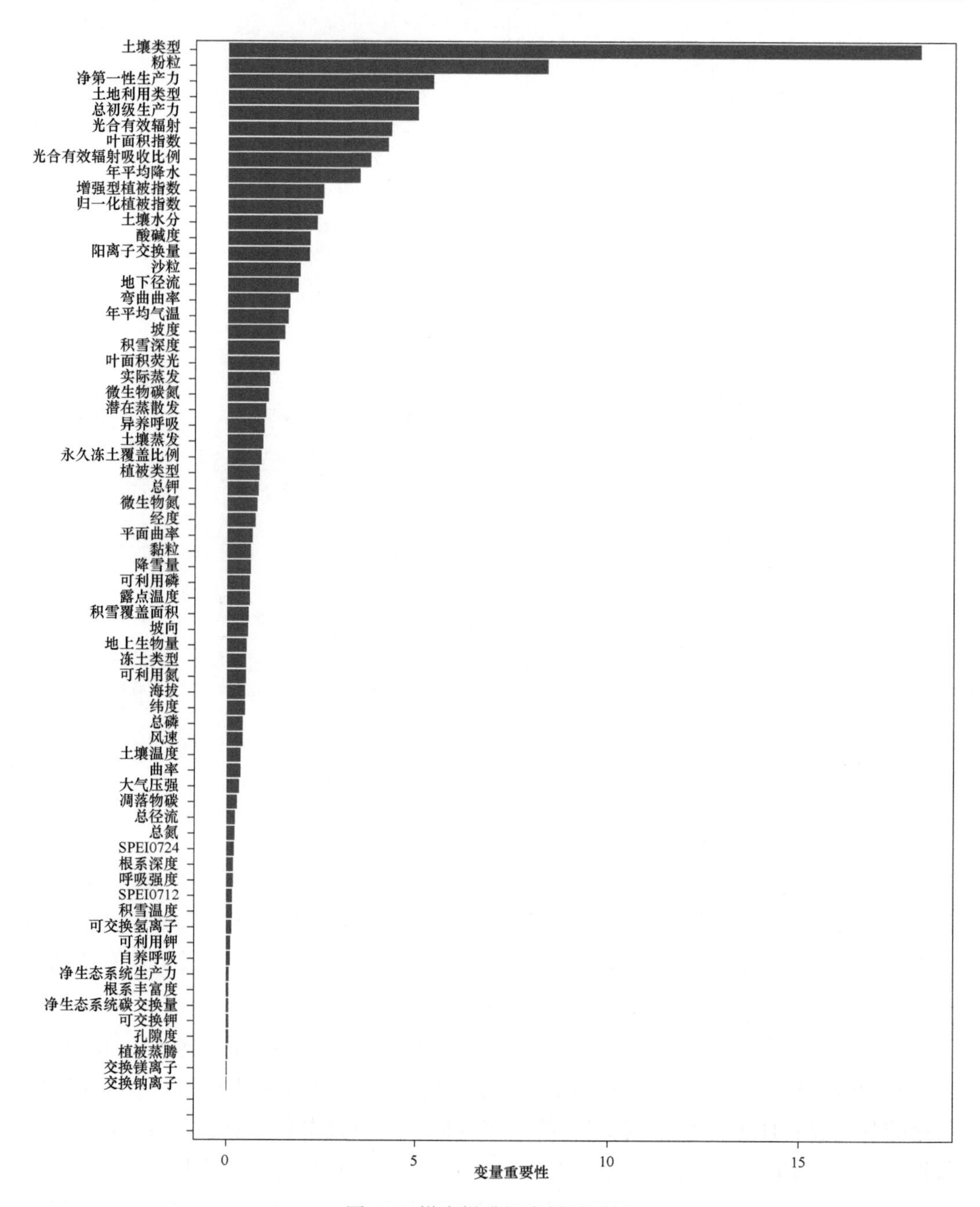

图6-7 梯度提升机变量重要性

2）CNN模型

深度学习方法兴起于计算机视觉领域，在图像分类应用中表现十分出色（Camps-Valls et al.，2013），近年来也广泛应用于生态模拟和全球变化等研究中。它能够在不提出任何假设和前提下，模拟生物神经系统在处理信息时的特点，由浅到深充分挖掘

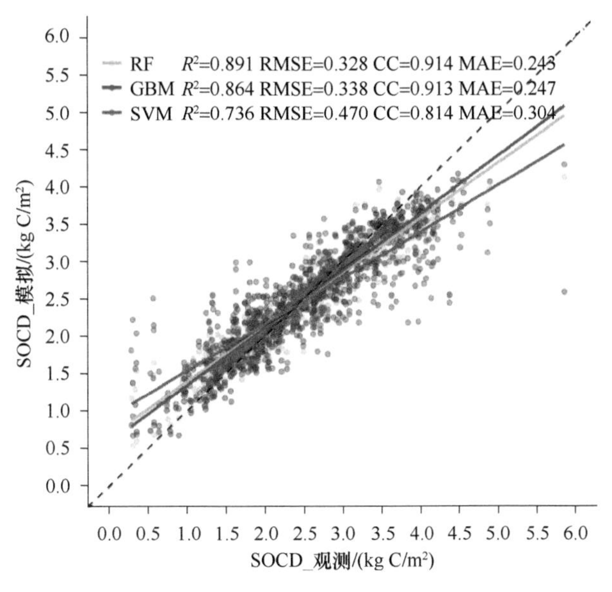

图6-8　训练集模拟结果

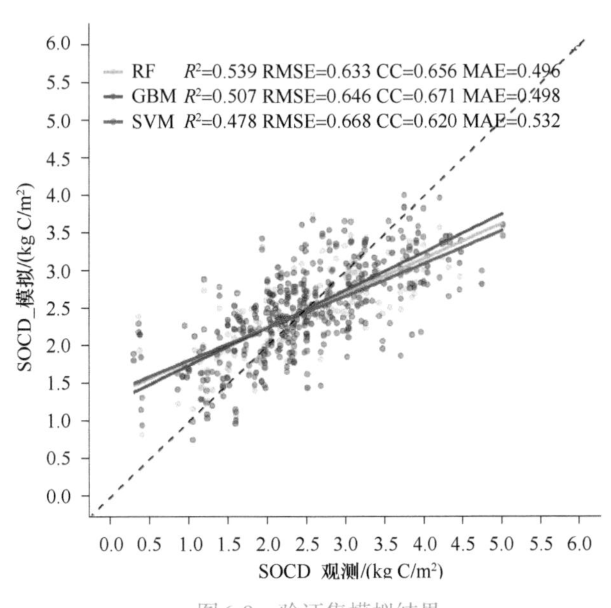

图6-9　验证集模拟结果

数据的信息，展现出了强大的自主学习能力和数据融合能力。深度学习模型中最具有代表性的模型之一是卷积神经网络，它通过权值共享和稀疏连接使训练更深层的网络结构成为可能，相比于人工神经网络（ANN）只能读取一个点的信息，CNN可读取一个邻域大小的信息，对地理空间数据来说，可以保留一定范围内的空间结构特征。本书构建的CNN包含三个卷积层，三个最大池化层和一个全连接层，最后经ReLU激活函数（Glorot et al.，2011）输出，网络的参数设置如表6-1所示。模型输入的数据包

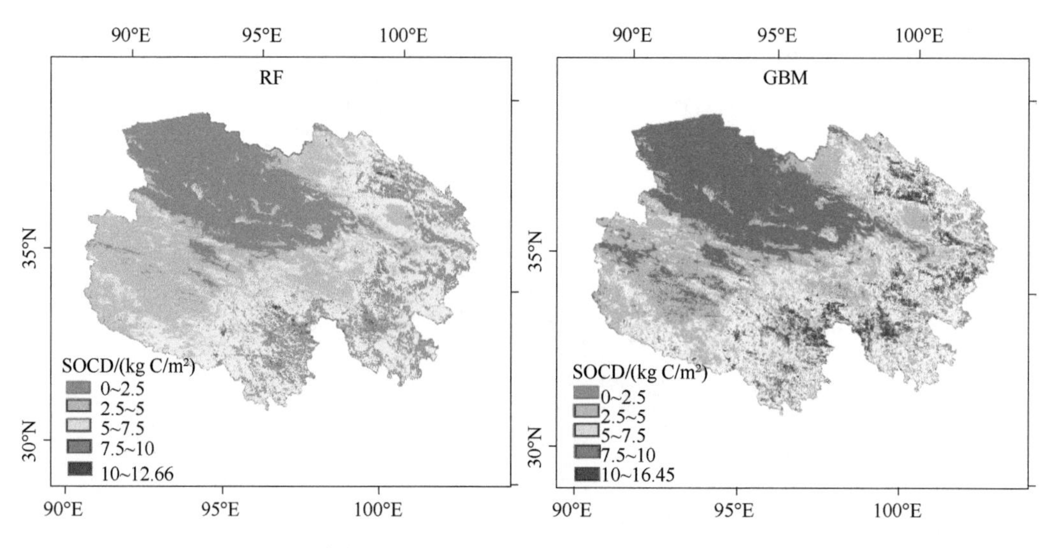

图6-10 青海表层土壤（0～20cm）有机碳的空间分布格局

括MAT、MAP、PAR、FAPAR、LAI、NDVI、SOC00、SOC05、SOC15、SOC30、SPEI12、SPEI24、SPEI36。在模型验证时，这些数据均以通量观测站点的经纬度为中心格点，采用邻域3×3大小。模型输出为模拟的GPP或RECO。训练网络时，利用优化算法Adam（Kingma and Ba，2015），通过最小化预测值与观测值的差值，不断对网络参数进行调整，直至该差值小于某一阈值且不再有明显变化时，即完成训练。

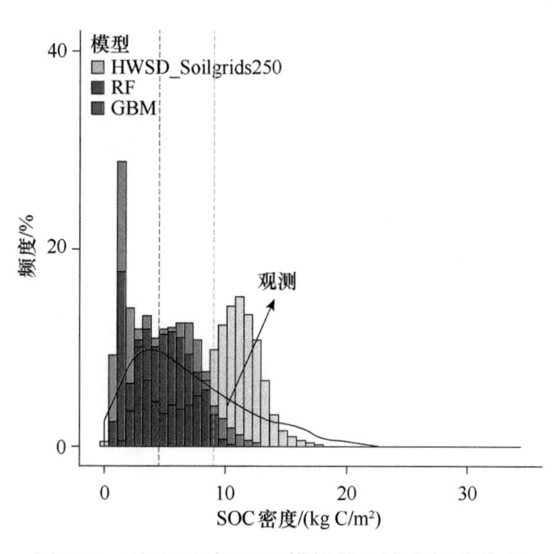

图6-11 基于RF与GBF模拟的土壤有机碳分布

表6-1 网络参数

网络层	参数（w+b）	输入	输出
卷积层1	（3，3，n，8）+8	（3，3，n）	（3，3，8）
卷积层2	（3，3，8，32）+32	（3，3，8）	（3，3，32）
卷积层3	（2，2，32，64）+64	（3，3，32）	（2，2，64）
全连接层	（2×2×64，128）+128	（1，2×2×64）	（1，128）
输出层	（128，1）+1	（1，128）	（1）

3）GPP的模拟

（1）GPP模拟的实验结果。实验表明，各模型的训练精度和测试精度均较高，表明模型在训练阶段没有出现过拟合。加入SPEI改善了CNN的模拟精度（表6-2，图6-12），以R^2为例，未加入SPEI的CNN1，其模拟精度为0.941；而分别加入当年SPEI的CNN2，加入前一年SPEI的CNN3和加入前两年SPEI的CNN4，模拟精度分别为0.977、0.968、0.966，相对提高了3.53%、2.55%、2.52%。这些结果表明，当年SPEI对模型优化的效能最大，但前一年和前两年的SPEI亦能起到优化效果，这些结果与GPP对当年的水分条件响应最敏感有关，同时受水分影响的滞后性与累积效应影响，它也会受到前一年（SPEI24）和前两年（SPEI36）的水分条件影响。模型评估表明，将连续三年的SPEI 联合加入时，模拟的GPP效果达到了最优（R^2＝0.980），精度相比未加入SPEI时提高了3.83%。

表6-2　GPP模拟精度

CNN模型		CNN1	CNN2	CNN3	CNN4	CNN5	CNN6	n
输入		基础数据	基础数据，SPEI12	基础数据，SPEI24	基础数据，SPEI36	基础数据，SPEI12，SPEI24	基础数据，SPEI12，SPEI24，SPEI36	
训练	R^2	0.941	0.977	0.968	0.966	0.976	0.979	1000
	CC	0.966	0.987	0.981	0.982	0.988	0.989	
	RMSE	0.192	0.122	0.147	0.144	0.117	0.113	
	SDE	0.183	0.115	0.134	0.139	0.116	0.109	
测试	R^2	0.945	0.979	0.962	0.971	0.981	0.981	300
	CC	0.968	0.987	0.977	0.984	0.990	0.990	
	RMSE	0.189	0.118	0.158	0.132	0.099	0.104	
	SDE	0.180	0.110	0.146	0.128	0.098	0.100	
基础数据：MAT，MAP，PAR，FAPAR，LAL，NDVI，SOC00，SOC05，SOC15，SOC30								

（2）GPP模拟的验证结果。选择未参与过模型训练的一组新数据来对模型进行验证，验证精度如表6-3、图6-13所示。结果表明，尽管这些观测数据没有用于优化模型，但它们依然可以被很好地模拟，这表明构建的模型具备较强的泛化能力，结果可靠。与GPP模拟结果类似CNN6的验证精度最高，进一步表明加入三年的SPEI使模型效果达到了最优。

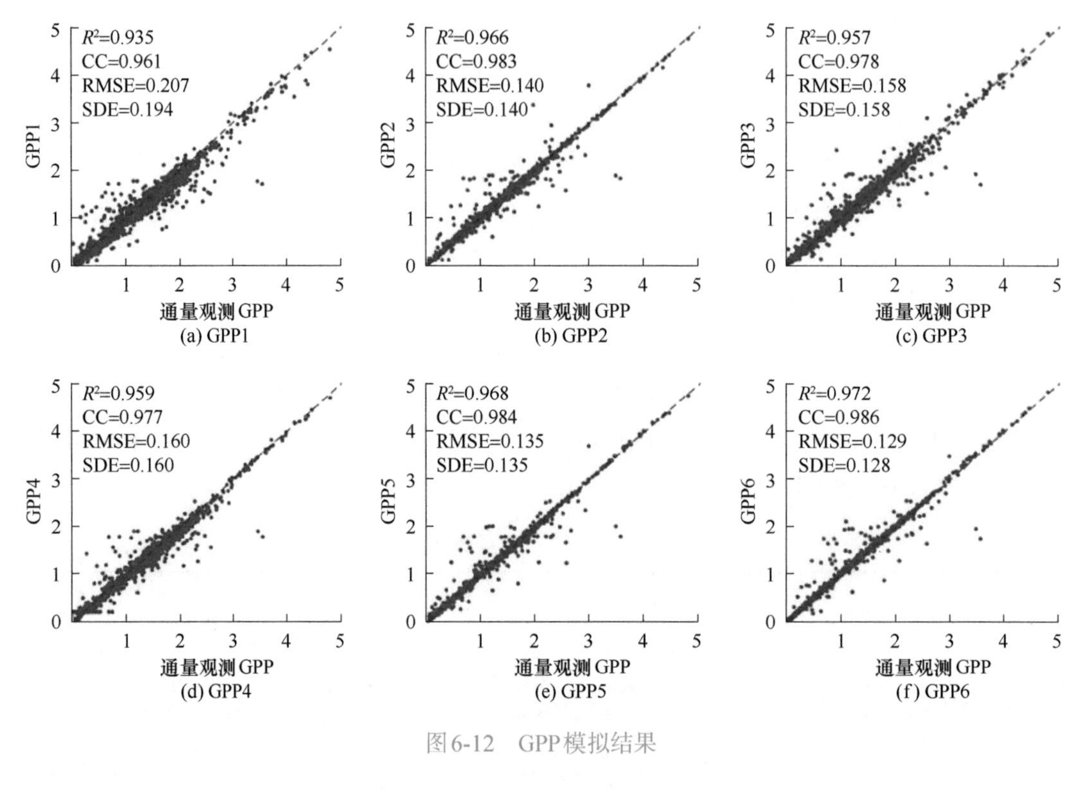

(a) GPP1 (b) GPP2 (c) GPP3
(d) GPP4 (e) GPP5 (f) GPP6

图6-12 GPP模拟结果

表6-3 GPP验证精度

CNN模型		CNN1	CNN2	CNN3	CNN4	CNN5	CNN6	n
输入		基础数据	基础数据，SPEI12	基础数据，SPEI24	基础数据，SPEI36	基础数据，SPEI12，SPEI24	基础数据，SPEI12，SPEI24，SPEI36	
验证	R^2	0.816	0.788	0.777	0.803	0.769	0.823	48
	CC	0.897	0.875	0.878	0.892	0.877	0.901	
	RMSE	0.387	0.443	0.439	0.386	0.426	0.384	
	SDE	0.376	0.417	0.433	0.385	0.426	0.370	
基础数据：MAT，MAP，PAR，FAPAR，LAL，NDVI，SOC00，SOC05，SOC15，SOC30								

4）生态系统呼吸（RECO）的模拟

（1）RECO模拟的实验结果。CNN 训练结果表明（表6-4、图6-14），仅加入当年的SPEI对RECO 的模拟起不到改善的效果，而在加入前一年或前两年的SPEI时，才对RECO的模拟效果有所改善。以R^2为例，未加入SPEI的CNN1训练精度为0.979，加入前一年SPEI 的CNN3和加入前两年SPEI 的CNN4，R^2分别为0.986和0.987。这反映了RECO对当年的水分条件不敏感，水分对RECO的影响存在一定的滞后效应，具体而言，水分对生态系统呼吸的在一两年后才显现出来。

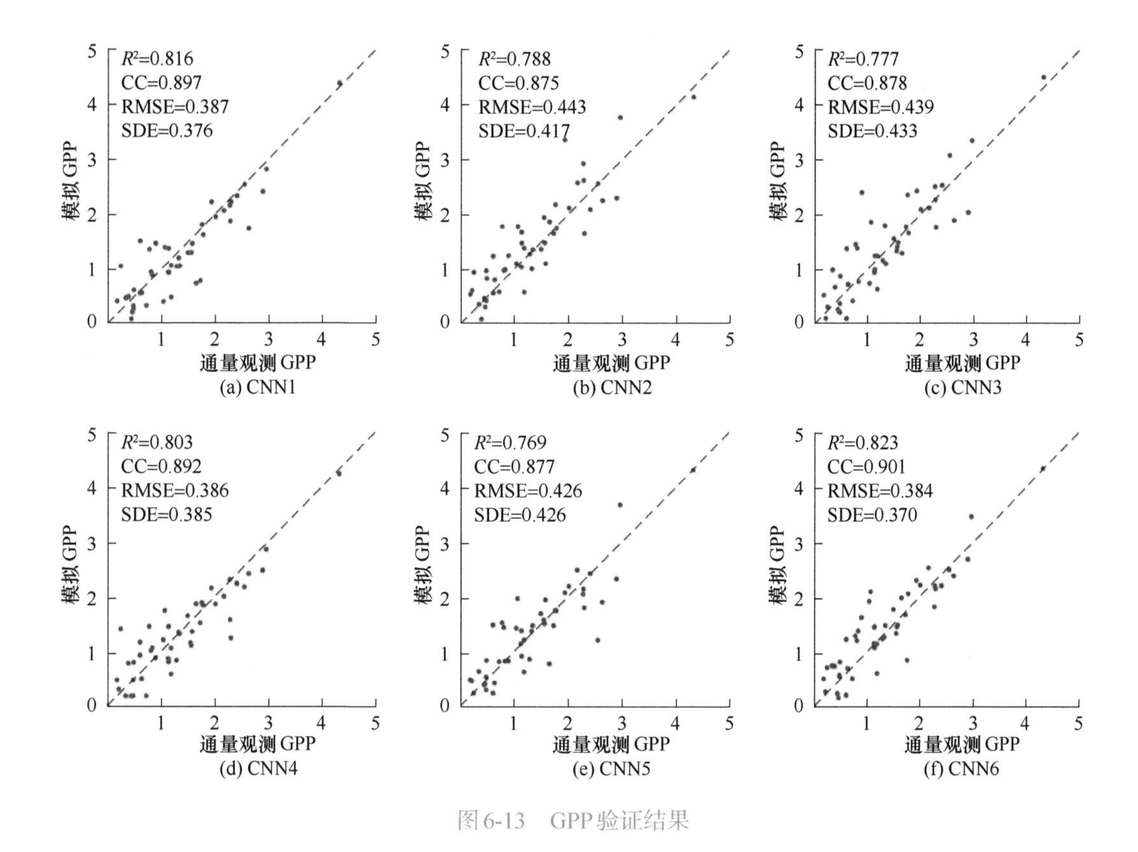

图6-13　GPP验证结果

表6-4　RECO模拟精度

CNN模型		CNN1	CNN2	CNN3	CNN4	CNN5	CNN6	*n*
输入		基础数据	基础数据，SPEI12	基础数据，SPEI24	基础数据，SPEI36	基础数据，SPEI12，SPEI24	基础数据，SPEI12，SPEI24，SPEI36	
训练	R^2	0.979	0.972	0.986	0.987	0.990	0.983	1000
	CC	0.988	0.984	0.991	0.992	0.994	0.987	
	RMSE	0.098	0.113	0.085	0.078	0.068	0.103	
	SDE	0.093	0.105	0.074	0.072	0.064	0.083	
测试	R^2	0.979	0.974	0.986	0.988	0.989	0.982	300
	CC	0.988	0.985	0.991	0.993	0.994	0.986	
	RMSE	0.096	0.114	0.084	0.079	0.070	0.103	
	SDE	0.091	0.106	0.074	0.072	0.066	0.085	

基础数据：MAT，MAP，PAR，FAPAR，LAL，NDVI，SOC00，SOC05，SOC15，SOC30，NPP

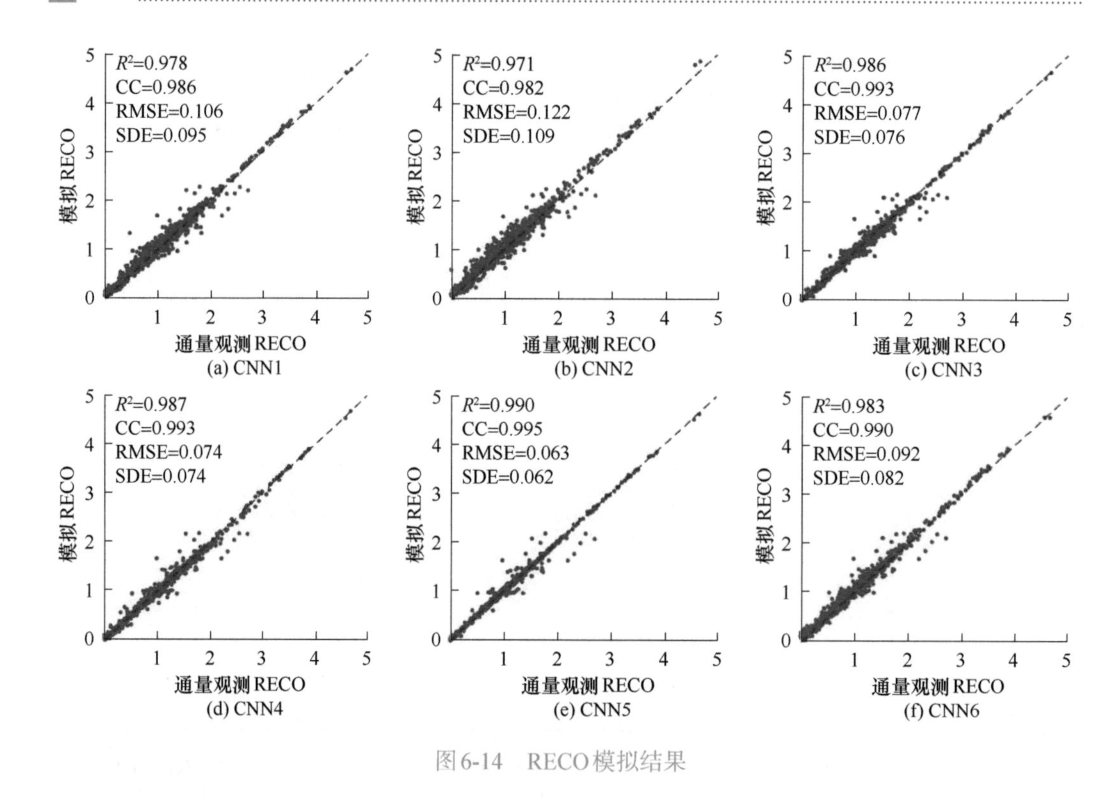

图6-14 RECO模拟结果

（2）生态系统呼吸（RECO）模拟的验证结果。选择未参与过模型训练的一组新数据来对模型进行验证，验证精度如表6-5所示，可以看出所有CNN模型的结果均比较可靠，表明模型均具备较强的泛化能力。

表6-5 RECO验证精度

CNN模型		CNN1	CNN2	CNN3	CNN4	CNN5	CNN6	*n*
输入		基础数据	基础数据，SPEI12	基础数据，SPEI24	基础数据，SPEI36	基础数据，SPEI12，SPEI24	基础数据，SPEI12，SPEI24，SPEI36	
验证	R^2	0.835	0.821	0.832	0.854	0.832	0.844	48
	CC	0.850	0.869	0.852	0.862	0.875	0.873	
	RMSE	0.532	0.504	0.527	0.513	0.493	0.489	
	SDE	0.499	0.496	0.504	0.474	0.481	0.483	
基础数据：MAT，MAP，PAR，FAPAR，LAL，NDVI，SOC00，SOC05，SOC15，SOC30，NPP								

4. 青海省碳汇价值计算方法

当生态系统通过光合作用同化的大气二氧化碳大于生态系统呼吸所释放的二氧化碳时，生态系统表现为碳汇，具有固碳价值。受生态系统碳循环过程的复杂性与影响碳循环的外在环境因素的多样性及时空异质性影响，区域尺度碳汇量的估算目前还存在很大的不确定性。目前，被广泛应用的碳汇计算的技术包括植被生物量与土壤碳储量的清单调查、生态系统碳循环过程模型、通量观测、大气二氧化碳浓度反演、数据-模型融合等。各种评估方法各有优缺点，适用条件不尽相同，且它们之间估算结果的差异较大。

基于生态系统过程的碳循环模型，广泛地应用于站点和区域尺度上的碳汇模拟与预测，但其模拟精度受多种因素影响，主要取决于模型的结构、模型参数、模型状态变量初始值的确定等多个方面（Zhou et al.，2013，2015）。在区域尺度上，受资料限制，模型往往基于平衡假设，通过spin-up来获得碳库初始值，这往往与现实的非平衡条件不一致，从而导致模型的模拟结果出现较大偏差（Carvalhais et al.,2008）。Yu等（2014）比较了东亚地区基于通量观测所估算的碳汇结果和基于生态系统碳循环过程模型所估算的碳汇，发现碳平衡假设将导致生态系统碳汇值低估。Ge等（2019）则定量比较平衡假设与非平衡假设对碳汇量模拟值的影响，发现平衡假设显著低估了生态系统的碳周转时间，导致模拟碳汇值低估。相比之下，生态系统碳通量观测可以直接监测生态系统与大气直接的碳交换量，因而在估算区域尺度上的碳汇量时具有独特的优势，但其评估精度受观测站点的数量与其空间分布影响（于贵瑞等，2008）。通过将通量观测与模型相结合，发展数据-模型融合系统，综合利用两者的优点，是降低模拟结果不确定性的重要发展方向。

基于优化后的CNN-SPEI模型模拟得到的净生态系统碳交换量（NEE＝RECO－GPP），采用2013年国家林业局《退耕还林工程生态效益监测国家报告》中的碳汇价格（折算2012年的价格为1212.49元/t）。

6.1.2 释放氧气量及价值

绿色植物利用太阳光能，同化二氧化碳（CO_2）和水（H_2O）制造有机物质并释放氧气的过程，称为光合作用。光合作用所产生的有机物主要是碳水化合物，并释放出能量。光合作用的反应方程式为

$$6CO+6HO \longrightarrow CHO\ [(CHO)]+6O_2$$

式中，（CHO）为糖类。

GPP（gross primary productivity）：总初级生产力，表示单位时间内植物通过光合作用途径所固定的光合产物量或有机碳总量，又称总第一性生产力或总生态系统生产力（GEP），是生态系统碳循环的基础。

NPP（net primary productivity）：净初级生产力，是植物光合作用所固定的光合产物中扣除植物自身的呼吸消耗部分，也称为净第一性生产力。

NPP＝GPP－植物自养呼吸

NEP（net ecosystem productivity）：净生态系统生产力，指净第一性生产力中减去

异养呼吸所消耗的光合产物。

$$NEP=NPP-\text{异养呼吸}$$

NEE（net ecosystem exchange）：净生态系统碳交换量，一般陆地与大气CO_2的监测通量与NEP相当，数据为正则为碳汇，数值为负则为碳源。

相比GPP和NPP，NEP是考虑呼吸作用消耗有机物后的净生态系统生产力，据此计算的氧气释放量更为准确。根据光合作用方程式，碳固定与氧气释放质量比为1∶2.667，本研究根据上面计算的NEE量折算各类生态系统氧气释放量。国家林业和草原局退耕还林工程生态效益监测报告中制造氧气价格为1000元/t，根据居民消费价格指数贴现率转换为2018年的氧气制造价格为1159.46元/t。

6.1.3 空气净化服务量及价值

1. CITYgreen模型简介

CITYgreen模型是美国林业署基于ESRI公式的GIS软件ARCView3.X开发的功能拓展模块，以遥感（RS）和地理信息系统（GIS）为技术基础的绿色空间生态系统服务量化计算的模型，被广泛用于植被规划、生态效益计算、动态变化模型及预测。CITYgreen模型主要通过建立研究区域的绿色数据层（green data layer），并利用GIS的空间分析功能，对绿色空间的各项生态效益进行计算。

CITYgreen模型由两个功能区构成，即模型数据库和生态效益分析模块（模型的空间分析模块）。模型数据库由空间数据和属性数据构成，空间数据一般由研究区域的数字化规划图、遥感影像或者航片构成，主要是用于存储空间对象的几何图形（如建筑物、硬质铺装地面、水体、草坪）。属性数据库主要是由模型自带数据、野外调查数据和文献资料数据，可以根据需要对该数据进行编辑添加、统计、分类等操作。数据库内包含村庄、农田、树木、草地等土地利用分类。

2. CITYgreen模型参数化方案

CITYgreen模型本身带有美国当地300多种树种，但由于研究区域不同，存在树种差异，根据需要更新基础数据库，添加青海省树种的基本字段信息，包括：树种通用名、学名、树径生长率、树高生长率、树冠形状、最大高度、叶密度、落叶情况（王耀萱，2014）。

叠加青海省边界矢量与中国植被类型空间分布图得到青海省内主要物种的空间分布。中国植被类型空间分布图详细反映了中国11个植被类型组、54个植被型的796个群系和亚群系植被单位的分布状况，同时反映了2000多个植物优势种、主要农作物和经济作物的实际分布状况。据此得到的青海省内主要树种有青海云杉、祁连圆柏、川西云杉、青杨、金露梅、沙棘、白桦。还有部分高寒草地，主要农作物有青稞、春小麦、豌豆、油菜、枸杞等。青海省相关树种参数如表6-6～表6-12。

表6-6　树种数据库更新情况表

树种	学名	叶密度	树高增长	胸径增长	树冠形状	叶脱落情况	最大数高
青海云杉	*Picea crassifolia*	3	3	3	4	4	3
祁连圆柏	*Juniperus przewalskii*	3	3	3	4	4	3
川西云杉	*Picea likiangensis*	3	3	3	4	4	3
青杨	*Populus cathayana*	2	1	2	5	1	
白桦	*Betula platyphylla*	1	1	3	8	1	3
金露梅	*Potentilla fruticose*	3	3	3	1	6	1
沙棘	*Hippophae rhamnoides*	2	3	3	1	6	1

表6-7　树种更新模块指标

描述	指标
叶密度	1．稀疏；2．中等；3．密度集；4．未知
树高增长率	1．快（≥7.6cm）；2．中等（2.5～7.6cm）；3．慢（≤2.5cm）；4．未知
胸径增长率	1．快（≥1.27cm）；2．中等（0.25～1.27cm）；3．慢（≤0.25cm）；4．未知
冠形	1．灌木；2．小而密集；3．圆筒形；4．金字塔形；5．卵形；6．花瓶形；7．圆形；8．伸展；9．未知
树叶脱落情况	1．落叶阔叶树；2．落叶针叶树；3．常绿阔叶树；4．常绿针叶树；5．半常绿树；6．未知
最大高度等级	1．矮（≤4.5cm）；2．中等（4.5～10.5cm）；3．高（≥10.5cm）；4．未知

表6-8　树木基础数据

字段名	数据编目	数据类型	字段名	数据编目	数据类型
Tree-id	标识	唯一的	Ht-class	树高	1、2、3
Species	代码	基础树种数据库	Health	健康	1、2、3、4、5
Diameter	胸径	英寸	Growing condition	立地情况	1、2、3
Dla-class	胸径分级	1、2、3			

表6-9　CITYgreen模型对胸径分级

胸径等级	胸径数值
1	＜0.25m
2	0.25～0.5m
3	＞0.5m

表6-10　CITYgreen模型树高等级

树高等级	树高
1	＜4.6m
2	4.6～10.7m
3	＞10.7m

表6-11　CITYgreen模型树木健康分级

健康状况等级	说明	状况
1	好	树冠缺损小于5%，树冠饱满，叶色正常，无病虫害，无死枝
2	较好	树冠缺损5%～25%，叶色正常
3	中等	树冠缺损25%～50%，无死枝
4	差	树冠缺损50%～75%，叶色不正常
5	死亡或濒临死亡	树冠缺损75%以上

表 6-12 CITYgreen模型立地条件等级

立地条件	描述
1	差，立地环境恶劣
2	一般，基本适应
3	好，很适应

本书叠加2000年、2005年、2010年、2015年的土地利用/覆盖类型图与中国植被分类图建立青海省如下数据层的动态分布，包括青海云杉层、圆柏层、金露梅灌丛层、高寒草地层、草甸层、荒漠层、建筑层、农作物层、水域层。以市（州）行政边界为单位分析绿色空间的生态效益，本书采用CITYgreen模型只分析了清除大气污染物功能，包括O_3、SO_2、NO_2、PM_{10}、CO。CITYgreen模型认为植物对大气污染气体进行稀释、分解、吸收和固定，通过光合作用，变废为宝、转害为利。树木在城市中对大气中污染物的清除主要表现在对NO_2、SO_2、O_3、CO、PM_{10}五种典型空气污染物的清除能力上，CITYgreen软件中树木大气污染物清除计算原理主要依据树木吸收污染物速率等于污染物浓度和沉积速率乘积，计算公式如下：

$$F=V_d\times C \tag{6-3}$$

式中，F为污染物净化率，g/(cm^2 · s)；V_d为沉积速率，cm/s；C为大气污染物浓度，g/cm^3。根据我国清除大气污染物情况，大气污染物的经济价值折算参照下表进行折算（表6-13）。本书通过CITYgreen模型内嵌污染物沉积速率数据平均值来弥补青海省污染物排放数据缺乏。

表 6-13 净化大气污染物经济价值换算 （单位：元/kg）

污染物	计算方法	计价基准	污染物	计算方法	计价基准
O_3	清除等量O_3费用	92.7（2018年为基准）	CO	清除等量CO费用	13.1（2018年为基准）
NO_2	清除等量NO_2费用	92.6（2018年为基准）	PM_{10}	清除等量PM_{10}费用	61.8（2018年为基准）
SO_2	清除等量SO_2费用	39.7（2018年为基准）			

资料来源：American Forest。

6.1.4 清洁能源发电潜力减排价值

青海省清洁能源，如水电势能、太阳能、风能丰富，清洁能源发电一方面具有巨大经济效益，另一方面相对火力发电具有重要的二氧化碳减排价值，具有重要的环境效益。

根据专家统计：每节约1度（kW · h）电，就相应节约了0.328kg标准煤，同时减少污染排放0.997kg二氧化碳。因此根据2000～2018年青海省各市（州）风能发电潜力物质量可以得到2000～2018年青海省各市（州）风能发电碳减排潜力物质量。根据中央财经大学绿色金融国际研究院发布的2018年试点碳市场年度成交均价为23.445元/t，可以得到2000～2018年青海省各市（州）太阳能和风能发电碳减排潜力价值。

6.2 水文调节服务量及价值

6.2.1 水文调节服务量计算方法

水文调节服务量为蒸散发量、土壤液态水量、土壤固态水量三者之和。蒸散发量、土壤液态水量、土壤固态水量均由CLM模式直接输出。青海省2000～2018年蒸散发空间分布如图6-15所示，蒸散发高值区表现在省内内陆湖，其次高值区在青海省南部及东部边缘，低值区分布在青海省西北部。2000～2018年，西部蒸散发低值区逐渐变小。

青海省2000～2018年土壤水空间分布空间如图6-16所示，土壤水空间分布与蒸散发空间格局基本一致，高值区表现在省内内陆湖，其次高值区在南部及东部边缘沼泽湿地区，低值区分布在西北部。2000～2018年，西部土壤水低值区逐渐变小。

青海省2000～2018年土壤冰空间分布空间如图6-17所示，土壤冰高值区出现在内陆湖，其次高值区在南部及东部边缘沼泽湿地区，低值区分布在西北部。2000～2018年，西部土壤冰低值区逐渐变小。

6.2.2 水文调节服务价值化方法

$$V = Q \times P \tag{6-4}$$

式中，V为水文调节服务价值，元/a；Q为水文调节服务量，m^3；P为防洪成本，元/m^3，参考唐小平等（2016）的研究结果得到以2018年为基准的水库防洪成本为0.858元/m^3。

6.3 洪峰调节服务量及价值

6.3.1 洪峰调节服务量计算方法

洪峰调节服务采用CLM模式输出的地下径流来表征，其含义为瞬时渗入地下的降水量形成的径流。

6.3.2 洪峰调节服务价值化方法

本书采用防洪成本计算洪峰调节服务。

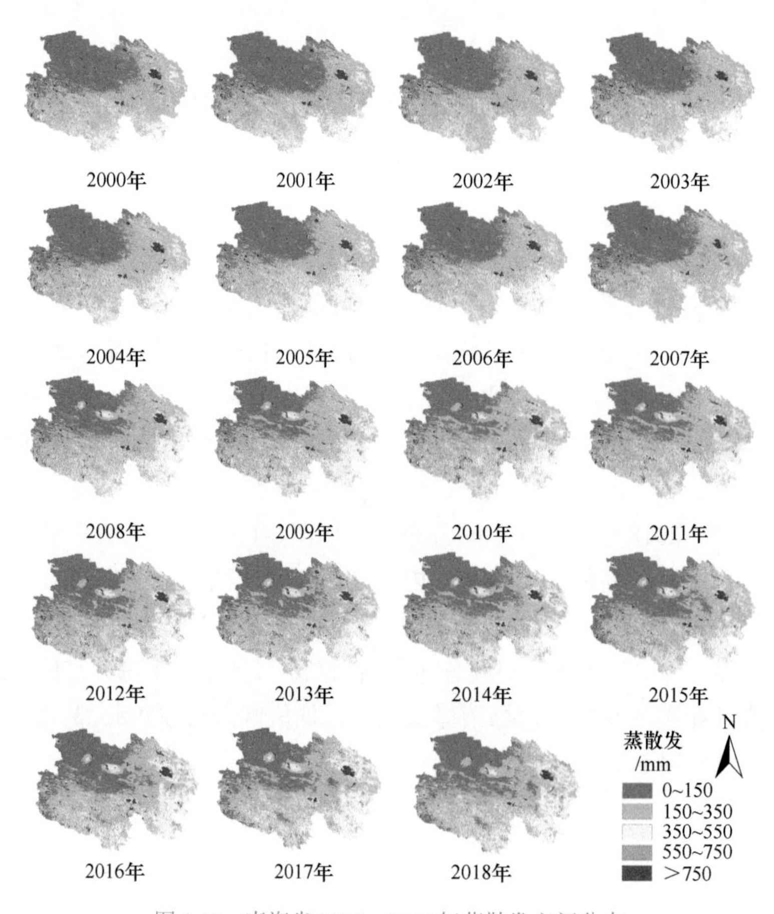

图6-15 青海省2000～2018年蒸散发空间分布

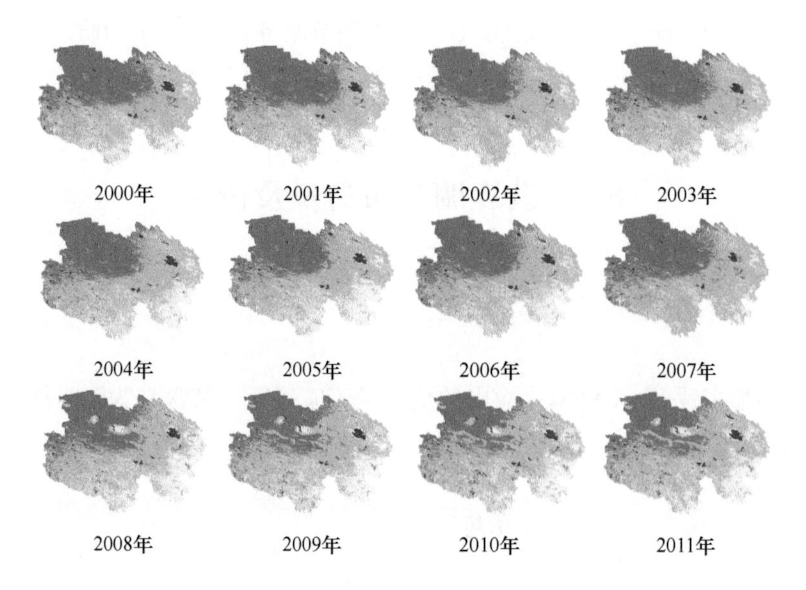

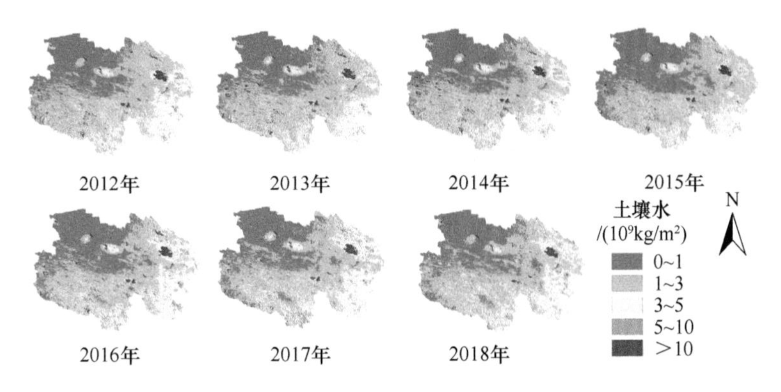

图6-16　青海省2000~2018年土壤水空间分布

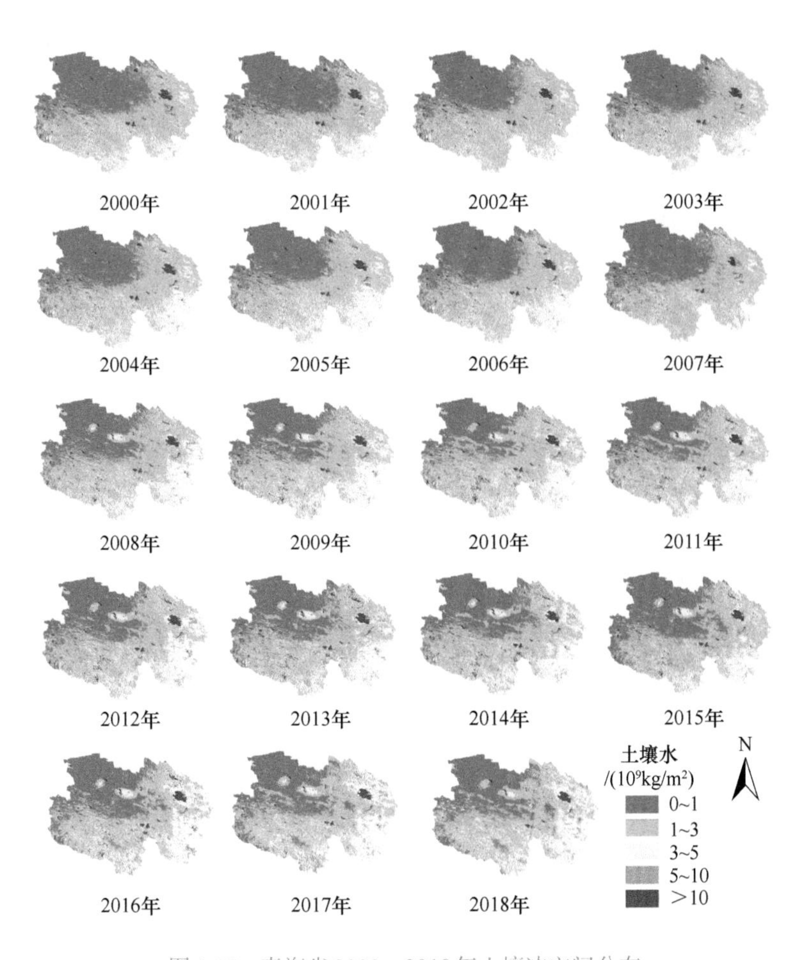

图6-17　青海省2000~2018年土壤冰空间分布

$$V=Q \cdot P \tag{6-5}$$

式中，V为洪峰调节服务价值，元/a；Q为洪峰调节服务量，m^3；P为防洪成本，元/m^3，设定为0.858元/m^3。

6.4 水质净化服务量及价值

6.4.1 InVEST模型水质净化模块简介

减少非点源污染的一个主要途径是减少进入水体的污染物的数量，此外，生态系统可以通过持留一些非点源污染物来提供这项服务。比如，植被可以通过将污染物储存在组织中，或者将它们以另一种形式释放到环境中来消除污染物；土壤还可以储存一些水溶性污染物；湿地的污染物缓慢移动，污染物被植被覆盖吸纳；河岸植被常作为污染物进入水体的最后一道防线。

InVEST模型（Sharp et al.，2015，2016）以径流中养分污染物的清除能力来估算植被和土壤对水质净化的贡献，除了陆地植被过滤（如产流过程）外，模型不涉及化学或生物交互作用。该评估模型使用水处理成本和折现率等数据，以确定由自然系统的水质净化贡献的价值。其原理为：生态系统持留非点源污染物提供水质净化服务，比如，植被通过将污染物储存在组织中；土壤可以储存一些水溶性污染物；湿地的缓慢流动，污染物被植被覆盖吸纳。计算过程包括两步：第一步计算每一个地块的年平均径流量；第二步，确定每一个地块上持留的污染物的数量，估算每个地块的污染物输出。一旦每个像素负载被确定，下游的像素持留量通过地表径流携带污染物进入溪流。模型允许每个像素都可以作为污染源像素，并根据其土地覆盖类型的能力去持留模拟污染物。在不考虑饱和吸收的状况下，通过追寻进入水体下游的每个像素的污染物负荷，跟踪多少污染物抵达河流。该模型假设有连续性的水力流动路径。任何瓦管排水和排水渠可能会造成短期的污染物运移或将污染物直接排放到河流。模型未涉及任何化学或生物的相互作用。在现实中，污染物可能会随着时间和距离并通过与空气、水、其他污染物、细菌或其他因素的相互作用而降解。具体采用的计算公式如下：

$$\mathrm{ALX}_x=\mathrm{HSS}_x\,\mathrm{gpol}_x \tag{6-6}$$

式中，ALX_x为像素x的调整负荷值；pol_x为像素x的输出系数，该系数由Reckhow等（1980）开发，来自美国不同研究领域的地块输出测量的污染物通量的年平均值，InVEST水质净化模块中加入了一个根据不同领域之间差异的水文敏感性得分，以制定测量方法和用户应用情况；HSS_x是像素x的计算方法的水文敏感度评分：

$$\mathrm{HSS}_x=\lambda_x/\lambda_W \tag{6-7}$$

式中，λ_x为像素x流量指标，如下计算公式，而λ_W是感兴趣的流域径流指数：

$$\lambda_W = \log\left(\sum_u Y_u\right) \tag{6-8}$$

式中，$\sum_u Y_u$为像素x流量路径上像素水产量的总和，包括像素x的水产量。一旦每个像素的负载被确实，下游的像素持留量可以以地表径流携带污染物注入溪流计算。该模型允许每个像素都可以作为污染源像素，并根据其土地覆盖类型的能力去持留模拟污染物。在不考虑饱和吸收的状况下，通过追寻进入水体下游的每个像素的污染物负荷，该模型还跟踪有多少污染物抵达河流。在相应水质条件下，计算水质净化服务公式如下：

$$\text{net}_x = \text{retained}_x - \text{thresh/contrib} \tag{6-9}$$

式中，retained_x为持留量，thresh为目标污染物的年准许负荷（thresh_p为磷年准许总负荷，thresh_n为氮年准许总负荷）；contrib为景观的像素数，之后像素值在小流域尺度上相加或平均作为小流域尺度在生物物理过程的生态系统服务输出。

6.4.2　InVEST模型水质净化模块参数化方法

水质净化模块需要的数据具体如下：

DEM：保证DEM数据不存在洼地。

土地利用/覆盖类型：要求为栅格数据，每一种土地利用类型对应唯一的整形标识。

地表径流：栅格数据，代表空间上可利用的潜在地表径流，即运输营养物质到下游的能力。

流域数据：矢量数据，描述流域的边界。

生物物理参数表：CSV表格，定义了每一种土地利用/覆盖类型对应的各类参数，要求的列有，lucode（土地利用类型标识）、LULC_desc（土地利用类型说明）、load_n（load_p）（每种土地利用类型上营养物质承载）、eff_n（eff_p）（每种土地利用类型最大持留效率）、crit_len_n（crit_len_p）（特定土地利用类型最大持留营养物质的距离）。

水流积累阈值：在阈值之内，上游像元的水流入下游，阈值直接影响水质净化结果水文连通性，本书中设置为1000。

Borselli k 参数：决定水文连通性和营养物质传输率的关系，本书设置为2。

Subsurface Critical Length（Nitrogen or Phosphorus）：超过土壤持留营养物质能力后营养物质能够传输的距离，如果设置该值比像元小将导致最大持留量只能在一个像元内实现。

Subsurface Maximum Retention Efficiency（Nitrogen or Phosphorus）：通过表面流动能够到达的最大持留，是0～1之内的浮点值，本书设置为0.8。

6.4.3 水质净化服务价值化方法

本书采用替代成本法对青海省的水质净化服务价值进行核算，该价值是指由于存在水质净化服务而导致减少了氮磷排放所节约的成本。价值核算包括水质净化的总价值、氮持留价值和磷持留价值三部分。

$$V=V_N+V_P=Q_N\times a_N+Q_P\times a_P \tag{6-10}$$

式中，Q_N和Q_P分别为持留的氮和磷的量，t；a_N和a_P分别为氮和磷的去除单价，参考赵欣胜等（2016）、文一惠等（2018）关于去除氮磷沉积物的价格，再根据价格指数换算至2018年价格，分别为3.99万元/t和83.84万元/t。

6.5 土壤水蚀控制服务量及价值

6.5.1 CSLE模型简介

本书采用CSLE模型计算土壤水蚀控制服务。CSLE模型是以通用土壤流失方程USLE和修正土壤流失方程RUSLE为基础，由国内学者在我国各地开展相关研究，最后由刘宝元（2006）利用黄土丘陵沟壑区径流小区的实测资料提出了更加适合中国本土的土壤流失方程。该模型的表达式为

$$A=R\times K\times L\times S\times B\times E\times T \tag{6-11}$$

式中，A为单位面积土壤流失量，t/hm^2；R为降雨侵蚀力因子，MJ·mm/(h·hm^2·a)；K为土壤可侵蚀因子，t·hm^2·h/(hm^2·MJ·mm·a)；L为坡长因子；S为坡度因子；B为生物措施因子；E为工程措施因子；T为耕作措施因子。土壤水蚀控制的土壤保持量时潜在土壤流失量与实际土壤流失量的差值。

6.5.2 CSLE方程参数化方案

1. *降雨侵蚀力因子R*

降雨侵蚀力计算方法有很多种，最常见的为次降雨计算方法、逐日降水量计算方法、逐年降水量计算方法和逐月降水量计算方法等，本书主要采用逐日降水量公式修正公式计算降雨侵蚀力因子R，具体计算公式如下：

1）计算多年平均半月降雨侵蚀力：

$$
\begin{aligned}
&\overline{R}_{半月k}=\frac{1}{N}\sum_{i=1}^{N}\left(\alpha\sum_{j=1}^{m}P_{dij}^{\beta}\right)\\
&\alpha=21.239\beta^{-7.3967}\\
&\beta=0.6243+\frac{27.346}{\overline{P}_{d12}}\\
&\overline{P}_{d12}=\frac{1}{n}\sum_{l=1}^{n}P_{dl}
\end{aligned}
\tag{6-12}
$$

式中，$\overline{R}_{半月k}$为降雨侵蚀力，MJ·mm/(h·hm^2)；P_{dij}为第i年第k半月第j日大于等于12mm的日雨量；α、β为回归系数；$\overline{P}_{d12}$为日雨量大于等于12mm的日平均值，mm；P_{dl}为统计时段内第l日大于等于12mm的日雨量；$j=1,2,\cdots,m$为第i年第k半月日雨量大于等于12mm的日数；$i=1,2,\cdots,N$为年数；$1=1,2,\cdots,n$为统计时段内所有日雨量大于等于12mm的日数。

2）计算多年平均年降雨侵蚀力：

$$
\overline{R}=\sum_{k=1}^{24}\overline{R}_{半月k}
\tag{6-13}
$$

式中，$\overline{R}$为多年平均降雨侵蚀力，MJ·mm/(h·hm^2·a)；$k=1,2,3,\cdots,24$是一年24个半月。

2. 土壤可侵蚀因子K

本书选用Williams模型计算土壤可侵蚀因子K，具体计算公式如下：

$$
\begin{aligned}
K=&\left\{0.2+0.3\exp\left[-0.0256Sa\left(1-\frac{\text{Si}}{100}\right)\right]\right\}\times\left(\frac{\text{Si}}{\text{Cl}+\text{Si}}\right)^{0.3}\\
&\times\left[1-\frac{0.25\text{OM}}{\text{OM}+\exp(3.72-2.95\times\text{OM})}\right]\\
&\times\left\{1-\frac{0.7\times\left(1-\frac{\text{Sa}}{100}\right)}{\left(1-\frac{\text{Sa}}{100}\right)+\exp\left[-5.51+22.9\times\left(1-\frac{\text{Sa}}{100}\right)\right]}\right\}
\end{aligned}
\tag{6-14}
$$

式中，Sa、Si、Cl、OM分别为土壤中砂粒、粉粒、黏粒和有机质的含量，%。

3. 坡长L、坡度因子S

坡长因子L计算公式如下：

$$
L=\left(\frac{\lambda}{22.13}\right)^{m}
\tag{6-15}
$$

式中，λ为水平投影坡长，m；m为坡长指数，不同坡度下m取值不同：

$$m=\begin{cases}0.2 & \theta<1\% \\ 0.3 & 1\%\leqslant\theta\leqslant3.5\% \\ 0.4 & 3.5\%<\theta\leqslant5\% \\ 0.5 & 5\%<\theta\leqslant9\% \\ \dfrac{\beta}{1+\beta}\quad\left(\beta=\dfrac{\sin\theta/0.896}{3\times(\sin\theta)^{0.8}+0.56}\right) & \theta\geqslant9\%\end{cases}$$

坡长因子S计算公式如下：

$$S=\begin{cases}10.8\sin\theta+0.03 & \theta\leqslant5^{\circ} \\ 16.8\sin\theta-0.5 & 5^{\circ}<\theta<10^{\circ} \\ 21.91\sin\theta-0.96 & \theta\geqslant10^{\circ}\end{cases} \tag{6-16}$$

6.5.3 水土保持措施因子

生物措施因子B是利用NDVI反演出植被覆盖度，结合土地利用图，对具有不同土地利用类型和不同植被覆盖度的区域赋予不同的生物措施因子值。本书根据张岩等（2001）生物措施因子的相关研究成果，结合青海省2000～2018年的植被覆盖度和土地利用图，赋予了不同植被覆盖度下各土地利用类型的生物措施因子值（表6-14）。

工程措施是指不能用常规耕作方法或植树造林等方法完成，必须用推土机、挖掘机或者人工修筑建造的措施，如梯田、谷坊、竹节沟、鱼鳞坑等，这些措施都属于荒坡治理中的整地工程（刘宝元等，2013）。本书将所有土地利用类型的工程措施因子都赋值为1。

表6-14 不同土地利用类型及不同植被覆盖度下的B值（张岩等，2001）

土地利用类型	植被盖度/%	B值	土地利用类型	植被盖度/%	B值
林地	0～20	0.100	草地	0～20	0.450
	20～40	0.080		20～40	0.240
	40～60	0.060		40～60	0.150
	60～80	0.002		60～80	0.090
	80～100	0.004		80～100	0.043
湿地	—	1	耕地	—	0.230
人工表面	—	0.900	其他	—	0.430

耕作措施是指以固土保肥为目的，使用各类耕作农具、实施某些耕作技术等，以提高农业生产所采取的措施。先区分出有耕作措施的土地利用类型，然后再根据坡度范围进行赋值。本书参照水利部水土保持监测中心的研究成果确定了耕作措施因子（表6-15），没有耕作措施的土地利用类型赋值为1。

表6-15 不同坡度下的耕作措施因子*T*值（刘宝元，2006）

坡度范围	≤5°	5°～10°	10°～15°	15°～20°	20°～25°	>25°
*T*值	0.100	0.221	0.305	0.575	0.735	0.800

6.5.4 土壤水蚀控制服务价值化方案

土壤水蚀控制服务价值核算包括固土价值、保肥价值和减淤价值三部分。

$$V=V_g+V_b+V_j \tag{6-17}$$

固土价值采用土地机会成本价值核算。土壤水蚀控制服务限制了土壤流失，使得各个土地利用类型能产生相应的效益，固土价值就是计算保持的土壤产生的效益。

$$V_g=B\times P \tag{6-18}$$

式中，V_g为土壤水蚀控制服务的固土价值，元/hm^2；B为固土面积，m^2，通过土壤保持量（t/hm^2）、土壤容重（g/cm^3）和土壤厚度（m）计算得到，土壤容重数据来自中国科学院寒区旱区科学数据中心，土壤厚度参考林业局（2012）的实测数据：林地0.57m、草地0.55m、农田0.78m、湿地0.48m、荒漠0.43m；P为各个土地利用类型的收益（元/hm^2），本书参考国家林业局（2012）计算固土价值时使用的各类土地利用类型的收益，再根据价格指数换算至2018年价格：林地为1212.98元/hm^2、草地为967.15元/hm^2、耕地和湿地为12380.5元/hm^2，荒漠为174.01元/hm^2，国家林业局将人工表面的收益定为0元/hm^2，本书认为人工表面也存在固土价值，因此将人工表面的固土收益定为174.01元/hm^2。

保肥价值采用市场价格核算。氮、磷、钾和有机质是土壤中主要的营养物质，保肥价值就是计算土壤水蚀控制服务下土壤保持量中营养物质的价值。

$$V_b=V_N+V_P+V_K+V_{OM} \tag{6-19}$$

$$V_N=Q_N\times P_N \tag{6-20}$$

$$V_P=Q_P\times P_P \tag{6-21}$$

$$V_K=Q_K\times P_K \tag{6-22}$$

$$V_{OM}=Q_{OM}\times P_{OM} \tag{6-23}$$

式中，V_b为土壤水蚀控制服务的保肥价值，元/hm^2；V_N、V_P、V_K和V_{OM}分别为氮、磷、钾和有机质价值，元；Q_N、Q_P、Q_K和Q_{OM}分别代表土壤保持量中氮、磷、钾和有机质的含量，t/hm^2；P_N、P_P、P_K和P_{OM}分别为氮、磷、钾和有机质的价格，本书参考中国化肥网上尿素、过磷酸钙、钾肥和有机质的价格进行计算，分别为2599.9元/t、986.57元/t、3598.07元/t和57.22元/t。

减淤价值采用替代成本法核算。当没有水蚀控制服务时，泥沙将进入江河、湖泊和水库，泥沙沉积就会影响江河、湖泊和水库的蓄水能力，需要建造水库来保证水的蓄积，因此减淤价值的单价按水库建造成本进行计算。

$$V_j=Q\times P \tag{6-24}$$

式中，V_j为土壤水蚀控制服务的减淤价值，元/hm²；Q为减淤面积，m²，通过土壤保持量、土壤容重和土壤厚度计算得到；P为水库建造成本，本书参考国家林业局（2012）计算的水库建造成本，再根据价格指数换算至2018年价格，为0.86元/m²。

6.6 土壤风蚀控制服务量及价值

6.6.1 RWEQ模型简介

本书采用RWEQ模型计算土壤风蚀控制服务。RWEQ模型以牛顿第一定律为基本前提，当风力大于阻力时，地表的土壤颗粒就会发生位移，其中阻力受到土壤糙度、土壤可蚀系数、湿度、地表残茬、地表植被覆盖等因素影响（Fryrear et al.，1998；Fryear and Bilbro，2001；郭中领，2012）。本书在像元水平上将没有植被覆盖时的风蚀量-真实植被覆盖下的风蚀量差值作为土壤风蚀控制服务量。在RWEQ模型中，地表土壤湿润、有积雪覆盖或可蚀土壤所需的最大风速大于环境风速都不会形成土壤风蚀。基于上述原理，Bagnold（1943）在研究水平方向土壤风蚀量的基础上，得到了相应的风沙搬运公式：

$$b(x)\frac{\mathrm{d}Q(x)}{\mathrm{d}x}+Q(x)-Q_{\max}(x)+S_r(x)=0 \tag{6-25}$$

式中，$Q(x)$为距上风口x m的土壤转移量，kg/m；$Q_{\max}(x)$为最大转移量，kg/m；$S_r(x)$为地表阻碍风沙转移能力；$b(x)$为测量点所在地块的边长。在RWEQ模型中，假设$S_r(x)$等于0，在此情况下令$b(x)=S(x)^2/2x$，$S(x)$为某一地块具体长度范围（一般取100m），得到：

$$\frac{\mathrm{d}Q(x)}{\mathrm{d}x}=\frac{2x}{S(x)^2}[Q_{\max}(x)-Q(x)] \tag{6-26}$$

此式为RWEQ模型的计算控制方程，设$S(x)$为常数，并对式（6-26）进行积分得到：

$$\mathrm{SL}=\frac{2x}{s^2}Q_{\max}\exp\left[-\left(\frac{x}{s}\right)^2\right] \tag{6-27}$$

RWEQ模型开发者通过大量实测数据拟合得到s和$Q_{\max}$的估算方程如下：

$$Q_{\max}=109.8(\mathrm{WF}\times\mathrm{EF}\times\mathrm{SCF}\times K'\times\mathrm{COG}) \tag{6-28}$$

$$s=150.71(\mathrm{WF}\times\mathrm{EF}\times\mathrm{SCF}\times K'\times\mathrm{COG})^{-0.3711} \tag{6-29}$$

式中，WF、K'、SCF、COG和EF分别为气候因子、土壤糙度因子、土壤结皮因子、结合残茬因子和土壤可蚀性因子。

$$\mathrm{SLC}=\mathrm{SLC}_0-\mathrm{SLCA}_v \tag{6-30}$$

式中，SLC_0为不考虑地表覆盖因子下潜在土壤风蚀量，t/hm²；SLCA_v为真实土地覆盖下土壤风蚀量，t/hm²，两者之差为防风固沙服务。

6.6.2 RWEQ通用土壤风蚀方程参数化方案

气候因子WF是RWEQ模型中需要的核心因子之一，由风场强度因子（Wf），土壤湿度因子（SW）和积雪覆盖因子（SD）计算得到。

$$\mathrm{WF}=\mathrm{Wf}\times\mathrm{SW}\times\mathrm{SD} \tag{6-31}$$

$$\mathrm{Wf}=\frac{\sum_{i=1}^{N}U_2(U_2-U_t)^2}{N}\times\frac{\rho}{g}\times N_d \tag{6-32}$$

式中，U_2为距地面两米处的风速；U_t为临界风速，大多数情况下取5m/s；ρ为空气密度，kg/m^3；N为实验过程中记录风速的次数；g为重力加速度，9.8kg·m/s^2；N_d为实验过程中记录风速的某一段时间，最小值为1天，最大值取16天或者半月。

中国气象数据共享网可以下载到每天距地面10m左右的平均风速，可通过风速转换公式计算得到距地面2m的平均风速：

$$U_2=U_{10}\times\left(\frac{d_2}{d_{10}}\right)^{\frac{1}{7}} \tag{6-33}$$

式中，距地面10米的风速、测定风速仪距地面的高度分别用U_{10}、d_2（2m）、d_{10}（10m）表示。

根据日均风速计算每小时风速：

$$W_n=W_{\mathrm{ave}}\left[1+\cos\left(\frac{n\times\pi}{12}\right)\right] \tag{6-34}$$

式中，W_{ave}、W_n、n分别为日均风速、某天第某小时的风速、某天第某小时。

本书计算半月时间段的土壤风蚀量，因此Nd为15天或者16天。

$$N=24\times N_d \tag{6-35}$$

式中，24为每天测风速次数为24次。

ρ为空气密度（kg/m^3），计算公式为

$$\rho=348.0\left(\frac{1.013-0.1183\mathrm{EL}+0.0048\mathrm{EL}^2}{T}\right) \tag{6-36}$$

式中，EL为对应气象站点的海拔，km；T为绝对温度，K。

土壤湿度因子SW的计算公式为

$$\mathrm{SW}=\frac{\mathrm{ET}_p-(\mathrm{PPT}+I)\dfrac{\mathrm{PPT}_d}{N_d}}{\mathrm{PET}} \tag{6-37}$$

式中，PET为潜在蒸散量，mm；PPT为测定时间内的降水量，mm；I为测定时间内灌溉量，mm，由于灌溉量数据较难获得，且研究区大部分地区无灌溉措施，故可设I为0；PPT_d为测定时间内降水或灌溉的天数；N_d为测定风速的时间段（15天

或者16天）。

积雪覆盖因子SD的计算公式为

$$SD = 1 - P(\text{雪覆盖} > 25.4\text{mm}) \tag{6-38}$$

式中，P（雪覆盖>25.4mm）为计算时段内积雪覆盖深度大于25.4mm的概率。当日均温低于0℃且降水量大于25.4mm时，可认为不再发生风蚀。

根据土壤理化性质数据，可以采用下式计算土壤可蚀性因子EF与土壤结皮因子SCF：

$$EF = \frac{29.09 + 0.31SA + 0.17SI + \frac{0.33SA}{CL} - 2.59OM - 0.95CaCO_3}{100} \tag{6-39}$$

$$SCF = \frac{1}{1 + 0.0066(CL)^2 + 0.021(OM)^2} \tag{6-40}$$

式中，土壤砂粒含量、粉粒含量、黏粒含量、有机质含量、土壤碳酸钙含量分别用SA、SI、CL、OM、$CaCO_3$表示。RWEQ模型中土壤质地分类标准均采用美国制标准。当输入的土壤参数超出RWEQ模型中各类土壤质地的含量范围时，需要根据土壤类型以及相应的RWEQ模型内嵌参数表，输入合适的参数（表6-16、表6-17）。

表6-16 计算土壤可蚀性因子和土壤结皮因子时输入的土壤参数变化范围（郭中领，2012）

土壤组分	SI	OM	SA	CL	$CaCO_3$
含量范围/%	0.5～69.5	0.18～4.79	5.5～93.6	5.0～39.3	0.0～25.2

在RWEQ模型中，农田作物的残茬数量和定向对风蚀有明显影响。残茬因子由三部分构成，包括覆盖在地表、保护地表并抑制土壤风蚀的生长植被覆盖因子和倒伏植被覆盖因子，以及已收获但留有直立残茬的植被覆盖因子。

表6-17 RWEQ模型内嵌土壤资料（郭中领，2012）

土壤类型	SA	$CaCO_3$	OM	SI	土壤类型	SA	$CaCO_3$	OM	SI
黏土	20.0	3.0	3.0	20.0	壤土	41.0	3.0	1.5	41.0
砂土	93.0	1.0	0.3	4.0	砂黏壤土	59.0	3.0	1.0	13.0
粉土	6.0	3.0	1.5	88.0	粉壤土	21.0	3.0	1.5	67.0
壤砂土	84.0	2.0	0.5	10.0	粉黏壤土	10.0	3.0	2.0	56.0
黏壤土	32.0	3.0	2.5	34.0	砂黏土	52.0	3.0	1.0	7.0
砂壤土	64.0	3.0	0.5	26.0	粉黏土	6.0	3.0	2.5	47.0

$$COG = S_{LRF} \times S_{LRS} \times S_{LRC} \tag{6-41}$$

式中，S_{LRF}为倒放残茬因子；S_{LRS}为直立残茬因子；S_{LRC}为作物覆盖因子。

$$S_{LRF} = e^{-0.0438(SC)} \tag{6-42}$$

式中，SC为植被倒伏在地表的覆盖率。RWEQ模型中指出，地表石块与作物倒放残茬对地表土壤风蚀的影响相同。

在青海省，农民多会使用作物秸秆作为饲料和薪柴，因此，本书中不考虑农田倒放残茬因子，只考虑草地倒放残茬因子。引用巩国丽等（2014）NDVI与草地倒伏覆盖度之间的关系（表6-18），计算得到青海省半月草地倒放残茬因子。其余土地利用类型的倒放残茬因子均设为1。

表6-18 倒伏植被覆盖度采样结果（巩国丽等，2014）

测样点	经度/(°)	纬度/(°)	倒伏植被覆盖度/%	测样点	经度/(°)	纬度/(°)	倒伏植被覆盖度/%
1	116.56	43.54	80	11	115.73	43.93	5
2	115.09	44.00	90	12	115.07	42.30	5
3	117.24	45.11	50	13	114.14	43.86	35
4	114.88	43.99	45	14	115.65	42.27	95
5	116.59	44.27	30	15	116.14	43.22	30
6	113.19	44.01	5	16	117.13	45.32	50
7	114.03	42.26	20	17	117.67	44.56	70
8	112.59	42.64	30	18	118.83	45.42	80
9	113.21	42.47	10	19	117.62	45.67	60
10	113.84	42.18	63	20	116.73	45.29	65

$$S_{\mathrm{LRS}}=\mathrm{e}^{-0.0344\left(\mathrm{SA}^{0.6413}\right)} \tag{6-43}$$

式中，S_{LRS}为直立作物残茬因子；SA为直立残茬当量面积，它的计算公式见式（6-44），本书只考虑林地的直立残茬因子。

$$n=\left(\frac{1}{d}+1\right)^2 \tag{6-44}$$

式中，n为1m^{2}内树的棵数；d为行距。林地直立残茬因子根据表6-19计算得到。

$$S_{\mathrm{LRC}}=\mathrm{e}^{-5.614\left(\mathrm{cc}^{0.7366}\right)} \tag{6-45}$$

式中，S_{LRC}为作物覆盖因子；cc为地表生长植被覆盖度，由NDVI大于0获得。

不同类型林地类型棵数、高度、直径、行距参数如表6-19所示。

表6-19 不同类型林地资料（范志平等，2002）

林地类型	棵数（1m^{2}内）	高度/cm	直径/cm	行距/m
有林地	2.7	750	42.3	1.5
灌丛	2.7	200	42.3	1.5
疏林地	1.76	610	34.6	3
其他林地	2.25	400	15.2	2

定向粗糙度和随机粗糙度是地表粗糙度的两个方面。RWEQ模型中结合随机粗糙度和定向粗糙度计算土壤粗糙度因子的公式为

$$K'=e^{[1.86K_{r\,\mathrm{mod}}-2.41(K_{r\,\mathrm{mod}})^{0.934}-0.124C_{rr}]} \tag{6-46}$$

式中，$K_{r\,\mathrm{mod}}$为定向粗糙度；C_{rr}为随机粗糙度。只有当土垄存在时，才考虑定向粗糙度，因此，本书只考虑农田定向粗糙度，其余土地利用类型只考虑随机粗糙度。

随机粗糙度采用链条法测得

$$C_{rr}=\left(1-\frac{L_2}{L_1}\right)\times 100 \tag{6-47}$$

式中，L_1为链条长度，cm；L_2为链条放于地表的水平长度，cm。此方法可用于测量草地、林地以及农田中与垄向平行的地表粗糙度。

定向粗糙度的计算公式为

$$K_{r\,\mathrm{mod}}=K_rR_c \tag{6-48}$$

式中，K_r为垂直垄向粗糙度，R_c为风向旋转系数。

$$K_r=4\frac{(\mathrm{RH})^2}{\mathrm{RS}} \tag{6-49}$$

式中，RH为垄高，cm；RS为垄间距，cm。

$$R_c=1-0.00032A-0.000349A^2+0.00000258A^3 \tag{6-50}$$

式中，风向与垄向的夹角用A表示，倘若两者垂直，$A=0°$，倘若两者平行，$A=90°$。在本书中，由于瞬时风向数据较难获得，因此，不考虑风向旋转系数。不考虑风向时的土壤粗糙度因子计算公式为

$$K'=e^{[1.88K_r-2.41(K_r)^{0.934}-0.124C_{rr}]} \tag{6-51}$$

本书将沙地地表粗糙度因子设定为0.96，草地为0.69，林地取与草地相同的值为0.69（巩国丽等，2014）。基于农田作物分布图，根据青海省对不同农作物的耕作器具、耕作方式等确定研究区农田土地利用类型中不同农作物的随机粗糙度和定向粗糙度（表6-20）。

表6-20　农作物类型对应垂直垄向粗糙度与随机粗糙度

作物类型	K_r	C_{rr}	作物类型	K_r	C_{rr}
青稞	35.56	10.46	土豆	30.0	17.46
小麦	20.0	11.9	荞麦	12.8	8.2

注：C_{rr}根据RWEQ模型使用手册中不同农作物在不同耕作方式下的随机粗糙度整理得到；K_r根据青海省不同农作物的耕作方式确定。

地表粗糙度因子会随着降水等气候因素而变化，RWEQ模型考虑地表粗糙度因子的风化。定向粗糙度风化系数的计算公式为

$$\mathrm{ORR}=e^{[\mathrm{DF}(-0.025(\mathrm{CUMEI}^{0.31})-0.0085(\mathrm{CUMR}^{0.567}))]} \tag{6-52}$$

式中，定向粗糙度风化系数、繁殖化系数、累计降水量、累计降雨侵蚀力分别为ORR、DF、CUMR（mm）、CUMEI［MJ·mm/(hm^2·h)］。

$$DF=e^{[0.943-0.07(Cl)^2-0.674OM+0.12(OM)^2]} \tag{6-53}$$

式中，Cl为土壤黏粒含量，OM为有机质含量。

随机粗糙度风化系数RRR的计算公式为

$$RRR=e^{[DF(-0.0009CUMEI-0.0007CUMR)]} \tag{6-54}$$

CUMR累计降水量（mm）可通过气象数据计算得到，CUMEI计算公式为（Zhang and Fu，2003）

$$CUMEI_i=\alpha\sum_{j=1}^{k}(D_j)^{\beta} \tag{6-55}$$

式中，D_j为第j天的侵蚀性降水量（日雨量≥12mm），否则以0计算；k为计算时段的天数（15或者16天）。

$$\beta=0.8363+18.144P_{d12}^{-1}+24.455P_{y12}^{-1} \tag{6-56}$$

$$\alpha=21.586\beta^{-7.1891} \tag{6-57}$$

式中，P_{d12}为日雨量≥12mm的日平均雨量，mm；P_{y12}为日雨量≥12mm的年平均雨量，mm。

在RWEQ模型中，考虑到风障因子，它表征风因子Wf随风障而变化的情况，下风向10倍距离内均能够受到风障的保护。风障因子的计算公式为

$$PUV=100e^{-OD^{0.423}\times DD^{-1.098}} \tag{6-58}$$

式中，风障因子、风障疏密度、下风向距离与风障高度的比值分别用PUV（%）、OD（一般为28%～100%）、DD表征。研究表明10H是防护林影响的分界处，因此，本书DD取值10。研究区林地风障因子资料如表6-21所示。

表6-21 研究区林地风障因子资料（范志平等，2002）

林地类型	OD	DD	林地类型	OD	DD
有林地	50%	10	疏林地	20%	10
灌木林	40%	10	其他林地	30%	10

土壤风蚀控制服务价值计算与土壤水蚀控制服务价值计算方法类似，包括固土价值和保肥价值。固土价值采用土地机会成本价值核算。保肥价值采用氮、磷、钾和有机质市场价格核算。

第7章 生态系统文化服务计算方法

根据青海省现状，结合地理学模型、经济学模型等对青海省文化服务价值进行评估，旨在量化青海省文化服务价值。首先，通过线上问卷形式获取研究所需有效样本问卷300份，运用样本数据及SolVES模型评估文化服务相对价值。其次，通过统计年鉴及问卷获得的数据，根据经济学模型进行计算分析，量化文化服务价值。最后，得到青海省文化服务价值化结果。

7.1 SolVES模型概述

SolVES 模型（social values for ecosystem services，SolVES）全称为生态系统服务社会价值模型，是由美国地质勘探局和美国科罗拉多州立大学联合开发的一款地理信息系统应用程序（Sherrouse and Semmens，2015），开发该模型的目的主要对生态系统服务中的社会价值进行空间分析和量化评估。此模型评估的社会价值类型多种多样，例如，美学、生物多样性、精神、娱乐、休闲等社会价值，评价结果以价值指数来表示社会价值的高低。

评估研究区生态系统服务社会价值时需要将该模型中的两个子模块，即社会价值模块和价值制图模块结合起来，通过邮件、访谈问卷调查的形式收集生态系统服务产品使用者对于生态系统所提供的服务或者产品态度和偏好，与其他社会经济调查数据和研究区自然环境数据结合，通过运行训练模型来估算研究区的生态系统服务社会价值。

7.2 相对价值计算方法

7.2.1 社会价值类型

本书根据研究区的自然环境和历史文化环境特点，选取了9类社会价值类型指标进行研究（表7-1）。

表7-1　本研究选取的社会价值指标及描述

社会价值类型	社会价值描述
审美价值	人们享有生态系统所提供的风光旖旎、山清水秀的迷人景色等
生物多样性	人们享有生态系统所提供的鸟兽虫鱼和花草树木等多种多样生物资源
文化价值	文化底蕴与文化氛围浓厚，人们所进行的文化活动丰富多样
经济价值	生态系统所提供的人类发展农业、工业以及旅游业的机会
物理基础价值	生态系统所提供的新鲜空气、水、阳光等资源
学习价值	生态系统所提供的通过观测和实践等实现对自然环境的认知机会
娱乐价值	生态系统所提供人类进行各种户外休闲娱乐活动的场所和机会
精神价值	生态系统使人的内在外在得到净化，陶冶情操
疗养价值	生态系统使人在精神上和身体上均感到治愈和疗养

7.2.2　设计生态系统文化价值调查问卷

（1）数据形式：本书调查问卷采用线上调查形式，通过线上问卷调查对社会数据进行收集，共获取有效问卷300份。

（2）受访者信息：问题包含对受访者基本情况的调查、对游憩特征和游憩感受的调查、社会价值的分配及社会价值点的标注四个部分。

（3）研究点：问卷以青海省4A级以上景点或部分受访者键入的景点为研究对象，共5085个。

7.2.3　空间数据

本书使用的空间数据如图7-1～图7-6所示。

1. 坡度

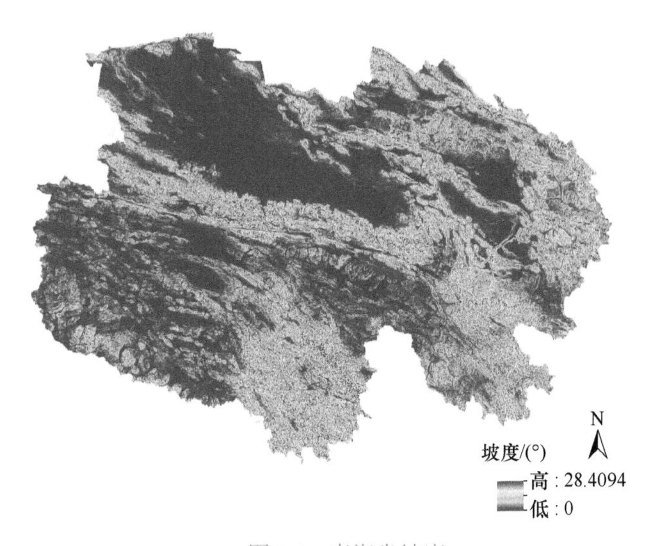

图7-1　青海省坡度

2. 山体阴影

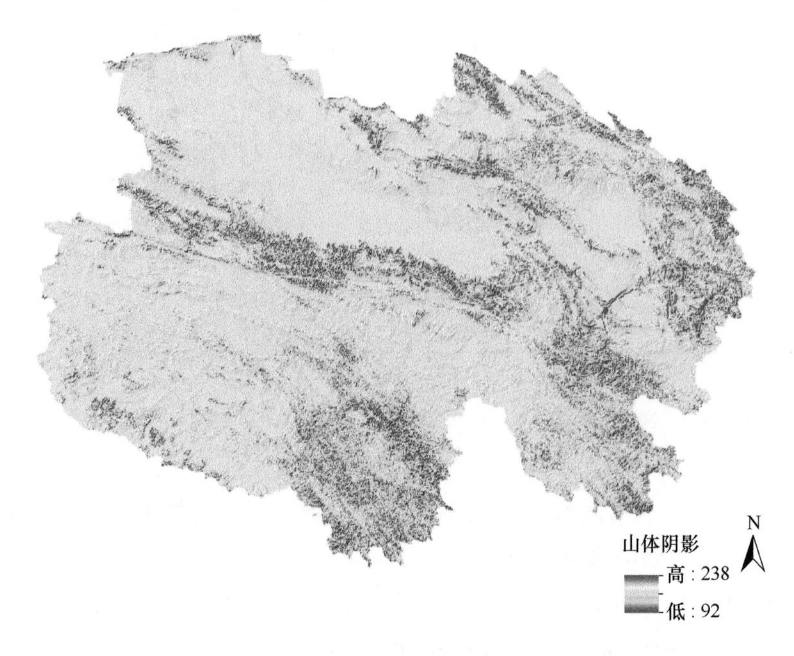

图7-2 青海省山体阴影

3. 土地利用类型

图7-3 青海省土地利用类型

4. 青海省公路、铁路

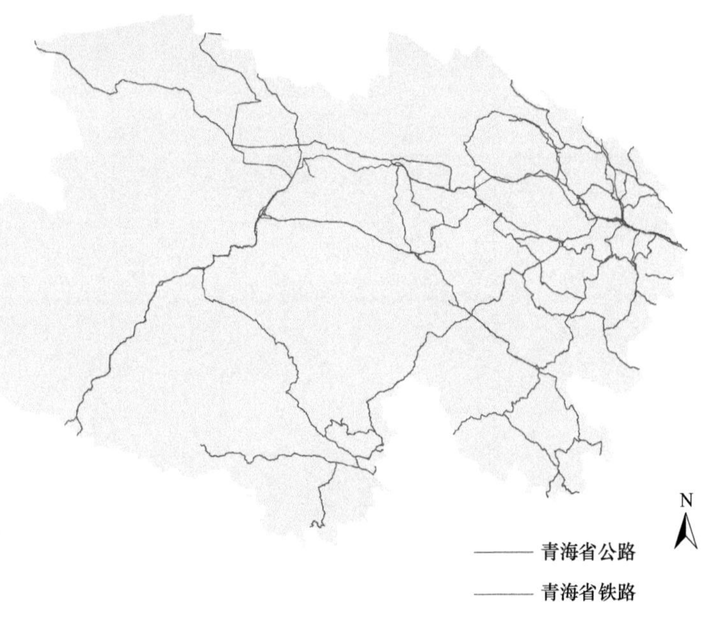

图7-4　青海省公路、铁路分布

5. 青海省各景点

图7-5　青海省各景点分布

6. 青海省各级河流

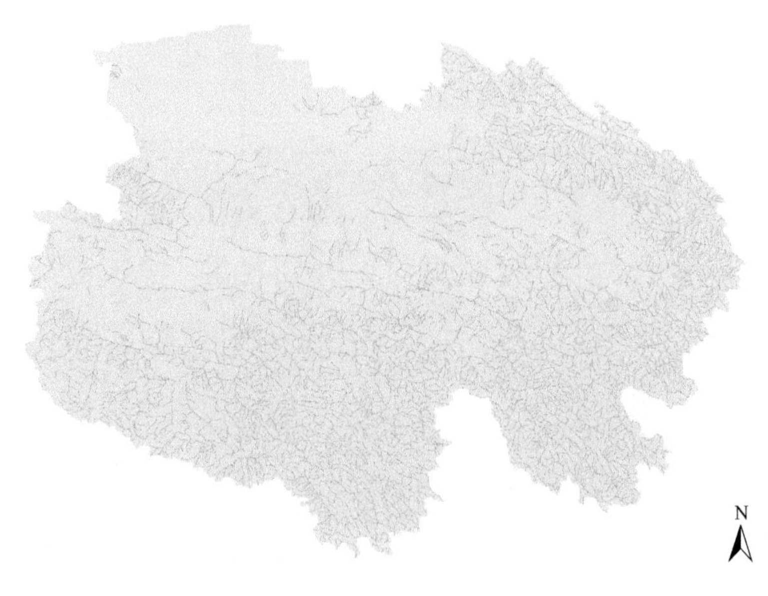

图7-6 青海省各级河流分布

7.3 绝对价值计算方法

旅行费用法（travel cost method，TCM）是一种基于消费者选择理论的旅游资源非市场价值评估方法，其思想渊源最早可以追溯到Hotelling的相关论述（Hotelling et al.，1947），在实践中得到应用是由Clawson完成的（Clawson et al.，1959）。TCM是目前国内外最流行的和最重要的生态系统文化旅游价值评估方法之一，已经被广泛应用。TCM是通过观察人们的市场行为来推测他们显示的偏好，寻求利用相关市场的消费行为来评估生态系统的文化旅游价值（王寿兵等，2003；万绪才和陶锦莉，2004）。该方法将景区的价值分为游客的旅行费用支出、时间价值以及游客消费者剩余三个部分。与其他的评估方法相比，该方法引入消费者剩余的概念，从而更能准确反应景区的总价值。旅行的费用支出主要是指游客的实际花费，用于评估景区的经济价值；时间价值是指游客旅游所花时间的机会成本，因为这些时间若用于工作可取得相应收入；消费者剩余是指游客愿意支付额与实际支付额的差值，引入消费者剩余后计算的总价值更加准确。

青海省生态系统文化服务价值计算方法如下：

（1）确定万人旅游率（V）＝各省游客来源比例×2018年国内旅游总数÷各省总人口×10000；

（2）2018年各省（客源地）人均年收入（INC）;

（3）2018年各省（客源地）文化程度（ED），ED指各客源地文化程度为大专及以上的人数占万人人口的比例;

（4）2018年各客源地旅游者到青海省旅游花费的旅行时间（T）;

（5）旅游成本（TC）：各客源地到青海省的交通费、旅游时间机会成本、门票以及青海省的消费额等;

（6）旅游时间机会成本＝旅游时间（T）×单位时间机会成本。

注：单位时间机会成本用人均工作时收入代替，人均工作时收入是以2018年各客源地人均收入除以12个月，再除以30天，再除以24小时获得。

（7）2018年青海省游客平均日消费额、停留天数;

（8）游览率与相关因子（旅游成本、年收入、文化程度）间的关系采用半对数形式表达，即$\lg(v) = a + b\text{TC} + c\text{INC} + d\text{ED}$，在SPSS中采用回归分析。

以上数据均来自该研究的问卷调查数据、《青海省统计年鉴》《中国旅游年鉴》《中国统计年鉴》。

第8章　生态系统供给服务计算结果

8.1　农林牧渔业价值

8.1.1　青海省农林牧渔业价值

本书统计了青海省统计年鉴中关于农林牧渔业总产值的数据，并通过价格指数将所有年份的产值都换算为2018年的可比价格，结果如下表所示（表8-1）。整体来看，2000～2018年青海省的农林牧渔业总产值以及各类分项产值都呈现出增加的趋势。各类型产业中农业产值和牧业产值是经济产品价值的主要部分，林业产值、渔业产值和农林牧渔服务业产值占较小比重。在统计时段内，林业产值、渔业产值和农林牧渔服务业产值都存在先减小后增加的变化过程。

表8-1　青海省2000～2018年农林牧渔业产值　　（单位：亿元）

年份	农业产值	林业产值	牧业产值	渔业产值	农林牧渔服务业	全省
2000	45.04	2.72	55.14	0.14	0.00	103.05
2001	50.26	3.17	56.47	0.18	0.00	110.08
2002	48.88	4.54	58.37	0.18	0.00	111.97
2003	49.40	4.38	67.62	0.15	6.28	127.82
2004	55.55	2.92	75.48	0.11	6.59	140.66
2005	58.59	2.82	83.12	0.10	6.57	151.19
2006	59.78	3.08	83.72	0.16	4.40	151.14
2007	71.56	2.85	97.54	0.16	4.38	176.50
2008	81.58	2.84	123.82	0.20	4.61	213.06
2009	82.40	3.10	121.09	0.10	4.73	211.42
2010	114.80	4.71	126.50	0.15	4.85	251.02
2011	123.10	4.99	142.75	0.24	5.02	276.10
2012	135.83	5.30	159.02	0.65	5.30	306.10
2013	157.03	6.34	176.43	1.41	5.50	346.71
2014	156.75	7.18	183.84	2.41	5.78	355.97
2015	153.60	7.87	167.77	2.94	6.02	338.20
2016	161.83	8.61	172.44	3.38	6.28	352.55
2017	166.38	9.26	187.48	3.52	6.41	373.05
2018	169.24	10.41	215.98	3.64	6.66	405.93

注：因数据修约，表中个别数据有误差，全书同。

8.1.2　青海省各市（州）农林牧渔业价值

本书统计了青海省统计年鉴中关于各市（州）农林牧渔业总产值的数据，并通过价格指数将所有年份的产值都换算为2018年的价格，取2000～2018年共19年的平均值作为青海省各市（州）的经济产品价值。在市（州）尺度上，海东市和西宁市的农林牧渔业总产值最高，分别为65.37亿元和53.48亿元，果洛藏族自治州（以下简称“果洛州”）的农林牧渔业总产值最低，为6.69亿元；黄南藏族自治州（以下简称“黄南州”）的农林牧渔业总产值为32.75亿元，其他市（州）的农林牧渔业总产值均在10亿～30亿元。2001～2018年市（州）农林牧渔业总产值如表8-2所示，海东市、西宁市居于前列，果洛州处于后列。

表8-2　青海省各市（州）2001～2018年农林牧渔业产值　（单位：亿元）

年份	西宁市	海东市	海北州	黄南州	海南州	果洛州	玉树州	海西州	全省
2001	26.64	29.14	9.46	8.66	13.28	4.48	10.24	8.17	110.08
2002	25.9	29.45	10.07	3.89	13.32	4.57	10.91	8.16	106.27
2003	27.27	33.15	33.15	16.41	11.31	5.58	14.59	8.71	150.18
2004	30.09	36.85	11.27	11.98	18.15	5.79	16.81	9.71	140.66
2005	32.43	38.78	12.49	12.53	19.91	6.09	18.48	10.49	151.19
2006	33.83	39.69	12.03	12.76	20.82	6.3	19.22	10.93	155.56
2007	39.08	43.94	14.09	14.27	24.92	6.44	21.73	12.01	176.5
2008	47.91	54.44	17.54	17.48	29.86	6.2	25.38	14.24	213.06
2009	46.88	54.54	17.54	17.75	29.8	6.4	23.9	14.63	211.42
2010	56.23	72.44	18.68	19.38	33.15	6.49	25.32	19.33	251.02
2011	60.4	78.4	20.24	21.02	36.42	6.89	28.16	24.56	276.1
2012	66.73	83.64	23.24	23.77	40.44	7.19	30.24	30.85	306.1
2013	74.64	95.15	26.55	26.21	46.34	7.48	32.46	37.88	346.71
2014	76.04	94.34	27.16	26.69	47.8	7.82	32.2	43.93	355.97
2015	74.43	93.71	26.08	26.2	47.71	7.55	31.22	44.99	351.9
2016	76.57	95.16	26.98	25.92	48.92	7.89	31.32	46.27	359.04
2017	80.66	98.66	29.51	2.65	51.37	8.26	32.76	47.33	351.21
2018	86.84	105.23	32.49	29.14	56.02	9.0	35.17	52.04	405.93

注：海北藏族自治州简称“海北州”；海西蒙古族藏族自治州简称“海西州”；海南藏族自治州简称“海南州”；玉树藏族自治州简称“玉树州”。

8.2 水资源量

8.2.1 青海省域内水资源量

1. 各市（州）域内水资源量

根据表8-3，全省2000～2018年期间年域内平均水资源量为9314亿m^3。整体上，域内水资源在2000～2018年期间呈现上升趋势，但空间格局未发生明显变化，高值区主要分布在青海省南部和北部部分区域，大多数区域的水资源量在100万m^3之内。2016年之后，域内水资源增长较快（图8-1）。水资源主要分布在湖泊、祁连山、青海湖流域、东部及东部河源地、沼泽及湿地地区（图8-2）。

表8-3 青海省各市（州）域内水资源量 （单位：亿m^3）

年份	西宁市	海东市	海北州	黄南州	海南州	果洛州	玉树州	海西州	全省
2000	10.54	44.99	435.73	93.86	310.59	831.28	3212.93	4197.33	9137.26
2001	10.52	44.60	435.86	93.87	311.67	827.16	3211.59	4191.14	9126.39
2002	10.51	43.95	437.57	92.72	313.51	816.69	3206.92	4223.48	9145.34
2003	10.51	44.09	437.86	94.18	312.78	821.55	3210.69	4234.52	9166.18
2004	10.59	44.64	438.72	96.88	317.73	834.87	3206.54	4227.17	9177.13
2005	10.56	44.32	438.67	98.66	323.16	850.68	3226.00	4250.10	9242.14
2006	10.42	43.38	438.31	97.58	319.61	843.54	3217.42	4247.53	9217.79
2007	10.92	46.64	441.94	102.11	326.76	852.06	3224.27	4270.22	9274.90
2008	11.26	49.04	444.79	105.52	323.99	843.02	3229.18	4331.96	9338.78
2009	11.38	47.46	444.90	105.01	319.44	830.48	3218.83	4389.06	9366.57
2010	11.69	46.35	447.54	104.24	318.89	824.61	3195.16	4427.68	9376.17
2011	11.82	45.33	447.51	105.23	317.00	822.01	3181.58	4442.09	9372.57
2012	11.85	46.74	447.02	107.17	322.02	830.26	3179.92	4446.45	9391.43
2013	11.41	45.38	445.45	104.55	316.89	814.18	3149.91	4427.08	9314.84
2014	11.57	45.26	448.29	102.77	314.11	811.33	3156.19	4415.35	9304.86
2015	11.35	43.45	450.51	100.12	312.74	805.60	3147.91	4435.22	9306.89
2016	11.34	44.83	454.39	102.00	317.84	808.09	3154.17	4461.68	9354.34
2017	12.18	46.44	464.88	108.12	327.20	834.39	3228.51	4562.25	9583.98
2018	12.87*	52.04	467.99	119.95	340.38	860.62	3283.21	4635.84	9772.91

*说明：《2018年青海省水资源公报》中该数据为17.67亿m^3，二者差距为27.16%，二者不一致产生的原因主要有两方面：①本书的气象数据来源于国家气象信息中心提供的1km×1km CLDAS东亚区域大气驱动场，这可能是二者结果不一致的主要原因；②本书采用CLM模式计算水资源量，本书对该模型进行了严格的验证与订正，但仍可能存在一定误差。

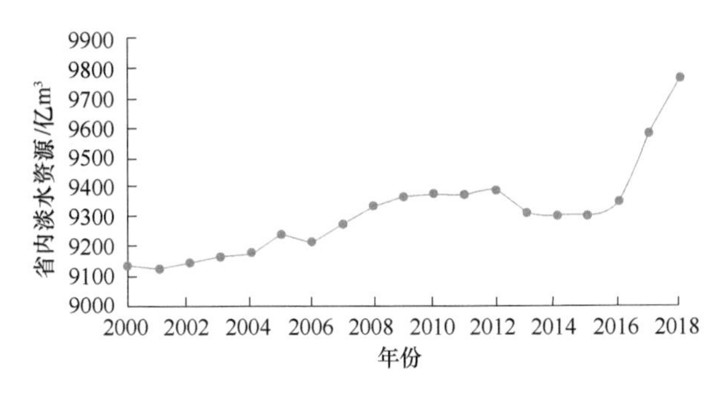

图8-1　青海省2000～2018年域内水资源量变化

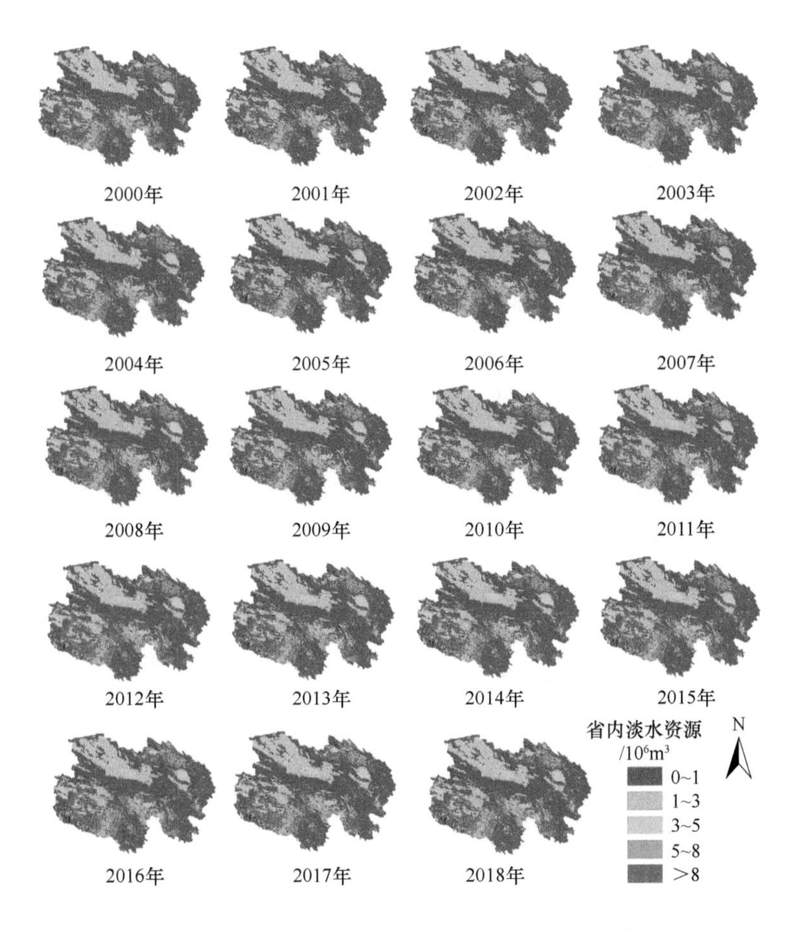

图8-2　青海省2000～2018年域内水资源量空间分布图

在市（州）尺度上，海西州和玉树州域内水资源量较高，分别为4358亿m^{3}和3202亿m^3，结合像元尺度的结果，海西州整体域内水资源服务较高的原因在于其分布面积之广，玉树州不仅面积大，单位面积的域内水资源也较为丰富。果洛州也表现出较高的域内水资源量，而西宁市整体域内水资源量较小，年水资源供给量约11亿m^3，但其单位面积供给高。海东市年均域内水资源量为46亿m^{3}左右。从时间尺度看，历年市（州）尺度的水资源量未表现出明显的空间格局变化。

2. 各生态系统类型域内水资源量

根据表8-4，2000～2018年，各生态系统类型域内平均水资源量占比排序依次为：其他（44.47%）＞草地（34.44%）＞湿地（19.58%）＞灌木（0.66%）＞耕地（0.55%）＞人工表面（0.24%）＞乔木（0.06%）。

表8-4 青海省各生态系统类型域内水资源量 （单位：亿m^3）

年份	乔木	灌木	草地	湿地	耕地	人工表面	其他	全省
2000	5.48	55.47	3170.34	1820.34	54.96	11.26	4027.06	9144.91
2001	5.43	54.87	3164.50	1820.12	54.81	11.24	4023.85	9134.82
2002	5.27	52.96	3166.75	1819.73	54.81	11.26	4041.45	9152.23
2003	5.37	54.38	3177.08	1820.63	54.83	11.29	4048.36	9171.93
2004	5.47	56.19	3186.72	1821.90	55.11	11.36	4046.18	9182.93
2005	5.56	61.25	3229.57	1840.09	50.40	15.42	4045.18	9247.46
2006	5.40	59.37	3212.25	1838.82	49.98	15.35	4042.19	9223.35
2007	5.86	62.81	3245.10	1840.86	51.56	15.56	4056.80	9278.56
2008	6.07	63.40	3255.91	1842.62	52.25	16.45	4105.64	9342.34
2009	5.92	61.78	3234.91	1842.56	51.68	17.55	4157.87	9372.28
2010	5.85	60.68	3218.77	1850.36	50.50	21.19	4175.37	9382.72
2011	6.01	60.73	3194.19	1850.29	50.24	21.79	4196.20	9379.45
2012	6.30	62.67	3198.21	1851.35	50.69	22.09	4206.33	9397.64
2013	5.79	59.05	3142.44	1847.50	50.09	22.04	4195.61	9322.51
2014	5.76	59.86	3136.41	1847.16	50.10	22.03	4192.93	9314.24
2015	5.26	64.56	3131.29	1771.04	47.78	46.99	4249.37	9316.28
2016	5.51	66.60	3163.62	1772.39	48.28	46.43	4260.05	9362.88
2017	6.02	73.87	3315.97	1781.34	48.96	46.78	4315.95	9588.91
2018	6.88	83.00	3438.91	1789.11	50.93	46.93	4355.13	9770.89

注：其他类型包括苔藓/地衣、裸岩、戈壁、裸土、沙漠、盐碱地、冰川/永久积雪。

8.2.2 青海省域外溢出水资源量

1. 青海省各市（州）溢出水资源量

根据表8-5，2000～2018年，青海省年平均域外溢出水资源量约674亿m^3。整体上，域外溢出水资源在2000～2018年呈现上升趋势（图8-3），空间上南部地区域外溢出水资源高值区明显变大，尤其是2016年之后，呈现快速增加趋势（图8-4）。

表8-5 青海省各市（州）域外溢出水资源量 （单位：亿m³）

年份	西宁市	海东市	海北州	黄南州	海南州	果洛州	玉树州	海西州	全省
2000	3.67	16.20	18.96	14.02	28.46	94.54	228.10	129.23	533.19
2001	3.70	16.37	18.31	15.06	31.96	79.96	222.38	128.42	516.15
2002	3.68	16.27	20.05	13.52	34.79	73.93	212.33	171.83	546.39
2003	4.05	19.16	21.78	19.76	35.55	110.86	243.36	137.58	592.08
2004	3.86	18.07	19.01	19.10	40.76	108.23	214.29	131.58	554.91
2005	3.73	17.57	22.22	20.55	49.19	147.17	265.63	173.16	699.21
2006	3.61	15.72	19.47	14.91	35.43	84.70	176.10	117.68	467.61
2007	4.02	20.26	25.75	23.58	50.99	149.45	245.95	181.38	701.38
2008	4.64	24.38	25.65	23.86	40.04	90.53	245.23	170.92	625.25
2009	5.53	23.28	31.86	23.34	44.24	108.81	260.66	202.35	700.08
2010	5.36	21.07	31.98	20.73	38.04	95.15	212.77	206.03	631.13
2011	5.85	20.99	30.85	25.07	43.18	112.73	210.00	226.40	675.07
2012	5.50	24.69	31.15	25.13	51.50	117.51	223.50	221.43	700.41
2013	5.29	22.12	30.56	22.81	38.42	96.00	173.92	197.73	586.84
2014	6.40	23.97	36.78	20.74	38.37	108.67	243.25	208.56	686.75
2015	4.76	17.09	30.99	15.80	33.41	84.21	145.85	195.48	527.60
2016	6.38	25.81	49.27	24.84	51.42	120.34	247.56	261.95	787.57
2017	7.10	22.64	56.93	26.07	50.57	155.81	362.44	343.75	1025.32
2018	7.24	33.52	52.91	49.54	75.87	197.61	439.84	393.37	1249.88

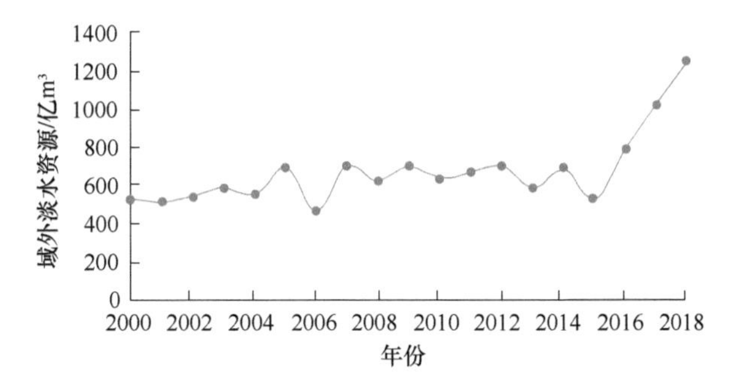

图8-3 2000～2018年期间青海省域外溢出水资源变化趋势

在市（州）尺度上，海西州和玉树州域外溢出水资源量较高，年域外溢出水资源量分别为200亿m³和240亿m³。果洛州也表现出较高的域外溢出水资源量，而西宁市整体域外溢出水资源量较小，年水资源溢出量约5亿m³。海东市年均溢出水资源量为21亿m³左右。从时间尺度看，除2017年和2018年外，市（州）尺度的域外溢出水资源量未表现出明显的空间格局变化。

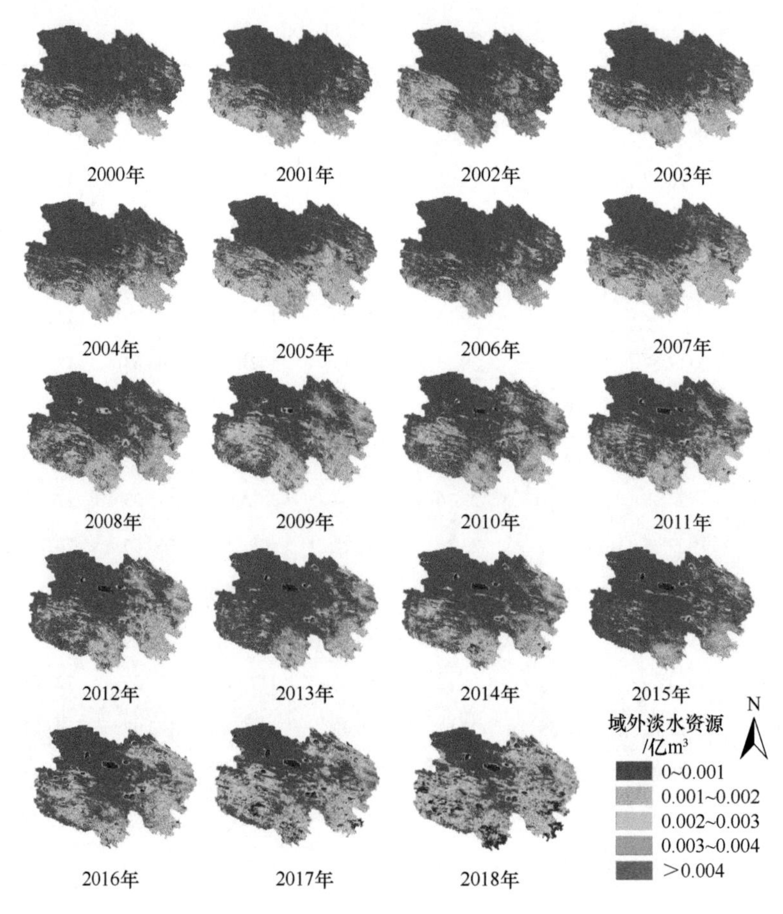

图8-4 青海省2000～2018年域外溢出水资源量空间分布图

2. 青海省各生态系统类型溢出水资源量

根据表8-6，2000～2018年青海省各生态系统类型平均溢出水资源量占比依次排序为：草地（61.01%）＞其他（26.58%）＞灌木（5.04%）＞湿地（4.20%）＞耕地（2.02%）＞人工表面（0.66%）＞乔木（0.48%）。

表8-6 青海省各生态系统类型溢出水资源量 （单位：亿 m^3）

年份	乔木	灌木	草地	湿地	耕地	人工表面	其他	全省
2000	2.34	25.39	341.36	24.27	12.43	1.23	124.07	531.09
2001	2.29	23.83	332.25	23.34	12.55	1.21	120.59	516.08
2002	2.16	21.96	342.98	22.22	12.93	1.25	139.92	543.42
2003	2.76	29.65	375.68	27.15	13.51	1.37	139.35	589.48
2004	2.54	27.99	353.80	24.89	13.63	1.37	128.57	552.80
2005	2.74	32.82	445.65	32.79	12.00	1.59	168.15	695.74
2006	2.15	23.69	295.91	20.69	11.71	1.32	109.77	465.24

续表

年份	乔木	灌木	草地	湿地	耕地	人工表面	其他	全省
2007	3.05	33.67	447.36	32.39	11.97	1.63	166.21	696.29
2008	3.44	32.87	383.29	25.81	14.50	2.92	160.64	623.46
2009	3.69	37.25	423.63	27.22	14.51	3.09	189.79	699.18
2010	3.37	33.19	373.95	26.68	14.01	3.92	172.61	627.73
2011	3.73	36.35	375.92	31.59	14.12	6.51	203.83	672.06
2012	3.99	38.06	400.58	31.12	15.00	5.54	202.37	696.67
2013	3.38	33.69	325.17	26.90	14.29	6.30	174.20	583.92
2014	3.82	38.05	388.76	30.97	14.99	6.11	202.98	685.68
2015	2.46	28.15	287.64	18.24	11.92	11.03	164.28	523.72
2016	3.69	39.28	470.59	28.81	14.56	9.34	216.88	783.14
2017	3.85	44.81	626.81	36.65	13.49	9.96	285.15	1020.72
2018	5.90	61.49	788.13	44.19	16.06	9.07	319.17	1244.00

注：其他类型包括苔藓/地衣、裸岩、戈壁、裸土、沙漠、盐碱地、冰川/永久积雪。

8.2.3 青海省水资源总量

1. 青海省各市（州）水资源总量

根据表8-7，2000～2018年，青海省年平均域内水资源量和域外溢出水资源量总和约为9988亿m^3。整体上，水资源总量在2000～2018年期间呈现上升趋势，特别是在2016年之后，水资源总量增速较快（图8-5）。

表8-7 青海省各市（州）水资源总量 （单位：亿m^3）

年份	西宁市	海东市	海北州	黄南州	海南州	果洛州	玉树州	海西州	全省
2000	14.21	61.19	454.69	107.88	339.05	925.82	3441.03	4326.56	9670.45
2001	14.22	60.97	454.17	108.93	343.63	907.12	3433.97	4319.56	9642.54
2002	14.19	60.22	457.62	106.24	348.3	890.62	3419.25	4395.31	9691.73
2003	14.56	63.25	459.64	113.94	348.33	932.41	3454.05	4372.1	9758.26
2004	14.45	62.71	457.73	115.98	358.49	943.1	3420.83	4358.75	9732.04
2005	14.29	61.89	460.89	119.21	372.35	997.85	3491.63	4423.26	9941.35
2006	14.03	59.1	457.78	112.49	355.04	928.24	3393.52	4365.21	9685.4
2007	14.94	66.9	467.69	125.69	377.75	1001.51	3470.22	4451.6	9976.28
2008	15.9	73.42	470.44	129.38	364.03	933.55	3474.41	4502.88	9964.03
2009	16.91	70.74	476.76	128.35	363.68	939.29	3479.49	4591.41	10066.65
2010	17.05	67.42	479.52	124.97	356.93	919.76	3407.93	4633.71	10007.3
2011	17.67	66.32	478.36	130.3	360.18	934.74	3391.58	4668.49	10047.64

续表

年份	西宁市	海东市	海北州	黄南州	海南州	果洛州	玉树州	海西州	全省
2012	17.35	71.43	478.17	132.3	373.52	947.77	3403.42	4667.88	10091.84
2013	16.7	67.5	476.01	127.36	355.31	910.18	3323.83	4624.81	9901.68
2014	17.97	69.23	485.07	123.51	352.48	920	3399.44	4623.91	9991.61
2015	16.11	60.54	481.5	115.92	346.15	889.81	3293.76	4630.7	9834.49
2016	17.72	70.64	503.66	126.84	369.26	928.43	3401.73	4723.63	10141.91
2017	19.28	69.08	521.81	134.19	377.77	990.2	3590.95	4906	10609.3
2018	20.11	85.56	520.9	169.49	416.25	1058.23	3723.05	5029.21	11022.79

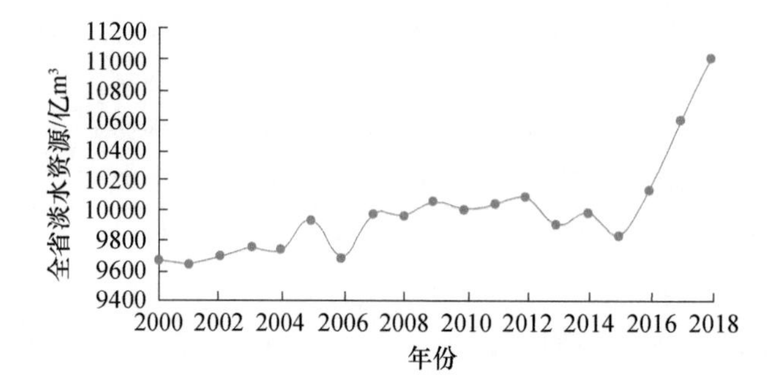

图8-5 青海省2000～2018年水资源总量变化

2. 青海省各生态系统类型水资源总量

根据表8-8，2000～2018年青海省各生态系统类型平均水资源量占比排序依次为：其他（43.26%）＞草地（36.22%）＞湿地（18.54%）＞灌木（0.96%）＞耕地（0.65%）＞人工表面（0.27%）＞乔木（0.09%）。

表8-8 青海省各生态系统类型水资源总量 （单位：亿m³）

年份	乔木	灌木	草地	湿地	耕地	人工表面	其他	全省
2000	7.82	80.85	3511.70	1844.61	67.39	12.49	4151.13	9676.00
2001	7.72	78.70	3496.75	1843.46	67.36	12.45	4144.45	9650.89
2002	7.43	74.92	3509.73	1841.95	67.74	12.52	4181.37	9695.66
2003	8.12	84.02	3552.76	1847.78	68.34	12.66	4187.71	9761.41
2004	8.02	84.18	3540.52	1846.79	68.75	12.73	4174.76	9735.73
2005	8.29	94.06	3675.23	1872.88	62.40	17.01	4213.33	9943.20
2006	7.55	83.06	3508.16	1859.51	61.69	16.67	4151.95	9688.59
2007	8.91	96.49	3692.47	1873.26	63.52	17.19	4223.01	9974.85
2008	9.51	96.27	3639.19	1868.42	66.75	19.36	4266.28	9965.79
2009	9.61	99.04	3658.54	1869.79	66.19	20.64	4347.66	10071.47
2010	9.22	93.87	3592.72	1877.04	64.51	25.11	4347.98	10010.44

续表

年份	乔木	灌木	草地	湿地	耕地	人工表面	其他	全省
2011	9.75	97.08	3570.11	1881.88	64.36	28.30	4400.03	10051.51
2012	10.29	100.73	3598.79	1882.47	65.69	27.63	4408.70	10094.31
2013	9.17	92.73	3467.61	1874.39	64.37	28.34	4369.81	9906.43
2014	9.58	97.90	3525.17	1878.13	65.09	28.14	4395.91	9999.92
2015	7.72	92.71	3418.93	1789.28	59.70	58.02	4413.64	9840.00
2016	9.20	105.88	3634.21	1801.20	62.84	55.77	4476.93	10146.02
2017	9.88	118.69	3942.79	1817.99	62.45	56.74	4601.09	10609.63
2018	12.78	144.49	4227.04	1833.30	66.99	56.00	4674.30	11014.89

注：其他类型包括苔藓/地衣、裸岩、戈壁、裸土、沙漠、盐碱地、冰川/永久积雪。

8.3　水资源价值

8.3.1　青海省域内水资源价值

1. 青海省各市（州）域内水资源价值

根据表8-9，2000～2018年，平均年省内水资源价值约20711亿元，整体上，省内水资源在2000～2018年呈现上升趋势，尤其是青海省南部地区，域内水资源价值高值区明显北移（图8-6）。

表8-9　青海省各市（州）域内水资源价值　　（单位：亿元）

年份	西宁市	海东市	海北州	黄南州	海南州	果洛州	玉树州	海西州	全省
2000	23.4	100.0	968.9	208.7	690.6	1848.4	7144.3	9333.2	20317.5
2001	23.4	99.2	969.2	208.7	693.0	1839.3	7141.3	9319.4	20293.5
2002	23.4	97.7	973.0	206.2	697.1	1816.0	7130.9	9391.3	20335.6
2003	23.4	98.0	973.6	209.4	695.5	1826.8	7139.3	9415.9	20381.9
2004	23.5	99.3	975.5	215.4	706.5	1856.4	7130.1	9399.5	20406.2
2005	23.5	98.5	975.4	219.4	718.6	1891.6	7173.3	9450.5	20550.8
2006	23.2	96.5	974.6	217.0	710.7	1875.7	7154.3	9444.8	20496.8
2007	24.3	103.7	982.7	227.1	726.6	1894.6	7169.5	9495.3	20623.8
2008	25.0	109.0	989.0	234.6	720.4	1874.5	7180.4	9632.5	20765.4
2009	25.3	105.5	989.3	233.5	710.3	1846.7	7157.4	9759.5	20827.5
2010	26.0	103.1	995.1	231.8	709.1	1833.6	7104.8	9845.4	20848.9
2011	26.3	100.8	995.1	234.0	704.9	1827.8	7074.6	9877.4	20840.9
2012	26.3	103.9	994.0	238.3	716.0	1846.2	7070.9	9887.1	20882.7

续表

年份	西宁市	海东市	海北州	黄南州	海南州	果洛州	玉树州	海西州	全省
2013	25.4	100.9	990.5	232.5	704.6	1810.4	7004.1	9844.1	20712.5
2014	25.7	100.6	996.8	228.5	698.5	1804.1	7018.1	9818.0	20690.3
2015	25.2	96.6	1001.8	222.6	695.4	1791.3	6999.7	9862.2	20694.8
2016	25.2	99.7	1010.4	226.8	706.7	1796.9	7013.6	9921.0	20800.3
2017	27.1	103.3	1033.7	240.4	727.6	1855.3	7178.9	10144.6	21310.9
2018	28.6	115.7	1040.6	266.7	756.9	1913.7	7300.5	10308.3	21731.0

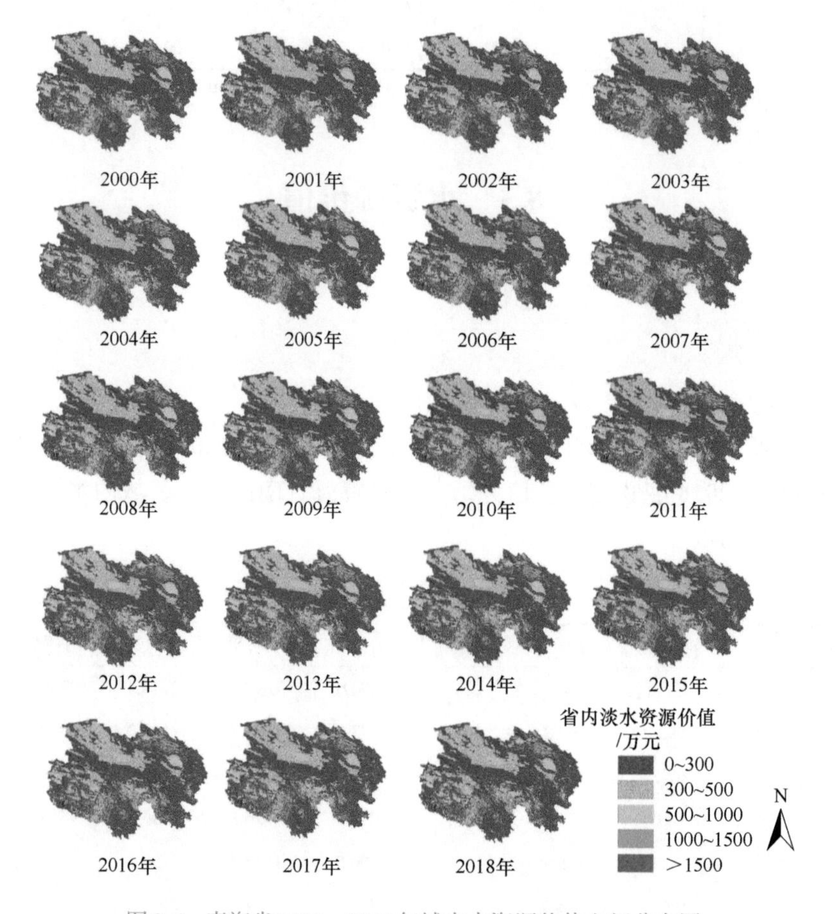

图8-6 青海省2000～2018年域内水资源价值空间分布图

在市（州）尺度上，海西州是域内水资源价值最高的区域，约为9692亿元。其次为玉树州，约7120亿元。西宁市域内水资源价值最低，不到25亿元。

2. 青海省各生态系统类型域内水资源价值

根据表8-10，2000～2018年青海省各生态系统类型域内平均水资源价值占比依次为：其他（43.82%）＞草地（34.86%）＞湿地（19.79%）＞灌木（0.67%）＞耕地（0.55%）＞人工表面（0.24%）＞乔木（0.06%）。

表8-10 青海省各生态系统类型域内水资源价值 （单位：亿元）

年份	乔木	灌木	草地	湿地	耕地	人工表面	其他	全省
2000	11.95	124.11	7107.03	4072.70	121.19	24.88	8783.00	20244.84
2001	11.83	122.74	7093.98	4072.21	120.85	24.84	8776.04	20222.49
2002	11.49	118.41	7097.73	4071.28	120.86	24.89	8814.26	20258.91
2003	11.70	121.62	7121.02	4073.30	120.89	24.95	8829.24	20302.72
2004	11.94	125.70	7142.68	4076.14	121.53	25.10	8824.56	20327.65
2005	12.13	137.08	7238.76	4116.81	111.09	34.00	8822.23	20472.11
2006	11.79	132.87	7199.75	4113.94	110.16	33.85	8815.49	20417.84
2007	12.79	140.55	7272.76	4118.49	113.64	34.31	8847.40	20539.95
2008	13.24	141.84	7296.17	4122.29	115.17	36.26	8954.04	20679.02
2009	12.90	138.21	7248.32	4121.95	113.91	38.68	9068.71	20742.68
2010	12.75	135.65	7210.44	4139.04	111.30	46.65	9106.60	20762.44
2011	13.09	135.74	7155.34	4138.82	110.71	47.98	9152.26	20753.95
2012	13.71	140.08	7164.34	4141.18	111.72	48.65	9174.59	20794.28
2013	12.61	131.96	7038.86	4132.47	110.38	48.53	9150.80	20625.62
2014	12.54	133.85	7026.22	4131.72	110.41	48.51	9145.25	20608.49
2015	11.50	143.96	7012.45	3962.52	105.35	103.19	9272.32	20611.29
2016	12.05	148.47	7083.30	3965.46	106.45	101.95	9295.32	20713.02
2017	13.19	164.76	7423.71	3985.50	107.96	102.74	9418.25	21216.12
2018	15.09	185.26	7699.61	4002.99	112.30	103.08	9504.47	21622.80

注：其他类型包括苔藓/地衣、裸岩、戈壁、裸土、沙漠、盐碱地、冰川/永久积雪。

8.3.2 青海省域外溢出水资源价值

1. 青海省各市（州）溢出水资源价值

根据表8-11，2000～2018年，青海省年平均域外溢出水资源价值约为1698.6亿元，整体上，域外溢出水资源价值在2000～2018年呈现上升趋势，但空间格局未发生明显变化（图8-7）。

表8-11 青海省各市（州）域外溢出水资源价值 （单位：亿元）

年份	西宁市	海东市	海北州	黄南州	海南州	果洛州	玉树州	海西州	全省
2000	9.2	40.8	47.8	35.3	71.7	238.2	574.8	325.7	1343.50
2001	9.3	41.3	46.1	38.0	80.5	201.5	560.4	323.6	1300.70
2002	9.3	41.0	50.5	34.1	87.7	186.3	535.1	433.0	1377.00
2003	10.2	48.3	54.9	49.8	89.6	279.4	613.3	346.7	1492.20
2004	9.7	45.5	47.9	48.1	102.7	272.7	540.0	331.6	1398.20
2005	9.4	44.3	56.0	51.8	124.0	370.9	669.4	436.4	1762.20

续表

年份	西宁市	海东市	海北州	黄南州	海南州	果洛州	玉树州	海西州	全省
2006	9.1	39.6	49.1	37.6	89.3	213.4	443.8	296.6	1178.50
2007	10.1	51.1	64.9	59.4	128.5	376.6	619.8	457.1	1767.50
2008	11.7	61.4	64.6	60.1	100.9	228.1	618.0	430.7	1575.50
2009	13.9	58.7	80.3	58.8	111.5	274.2	656.9	509.9	1764.20
2010	13.5	53.1	80.6	52.2	95.9	239.8	536.2	519.2	1590.50
2011	14.7	52.9	77.7	63.2	108.8	284.1	529.2	570.5	1701.10
2012	13.9	62.2	78.5	63.3	129.8	296.1	563.2	558.0	1765.00
2013	13.3	55.7	77.0	57.5	96.8	241.9	438.3	498.3	1478.80
2014	16.1	60.4	92.7	52.3	96.7	273.8	613.0	525.6	1730.60
2015	12.0	43.1	78.1	39.8	84.2	212.2	367.5	492.6	1329.50
2016	16.1	65.0	124.2	62.6	129.6	303.3	623.9	660.1	1984.80
2017	17.9	57.1	143.5	65.7	127.4	392.6	913.3	866.3	2583.80
2018	18.2	84.5	133.3	124.8	191.2	498.0	1108.4	991.3	3149.70

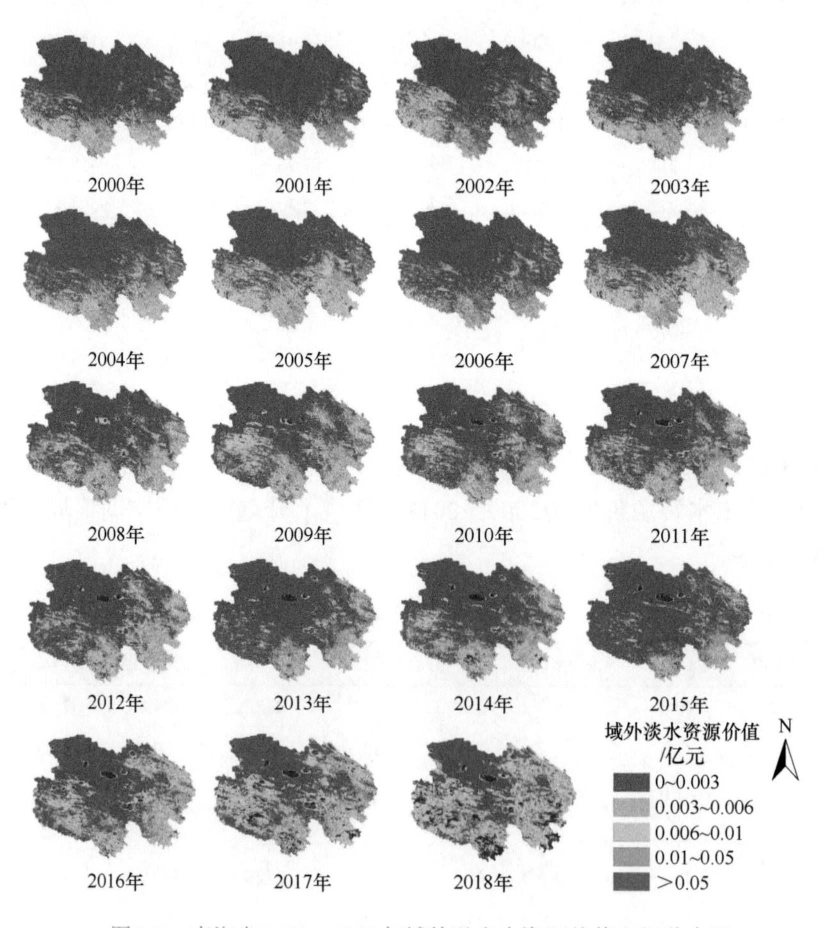

图8-7 青海省2000～2018年域外溢出水资源价值空间分布图

在市（州）尺度上，玉树州是域外水资源溢出价值最高的区域，约为606亿元。其次为海西州，约为503亿元。西宁市溢出水资源价值最低，约为12.5亿元。

2. 青海省各生态系统类型域外溢出水资源价值

根据表8-12，青海省各生态系统类型平均域外溢出水资源价值占比依次为：草地（60.98%）＞其他（26.76%）＞灌木（5.00%）＞湿地（4.04%）＞耕地（2.06%）＞人工表面（0.67%）＞乔木（0.48%）。

表8-12　青海省各生态系统类型域外溢出水资源价值　（单位：亿元）

年份	乔木	灌木	草地	湿地	耕地	人工表面	其他	全省
2000	5.87	63.57	859.85	58.56	31.98	3.18	315.47	1338.49
2001	5.77	59.72	836.77	56.31	32.28	3.13	306.65	1300.62
2002	5.43	55.08	863.73	53.56	33.24	3.24	355.36	1369.65
2003	6.94	74.28	946.20	65.52	34.67	3.54	354.55	1485.69
2004	6.40	70.13	891.09	60.07	34.98	3.53	327.23	1393.44
2005	6.87	82.03	1122.66	79.29	30.78	4.09	427.81	1753.54
2006	5.40	59.39	745.14	50.05	30.15	3.38	279.25	1172.76
2007	7.67	84.20	1127.39	78.38	30.57	4.20	422.44	1754.86
2008	8.65	82.40	965.82	62.54	37.14	7.47	407.66	1571.67
2009	9.30	93.26	1066.86	65.94	37.15	7.93	481.86	1762.29
2010	8.48	83.16	941.94	64.90	36.02	10.03	438.01	1582.53
2011	9.40	91.03	946.98	77.03	36.27	16.60	517.08	1694.37
2012	10.05	95.28	1008.99	75.79	38.40	14.14	513.68	1756.33
2013	8.51	84.42	819.40	65.66	36.74	16.05	441.53	1472.32
2014	9.62	95.20	979.28	75.40	38.49	15.56	514.97	1728.51
2015	6.16	70.57	724.50	44.45	30.83	27.94	415.85	1320.30
2016	9.25	98.46	1185.78	69.98	37.47	23.64	549.84	1974.41
2017	9.66	111.98	1579.73	89.11	34.71	25.20	722.79	2573.17
2018	14.87	153.69	1986.75	107.37	40.94	22.98	808.95	3135.57

注：其他类型包括苔藓/地衣、裸岩、戈壁、裸土、沙漠、盐碱地、冰川/永久积雪。

8.3.3　青海省水资源总价值

1. 青海省各市（州）水资源总价值

根据表8-13，2000～2018年，青海省年域内水资源价值和域外溢出水资源价值之和平均约为22409亿元。其中，海西州的水资源价值最大，约为10195亿元，其次为玉树州，约为7726亿元。西宁市水资源价值最低，约为37亿元。

表8-13 青海省各市（州）水资源总价值 （单位：亿元）

年份	西宁市	海东市	海北州	黄南州	海南州	果洛州	玉树州	海西州	全省
2000	32.6	140.8	1016.7	244	762.3	2086.6	7719.1	9658.9	21661
2001	32.7	140.5	1015.3	246.7	773.5	2040.8	7701.7	9643	21594.2
2002	32.7	138.7	1023.5	240.3	784.8	2002.3	7666	9824.3	21712.6
2003	33.6	146.3	1028.5	259.2	785.1	2106.2	7752.6	9762.6	21874.1
2004	33.2	144.8	1023.4	263.5	809.2	2129.1	7670.1	9731.1	21804.4
2005	32.9	142.8	1031.4	271.2	842.6	2262.5	7842.7	9886.9	22313
2006	32.3	136.1	1023.7	254.6	800	2089.1	7598.1	9741.4	21675.3
2007	34.4	154.8	1047.6	286.5	855.1	2271.2	7789.3	9952.4	22391.3
2008	36.7	170.4	1053.6	294.7	821.3	2102.6	7798.4	10063.2	22340.9
2009	39.2	164.2	1069.6	292.3	821.8	2120.9	7814.3	10269.4	22591.7
2010	39.5	156.2	1075.7	284	805	2073.4	7641	10364.6	22439.4
2011	41	153.7	1072.8	297.2	813.7	2111.9	7603.8	10447.9	22542
2012	40.2	166.1	1072.5	301.6	845.8	2142.3	7634.1	10445.1	22647.7
2013	38.7	156.6	1067.5	290	801.4	2052.3	7442.4	10342.4	22191.3
2014	41.8	161	1089.5	280.8	795.2	2077.9	7631.1	10343.6	22420.9
2015	37.2	139.7	1079.9	262.4	779.6	2003.5	7367.2	10354.8	22024.3
2016	41.3	164.7	1134.6	289.4	836.3	2100.2	7637.5	10581.1	22785.1
2017	45	160.4	1177.2	306.1	855	2247.9	8092.2	11010.9	23894.7
2018	46.8	200.2	1173.9	391.5	948.1	2411.7	8408.9	11299.6	24880.7

2. 青海省各生态系统类型水资源总价值

根据表8-14，2000～2018年，青海省各生态系统类型平均水资源占比依次为：其他（42.53%）＞草地（36.84%）＞湿地（18.60%）＞灌木（1.00%）＞耕地（0.66%）＞人工表面（0.28%）＞乔木（0.09%）。

表8-14 青海省各生态系统类型水资源总价值 （单位：亿元）

年份	乔木	灌木	草地	湿地	耕地	人工表面	其他	全省
2000	17.82	187.67	7966.88	4131.26	153.17	28.06	9098.47	21583.33
2001	17.60	182.46	7930.75	4128.52	153.12	27.97	9082.69	21523.11
2002	16.92	173.48	7961.46	4124.84	154.10	28.13	9169.63	21628.56
2003	18.63	195.90	8067.22	4138.82	155.57	28.48	9183.79	21788.41
2004	18.33	195.83	8033.77	4136.21	156.51	28.64	9151.79	21721.09
2005	19.01	219.11	8361.43	4196.09	141.87	38.09	9250.05	22225.65
2006	17.18	192.26	7944.89	4163.99	140.31	37.23	9094.74	21590.60

续表

年份	乔木	灌木	草地	湿地	耕地	人工表面	其他	全省
2007	20.47	224.75	8400.16	4196.87	144.21	38.51	9269.85	22294.81
2008	21.88	224.24	8262.00	4184.82	152.31	43.73	9361.71	22250.69
2009	22.19	231.47	8315.18	4187.89	151.06	46.61	9550.57	22504.97
2010	21.23	218.81	8152.38	4203.95	147.31	56.69	9544.61	22344.97
2011	22.49	226.77	8102.31	4215.85	146.98	64.58	9669.34	22448.32
2012	23.76	235.36	8173.32	4216.98	150.12	62.79	9688.28	22550.61
2013	21.12	216.38	7858.26	4198.13	147.12	64.59	9592.34	22097.93
2014	22.15	229.05	8005.50	4207.12	148.89	64.07	9660.22	22337.01
2015	17.66	214.53	7736.95	4006.97	136.18	131.13	9688.17	21931.59
2016	21.30	246.93	8269.08	4035.44	143.93	125.59	9845.16	22687.43
2017	22.85	276.74	9003.44	4074.61	142.68	127.94	10141.04	23789.29
2018	29.97	338.95	9686.36	4110.37	153.24	126.06	10313.42	24758.36

注：其他类型包括苔藓/地衣、裸岩、戈壁、裸土、沙漠、盐碱地、冰川/永久积雪。

8.4　清洁电能潜力及价值

8.4.1　水电势能潜力

1. 青海省各市（州）水电势能服务量

根据表8-15，2000～2018年，青海省年平均水电势能约为2336.3亿kW·h，水电势能整体呈增加态势（图8-8），2015～2018年增速较快。在空间分布上，水电势能服务高值区分布在青海省南部及东部，西北部是水电势能服务的低值区域，由东南向西北逐渐递减。随着时间变化，西北部的低值区一直在减小（图8-9）。

表8-15　青海省各市（州）水电势能服务量　（单位：亿kW·h）

年份	西宁市	海东市	海北州	黄南州	海南州	果洛州	玉树州	海西州	全省
2000	12.00	47.68	70.79	53.37	96.61	341.56	849.90	485.97	1957.89
2001	12.13	48.46	68.28	57.37	106.88	311.10	808.31	465.33	1877.85
2002	12.05	48.03	74.57	51.59	112.12	293.66	800.36	627.36	2019.74
2003	13.31	56.58	81.10	74.87	117.75	396.01	872.30	502.33	2114.25
2004	12.60	53.41	70.23	72.30	130.71	389.69	823.32	510.79	2063.04

续表

年份	西宁市	海东市	海北州	黄南州	海南州	果洛州	玉树州	海西州	全省
2005	12.27	51.99	82.30	76.85	148.14	462.28	939.24	622.51	2395.59
2006	11.91	46.42	72.56	56.86	112.14	323.71	708.04	457.43	1789.07
2007	13.31	58.99	93.28	86.28	151.40	466.56	867.73	637.70	2375.25
2008	14.92	70.80	89.95	87.86	128.80	351.42	952.18	628.56	2324.49
2009	18.07	69.00	110.84	86.28	152.07	410.24	982.49	706.79	2535.78
2010	17.51	63.00	112.47	78.03	130.71	366.80	860.21	696.15	2324.88
2011	18.96	62.94	105.53	92.39	148.08	428.64	858.57	697.89	2413.00
2012	17.70	73.09	106.12	90.42	165.56	425.24	890.18	669.38	2437.70
2013	17.31	65.97	106.00	85.43	132.59	370.07	758.36	606.61	2142.36
2014	20.92	71.47	125.46	77.93	134.81	414.71	972.68	639.20	2457.20
2015	15.63	50.83	107.02	60.03	113.72	337.33	625.83	557.91	1868.32
2016	20.55	76.94	154.88	92.33	175.81	434.97	976.13	799.98	2731.58
2017	21.86	67.01	161.26	91.22	158.76	502.73	1206.71	953.98	3163.52
2018	20.96	84.73	147.98	124.51	202.16	543.26	1278.29	995.65	3397.55

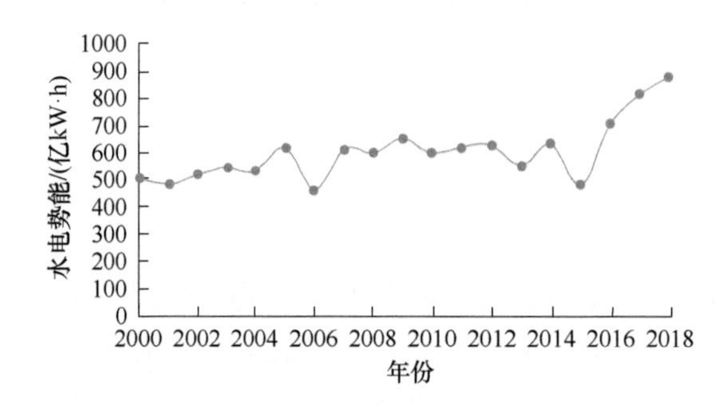

图8-8 青海省2000～2018年水电势能服务量变化

在市（州）尺度上，水电势能服务随时间变化较大，尤其表现在海西州、海北州和海东市。海西州、海北州和海东市水电势能服务量随时间增加。玉树州和海西州是水电势能服务的高值区，最高值分别达到896亿kW·h、645亿kW·h。西宁市一直是水电势能服务的低值区，约16亿kW·h。

2. 青海省各生态系统类型水电势能服务量

根据表8-16，2000～2018年青海省各生态系统类型平均水电势能服务量占比依次为：草地（64.58%）＞其他（22.58%）＞灌木（5.80%）＞湿地（4.49%）＞耕地（1.62%）＞乔木（0.49%）＞人工表面（0.44%）。

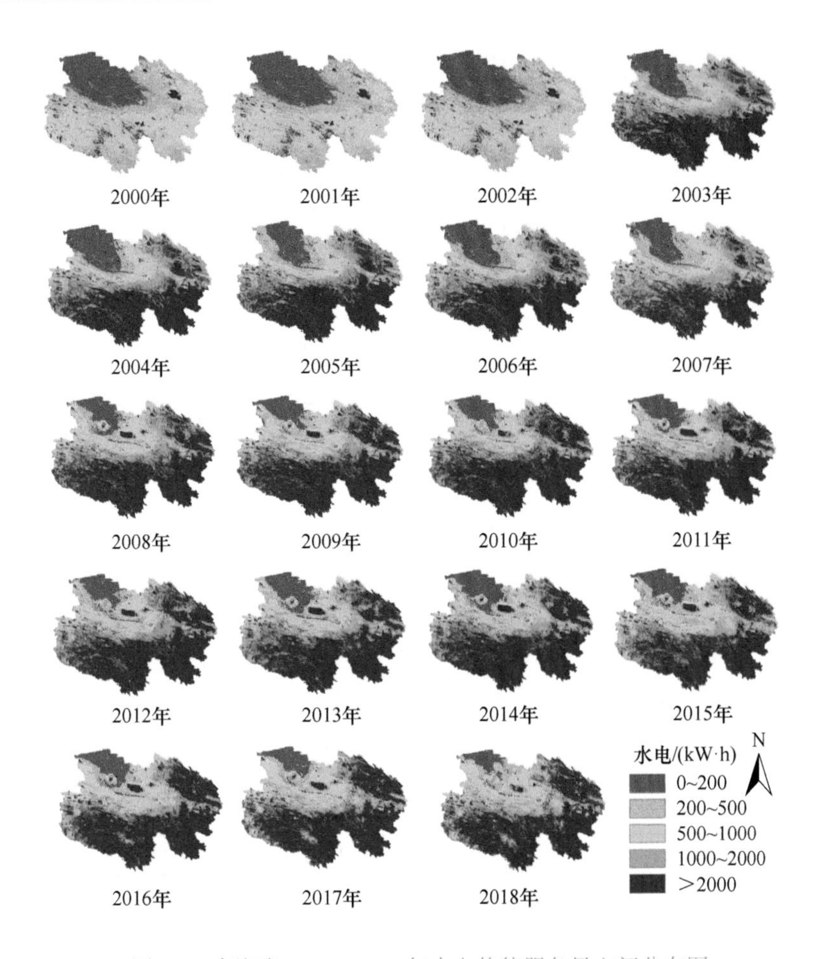

图8-9　青海省2000～2018年水电势能服务量空间分布图

表8-16　青海省各生态系统类型水电势能服务量　（单位：亿kW·h）

年份	乔木	灌木	草地	湿地	耕地	人工表面	其他	全省
2000	9.06	111.29	1369.56	100.82	36.83	4.09	443.19	2074.85
2001	9.01	106.07	1316.16	95.81	37.37	4.02	422.38	1990.81
2002	8.47	98.11	1380.25	96.42	38.35	4.09	506.25	2131.94
2003	10.79	130.91	1472.27	107.41	40.11	4.55	474.68	2240.71
2004	9.94	123.51	1439.68	103.57	40.38	4.51	459.52	2181.10
2005	10.49	139.94	1662.21	123.16	35.45	5.19	555.29	2531.73
2006	8.46	105.95	1236.21	89.77	34.73	4.34	411.75	1891.21
2007	11.67	142.53	1648.29	119.80	34.71	5.26	545.05	2507.31
2008	13.19	142.31	1572.82	111.15	42.47	9.22	564.06	2455.22
2009	14.28	161.83	1714.17	112.48	42.90	9.27	617.38	2672.31
2010	13.05	145.80	1559.69	107.68	41.50	10.01	571.54	2449.27
2011	14.39	159.20	1578.93	121.55	41.83	16.03	613.15	2545.08

续表

年份	乔木	灌木	草地	湿地	耕地	人工表面	其他	全省
2012	15.18	163.25	1627.88	117.61	44.15	12.97	588.89	2569.94
2013	13.20	148.71	1404.27	103.18	42.41	14.91	532.70	2259.38
2014	14.56	164.44	1638.04	121.16	44.48	14.46	598.33	2595.48
2015	9.73	122.67	1227.24	75.59	35.17	22.19	474.81	1967.41
2016	14.32	166.77	1870.55	117.49	42.93	19.65	641.86	2873.57
2017	14.26	179.78	2171.98	135.99	39.61	21.21	765.67	3328.50
2018	17.51	202.56	2362.94	143.07	42.69	18.36	793.27	3580.40

注：其他类型包括苔藓/地衣、裸岩、戈壁、裸土、沙漠、盐碱地、冰川/永久积雪。

8.4.2 水电势能潜力价值

1. 青海省各市（州）水电势能服务价值

根据表8-17，2000～2018年，青海省年平均水电势能服务价值将近818亿元，整体上，水电势能服务价值高值区分布在青海省南部及东部，西北部是水电势能服务价值的低值区域，由东南向西北逐渐递减。随着时间变化，西北部的价值低值区一直减小。

表8-17 青海省各市（州）水电势能服务价值 （单位：亿元）

年份	西宁市	海东市	海北州	黄南州	海南州	果洛州	玉树州	海西州	全省
2000	4.20	16.69	24.78	18.68	33.82	119.55	297.46	170.09	685.27
2001	4.24	16.96	23.90	20.08	37.41	108.88	282.91	162.86	657.24
2002	4.22	16.81	26.10	18.06	39.24	102.78	280.13	219.58	706.92
2003	4.66	19.80	28.39	26.20	41.21	138.60	305.31	175.82	739.99
2004	4.41	18.69	24.58	25.30	45.75	136.39	288.16	178.78	722.06
2005	4.29	18.20	28.81	26.90	51.85	161.80	328.74	217.88	838.47
2006	4.17	16.25	25.40	19.90	39.25	113.30	247.81	160.10	626.18
2007	4.66	20.65	32.65	30.20	52.99	163.30	303.71	223.19	831.35
2008	5.22	24.78	31.48	30.75	45.08	123.00	333.26	220.00	813.57
2009	6.32	24.15	38.79	30.20	53.22	143.58	343.87	247.38	887.51
2010	6.13	22.05	39.36	27.31	45.75	128.38	301.07	243.65	813.7
2011	6.64	22.03	36.93	32.34	51.83	150.02	300.50	244.26	844.55
2012	6.19	25.58	37.14	31.65	57.95	148.84	311.56	234.28	853.19
2013	6.06	23.09	37.10	29.90	46.41	129.52	265.43	212.31	749.82
2014	7.32	25.02	43.91	27.28	47.18	145.15	340.44	223.72	860.02
2015	5.47	17.79	37.46	21.01	39.80	118.06	219.04	195.27	653.9
2016	7.19	26.93	54.21	32.32	61.53	152.24	341.64	279.99	956.05
2017	7.65	23.45	56.44	31.93	55.57	175.96	422.35	333.89	1107.24
2018	7.34	29.66	51.79	43.58	70.76	190.14	447.40	348.48	1189.15

2. 青海省各生态系统类型水电势能服务价值

根据表8-18，2000～2018年，青海省各生态系统类型平均水电势能服务价值占比依次为：草地（64.58%）＞其他（22.58%）＞灌木（5.80%）＞湿地（4.49%）＞耕地（1.62%）＞乔木（0.49%）＞人工表面（0.44%）。

表8-18　青海省各生态系统类型水电势能服务价值　（单位：亿元）

年份	乔木	灌木	草地	湿地	耕地	人工表面	其他	全省
2000	3.17	38.95	479.35	35.29	12.89	1.43	155.12	726.20
2001	3.15	37.12	460.66	33.53	13.08	1.41	147.83	696.78
2002	2.97	34.34	483.09	33.75	13.42	1.43	177.19	746.18
2003	3.77	45.82	515.29	37.59	14.04	1.59	166.14	784.25
2004	3.48	43.23	503.89	36.25	14.13	1.58	160.83	763.38
2005	3.67	48.98	581.77	43.11	12.41	1.82	194.35	886.11
2006	2.96	37.08	432.67	31.42	12.16	1.52	144.11	661.92
2007	4.08	49.89	576.90	41.93	12.15	1.84	190.77	877.56
2008	4.62	49.81	550.49	38.90	14.86	3.23	197.42	859.33
2009	5.00	56.64	599.96	39.37	15.01	3.24	216.08	935.31
2010	4.57	51.03	545.89	37.69	14.52	3.50	200.04	857.25
2011	5.04	55.72	552.62	42.54	14.64	5.61	214.60	890.78
2012	5.31	57.14	569.76	41.16	15.45	4.54	206.11	899.48
2013	4.62	52.05	491.49	36.11	14.84	5.22	186.45	790.78
2014	5.10	57.55	573.31	42.41	15.57	5.06	209.42	908.42
2015	3.41	42.94	429.54	26.46	12.31	7.76	166.18	688.59
2016	5.01	58.37	654.69	41.12	15.03	6.88	224.65	1005.75
2017	4.99	62.92	760.19	47.60	13.86	7.42	267.98	1164.97
2018	6.13	70.90	827.03	50.07	14.94	6.43	277.64	1253.14

注：其他类型包括苔藓/地衣、裸岩、戈壁、裸土、沙漠、盐碱地、冰川/永久积雪。

8.4.3　太阳能发电潜力

1. 太阳辐射等效利用小时数

2000～2018年，青海省太阳辐射平均等效小时数空间分布均呈西部多，东部少的空间格局，随着时间推移，太阳辐射等效小时数高值区增加（图8-10）。

2. 平均理论装机量

2000～2018年青海省太阳能发电平均理论装机量如图8-11所示，该值西北部较高。

3. 2000～2018年青海省太阳能发电潜力

2000～2018年青海省太阳能发电潜力如图8-12所示，该值西北部较高。

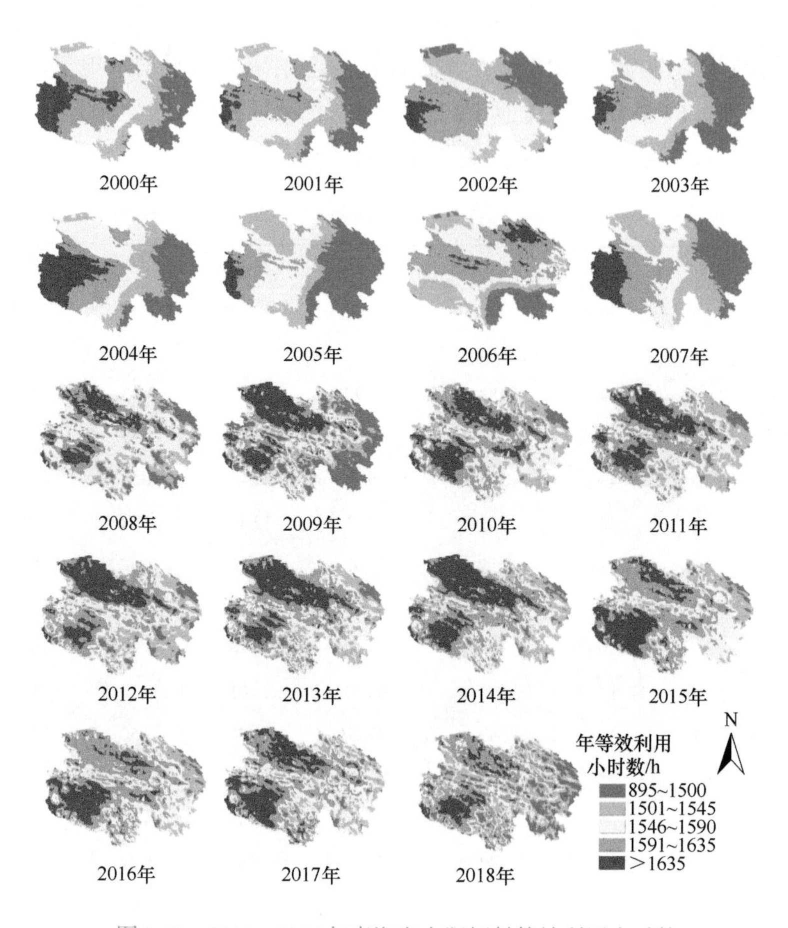

图8-10　2000～2018年青海省太阳辐射等效利用小时数

图8-11　2000～2018年青海省太阳能发电平均理论装机量

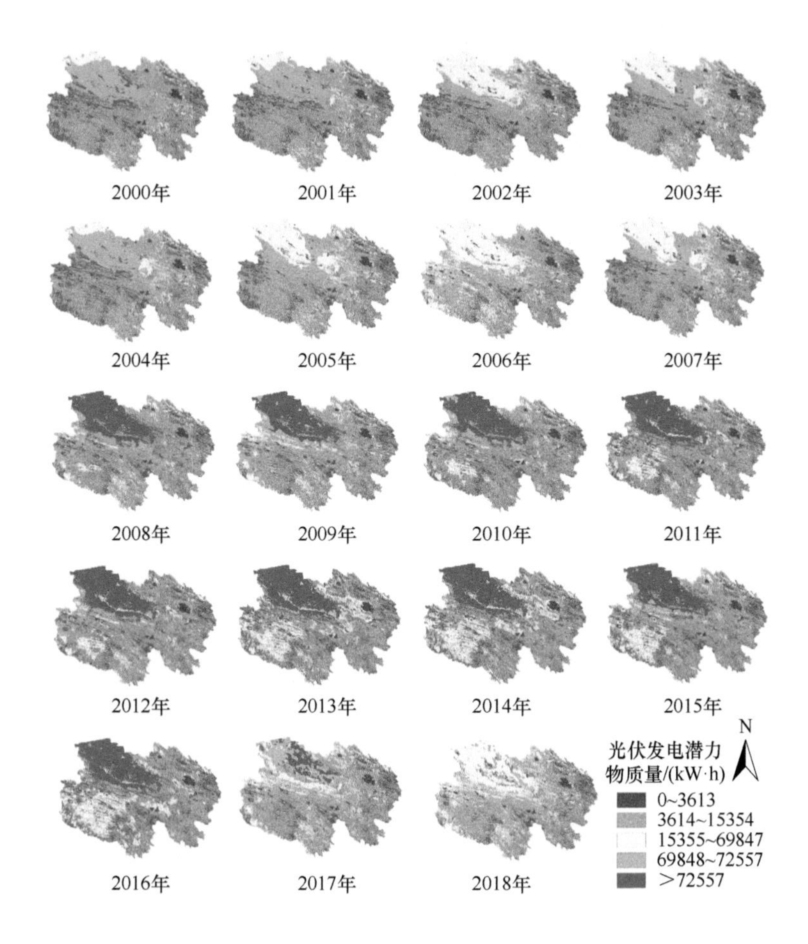

图8-12 2000～2018年青海省太阳能发电潜力

4. 青海省各市（州）太阳能发电潜力

在市（州）尺度上，太阳能发电潜力随时间变化较大，玉树州随时间变化尤其明显，另外，黄南州、海东市、西宁市一直是太阳能发电潜力的低值区，海西州一直是太阳能发电潜力的高值区，最高达到150.66亿kW・h，这与所处地区的太阳辐射量、地形和土地利用类型有直接关系。

2000～2018年青海省各市（州）太阳能发电潜力如表8-19所示。在各市（州）中，海西州太阳能发电潜力总量最大，依次是玉树州、果洛州、海南州、海北州、海东市和西宁市。2000～2018年青海省平均太阳能发电潜力达216.19亿kW・h。

表8-19 2000～2018年青海省各市（州）太阳能发电潜力（单位：亿kW・h）

年份	西宁市	海东市	海北州	黄南州	海南州	果洛州	玉树州	海西州	全省
2000	0.37	1.45	5.85	2.05	7.38	11.46	47.50	137.96	214.01
2001	0.36	1.43	5.75	2.02	7.30	11.44	47.00	136.91	212.21

续表

年份	西宁市	海东市	海北州	黄南州	海南州	果洛州	玉树州	海西州	全省
2002	0.36	1.43	5.64	2.08	7.38	11.80	47.50	133.81	209.99
2003	0.36	1.41	5.61	2.00	7.20	11.31	46.81	135.53	210.21
2004	0.36	1.44	5.80	2.04	7.27	11.39	47.77	137.55	213.62
2005	0.35	1.39	5.64	1.94	7.02	11.02	46.61	134.68	208.65
2006	0.38	1.51	6.03	2.07	7.51	11.07	44.78	131.71	205.06
2007	0.35	1.38	5.54	2.01	7.15	11.46	47.70	135.28	210.87
2008	0.36	1.52	5.79	2.11	7.87	11.57	47.06	142.53	218.81
2009	0.36	1.47	5.71	2.03	7.60	11.24	46.26	140.95	215.62
2010	0.37	1.54	5.82	2.16	7.98	12.02	48.40	143.25	221.53
2011	0.37	1.54	5.90	2.16	8.00	12.01	48.67	146.65	225.31
2012	0.37	1.53	5.93	2.13	7.96	11.67	47.66	146.62	223.87
2013	0.38	1.59	6.10	2.23	8.24	12.30	49.33	150.66	230.84
2014	0.38	1.57	5.99	2.20	8.18	12.14	49.43	150.47	230.36
2015	0.37	1.52	5.84	2.17	7.93	12.16	48.92	142.63	221.54
2016	0.39	1.56	6.09	2.22	8.09	12.38	50.18	145.97	226.87
2017	0.36	1.46	5.61	2.03	7.45	11.05	45.91	135.29	209.15
2018	0.34	1.37	5.40	1.91	7.02	10.48	43.73	128.85	199.09

5. 青海省各生态系统类型太阳能发电潜力

根据表8-20，2000～2018年青海省各生态系统类型平均太阳能发电潜力占比依次为：其他（61.31%）>草地（34.03%）>湿地（2.65%）>灌木（1.35%）>耕地（0.38%）>人工表面（0.18%）>乔木（0.10%）。

表8-20 青海省各生态系统类型太阳能发电潜力 （单位：亿kW·h）

年份	乔木	灌木	草地	湿地	耕地	人工表面	其他	全省
2000	0.23	2.83	73.01	5.61	0.87	0.23	132.59	215.37
2001	0.23	2.81	72.32	5.56	0.86	0.23	131.59	213.59
2002	0.23	2.85	72.41	5.58	0.86	0.22	129.18	211.33
2003	0.22	2.77	71.62	5.51	0.84	0.22	130.36	211.54
2004	0.23	2.81	72.87	5.62	0.86	0.23	132.38	214.99
2005	0.22	2.82	70.93	5.69	0.74	0.27	129.32	209.99

续表

年份	乔木	灌木	草地	湿地	耕地	人工表面	其他	全省
2006	0.23	2.90	70.12	5.61	0.79	0.28	126.44	206.36
2007	0.22	2.88	72.22	5.79	0.74	0.27	130.10	212.21
2008	0.23	2.96	73.69	5.91	0.82	0.30	136.22	220.12
2009	0.23	2.89	72.15	5.79	0.79	0.29	134.78	216.91
2010	0.23	3.03	75.12	6.22	0.81	0.34	137.12	222.87
2011	0.24	3.04	75.95	6.27	0.82	0.35	140.00	226.67
2012	0.23	3.00	74.93	6.20	0.82	0.35	139.69	225.22
2013	0.24	3.13	77.59	6.39	0.84	0.36	143.68	232.23
2014	0.24	3.10	77.30	6.37	0.84	0.36	143.55	231.75
2015	0.21	3.13	78.83	5.59	0.85	0.79	133.50	222.90
2016	0.21	3.21	80.82	5.71	0.88	0.80	136.64	228.27
2017	0.20	2.94	73.98	5.21	0.82	0.75	126.55	210.44
2018	0.19	2.78	70.48	4.99	0.77	0.72	120.39	200.32

注：其他类型包括苔藓/地衣、裸岩、戈壁、裸土、沙漠、盐碱地、冰川/永久积雪。

8.4.4　太阳能发电潜力价值

1. 青海省各市（州）太阳能发电潜力价值

2000～2018年青海及各市（州）太阳能发电潜力价值如表8-21所示。在各市（州）中，海西州平均太阳能发电潜力价值最大，依次是玉树州、果洛州、海南州、海北州、黄南州、海东市和西宁市。2000～2018年青海省平均太阳能发电潜力价值达185.88亿元。

表8-21　2000～2018年青海省各市（州）太阳能发电潜力价值　（单位：亿元）

年份	西宁市	海东市	海北州	黄南州	海南州	果洛州	玉树州	海西州	全省
2000	0.32	1.25	5.03	1.76	6.35	9.85	40.84	118.62	184.02
2001	0.31	1.23	4.94	1.74	6.28	9.83	40.41	117.72	182.46
2002	0.31	1.23	4.85	1.79	6.34	10.14	40.84	115.05	180.55
2003	0.31	1.21	4.82	1.72	6.19	9.72	40.24	116.53	180.74
2004	0.31	1.24	4.98	1.75	6.25	9.79	41.07	118.27	183.66
2005	0.30	1.19	4.85	1.67	6.04	9.47	40.08	115.79	179.39
2006	0.33	1.29	5.19	1.78	6.45	9.51	38.50	113.25	176.3
2007	0.30	1.19	4.76	1.73	6.14	9.85	41.01	116.31	181.29

续表

年份	西宁市	海东市	海北州	黄南州	海南州	果洛州	玉树州	海西州	全省
2008	0.31	1.31	4.98	1.82	6.76	9.95	40.46	122.55	188.14
2009	0.31	1.27	4.91	1.75	6.53	9.67	39.77	121.18	185.39
2010	0.32	1.32	5.00	1.86	6.86	10.34	41.61	123.16	190.47
2011	0.32	1.32	5.08	1.85	6.88	10.33	41.85	126.09	193.72
2012	0.32	1.32	5.10	1.83	6.84	10.04	40.98	126.06	192.49
2013	0.33	1.37	5.25	1.92	7.08	10.58	42.41	129.54	198.48
2014	0.33	1.35	5.15	1.89	7.03	10.44	42.50	129.37	198.06
2015	0.32	1.30	5.02	1.87	6.82	10.45	42.06	122.63	190.47
2016	0.33	1.34	5.23	1.91	6.95	10.64	43.14	125.51	195.05
2017	0.31	1.25	4.82	1.75	6.40	9.50	39.48	116.32	179.83
2018	0.29	1.18	4.65	1.64	6.03	9.01	37.60	110.78	171.18

2. 青海省各生态系统类型太阳能发电潜力价值

根据表8-22，2000～2018年青海省各生态系统类型平均太阳能发电潜力价值占比依次为：其他（61.31%）>草地（34.03%）>湿地（2.65%）>灌木（1.35%）>耕地（0.38%）>人工表面（0.18%）>乔木（0.10%）。

表8-22 青海省各生态系统类型太阳能发电潜力价值 （单位：亿元）

年份	乔木	灌木	草地	湿地	耕地	人工表面	其他	全省
2000	0.20	2.43	62.78	4.83	0.75	0.20	114.00	185.18
2001	0.20	2.42	62.18	4.78	0.74	0.19	113.14	183.64
2002	0.20	2.45	62.26	4.80	0.74	0.19	111.06	181.70
2003	0.19	2.38	61.58	4.74	0.72	0.19	112.08	181.88
2004	0.20	2.41	62.65	4.83	0.74	0.19	113.82	184.84
2005	0.19	2.42	60.98	4.89	0.63	0.23	111.19	180.55
2006	0.20	2.49	60.29	4.82	0.68	0.24	108.71	177.43
2007	0.19	2.48	62.09	4.97	0.64	0.24	111.86	182.46
2008	0.20	2.55	63.35	5.08	0.70	0.26	117.12	189.26
2009	0.19	2.48	62.03	4.98	0.68	0.25	115.88	186.50
2010	0.20	2.60	64.58	5.35	0.70	0.29	117.89	191.62
2011	0.20	2.62	65.30	5.39	0.70	0.30	120.37	194.89
2012	0.20	2.58	64.42	5.33	0.70	0.30	120.10	193.64

续表

年份	乔木	灌木	草地	湿地	耕地	人工表面	其他	全省
2013	0.21	2.69	66.71	5.49	0.72	0.31	123.54	199.67
2014	0.21	2.66	66.46	5.48	0.72	0.31	123.42	199.26
2015	0.18	2.69	67.77	4.81	0.73	0.68	114.78	191.65
2016	0.18	2.76	69.49	4.91	0.75	0.69	117.48	196.26
2017	0.17	2.53	63.60	4.48	0.70	0.65	108.81	180.93
2018	0.16	2.39	60.60	4.29	0.67	0.62	103.51	172.23

注：其他类型包括苔藓/地衣、裸岩、戈壁、裸土、沙漠、盐碱地、冰川/永久积雪。

8.4.5　风能发电潜力

1. 2000～2018年青海省年平均风速（图8-13）

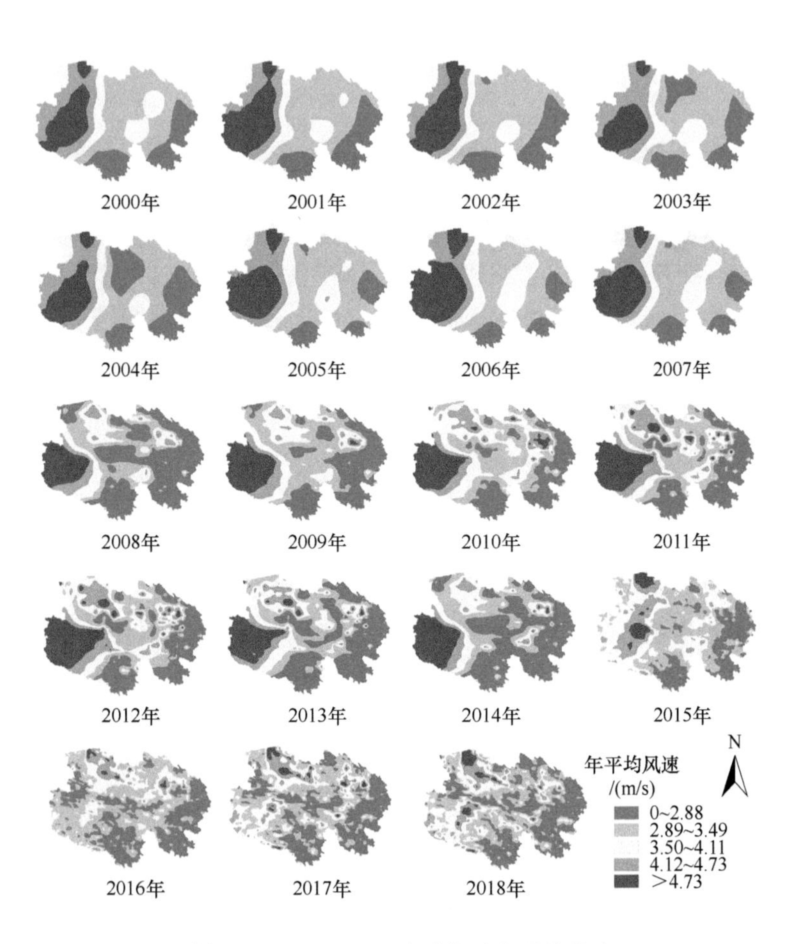

图8-13　2000～2018年青海省年平均风速

2. 2000～2018年青海省风能发电潜力

2000～2018年青海省风能发电高值区主要集中在西部地区，这与它们所处的地理位置和气候条件有直接关系，随着时间推移风能发电潜力高值区有缩小的趋势（图8-14）。

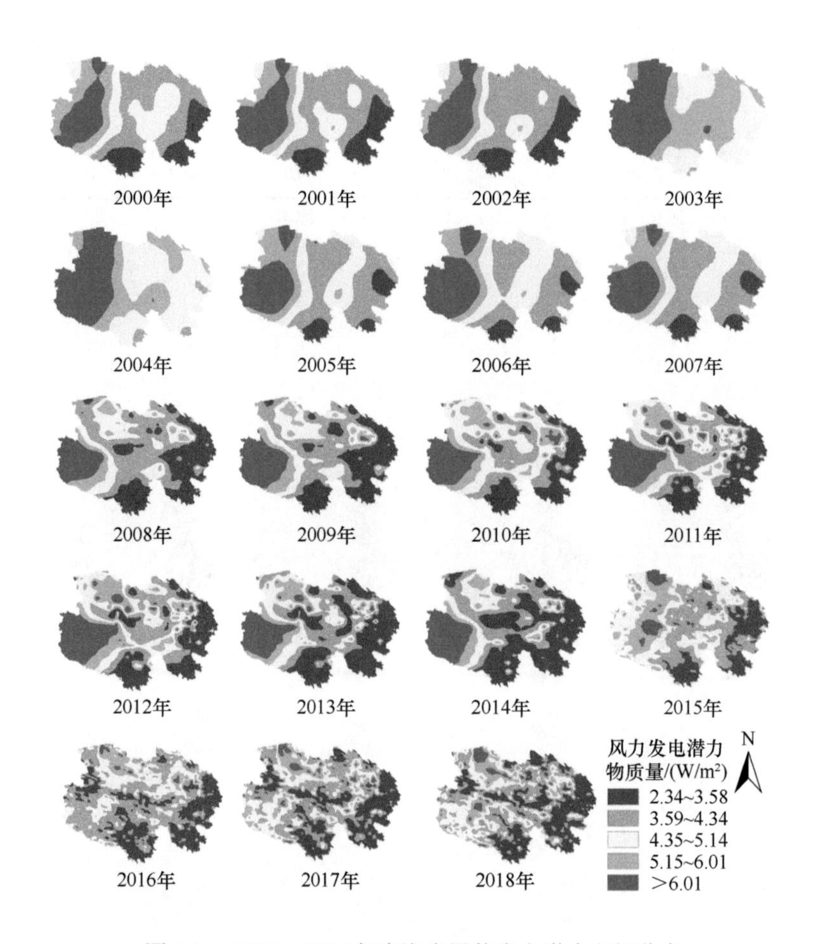

图8-14 2000～2018年青海省风能发电潜力空间分布

3. 2000～2018年青海及各市（州）风能发电潜力

在市（州）尺度上风能发电潜力随时间变化较小，只有玉树州和果洛州随时间有一定变化，另外，黄南州、海东市、西宁市、海南州、海北州一直是风能发电潜力的低值区，海西州一直是风能发电潜力的高值区，最高达到181.72万W/m^2，这与它们所处的地理位置和气候条件有直接关系。

4. 2000～2018年青海省及各市（州）风能发电潜力

2000～2018年青海及各市（州）风能发电潜力价值如表8-23。在各市（州）中，海西州风能发电潜力最大，依次是玉树州、果洛州、海南州、海北州、黄南州、海东市和西宁市。2000～2018年青海省平均风能发电潜力价值313.76万W/m^2。

表8-23　2000～2018年青海省各市（州）风能发电潜力　（单位：万W/m²）

年份	西宁市	海东市	海北州	黄南州	海南州	果洛州	玉树州	海西州	青海省
2000	1.32	5.70	13.27	5.75	16.35	28.56	82.61	155.09	308.65
2001	1.28	5.60	13.22	5.58	15.65	27.86	95.96	156.25	321.41
2002	1.28	5.63	12.93	5.50	15.49	28.00	94.69	154.09	317.62
2003	1.80	8.16	16.70	8.33	20.73	38.73	119.25	181.72	395.43
2004	1.70	7.74	16.43	8.09	19.31	37.18	115.47	177.88	383.79
2005	1.37	6.17	13.69	6.41	15.69	30.95	99.86	155.36	329.51
2006	1.38	6.27	13.90	6.50	16.09	30.50	103.26	161.29	339.19
2007	1.43	6.26	14.08	6.43	15.91	30.21	96.53	152.69	323.55
2008	0.98	4.57	11.50	5.75	12.59	26.50	90.31	139.15	291.35
2009	0.99	4.37	11.46	5.77	12.79	25.67	96.92	143.47	301.44
2010	1.10	4.48	12.89	5.61	16.64	27.78	93.57	149.08	311.17
2011	1.02	4.17	12.10	4.60	15.31	27.63	97.14	151.05	313.02
2012	1.04	4.32	12.49	4.56	15.09	28.50	98.78	150.36	315.15
2013	0.98	4.22	11.84	4.50	13.63	24.24	88.54	140.56	288.51
2014	0.93	4.10	11.78	4.49	13.08	23.88	91.04	138.48	287.78
2015	1.06	5.58	13.47	6.32	14.50	29.11	87.79	142.73	300.56
2016	1.11	5.22	13.41	6.04	14.92	26.61	74.09	133.61	275.01
2017	1.09	4.90	13.23	5.93	14.70	27.19	77.85	134.32	279.20
2018	1.05	4.79	12.08	6.26	14.04	26.49	80.68	133.75	279.15

5. 2000～2018年青海省各生态系统类型风能发电潜力

根据表8-24，2000～2018年青海省各生态系统类型平均风能发电潜力占比依次为：草地（53.39%）＞其他（35.28%）＞湿地（6.98%）＞灌木（2.84%）＞耕地（0.96%）＞乔木（0.28%）＞人工表面（0.25%）。

表8-24　青海省各生态系统类型风能发电潜力　（单位：亿kW・h）

年份	乔木	灌木	草地	湿地	耕地	人工表面	其他	全省
2000	0.10	0.91	16.99	2.15	0.36	0.05	11.66	32.24
2001	0.10	0.89	17.14	2.19	0.35	0.05	11.80	32.51
2002	0.10	0.88	16.90	2.16	0.35	0.05	11.68	32.13
2003	0.14	1.27	21.49	2.71	0.49	0.07	13.82	40.00
2004	0.14	1.22	20.75	2.63	0.46	0.07	13.56	38.82
2005	0.11	1.00	17.80	2.29	0.34	0.07	11.71	33.32
2006	0.11	1.00	18.32	2.35	0.34	0.07	12.10	34.30
2007	0.11	1.00	17.52	2.25	0.34	0.07	11.44	32.73
2008	0.08	0.79	15.91	2.19	0.25	0.06	10.24	29.53
2009	0.07	0.78	16.54	2.30	0.25	0.06	10.56	30.57
2010	0.07	0.83	16.95	2.37	0.27	0.08	11.00	31.57
2011	0.07	0.79	16.93	2.30	0.25	0.08	11.26	31.69

续表

年份	乔木	灌木	草地	湿地	耕地	人工表面	其他	全省
2012	0.07	0.80	17.14	2.35	0.25	0.08	11.22	31.91
2013	0.07	0.74	15.53	2.11	0.24	0.07	10.47	29.23
2014	0.07	0.75	15.78	2.09	0.23	0.06	10.16	29.14
2015	0.08	0.93	16.30	2.03	0.27	0.12	10.63	30.36
2016	0.08	0.90	14.73	1.84	0.27	0.13	9.86	27.80
2017	0.07	0.87	14.98	1.93	0.26	0.13	10.01	28.24
2018	0.07	0.83	14.98	1.93	0.25	0.12	10.05	28.24

注：其他类型包括苔藓/地衣、裸岩、戈壁、裸土、沙漠、盐碱地、冰川/永久积雪。

8.4.6 风能发电潜力价值

1. 2000～2018年青海省风能发电潜力价值空间分布

根据图8-15，各市（州）风能发电潜力价值随时间变化较大，玉树州、果洛州随

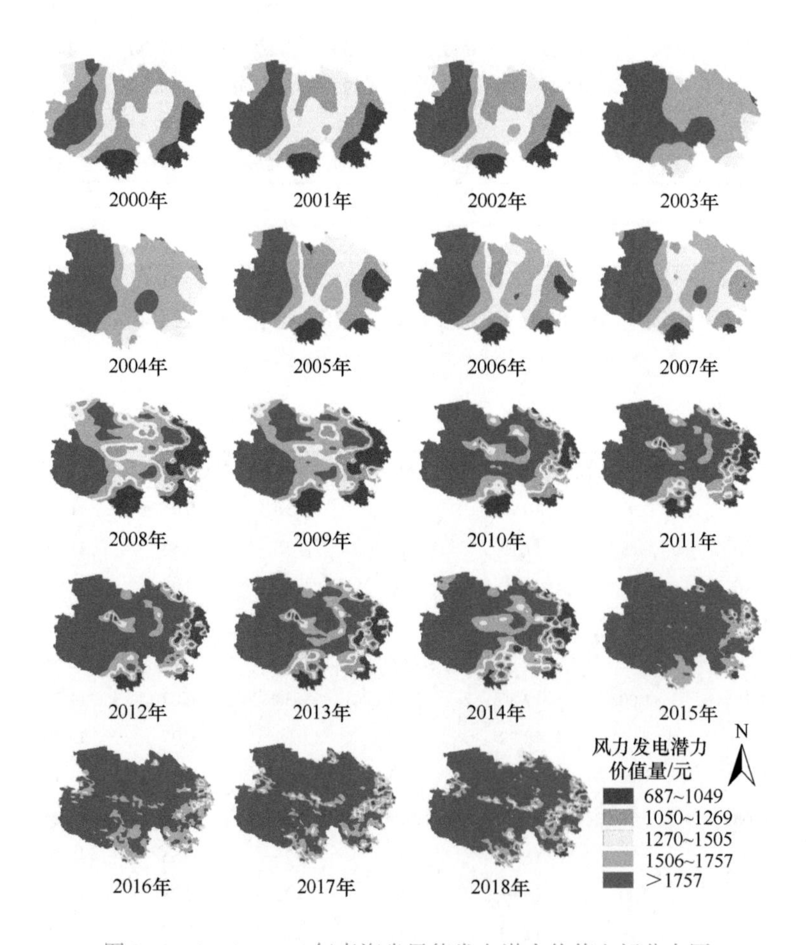

图8-15 2000～2018年青海省风能发电潜力价值空间分布图

时间变化尤其明显，另外，黄南州、海东市、西宁市、海北市、海南州是风能发电潜力价值的低值区，多年风能发电潜力价值在1亿元以下，海西州是风能发电潜力价值的高值区。

2. 2000～2018年青海省各市（州）风能发电潜力价值

根据表8-25，2000～2018年海西州风能发电潜力价值最大，依次是玉树州、果洛州、海南州、海北州、黄南州、海东市、西宁市。2000～2018年青海省平均风能发电潜力为16.60亿元。

表8-25 2000～2018年青海省各市（州）风能发电潜力价值 （单位：亿元）

年份	西宁市	海东市	海北州	黄南州	海南州	果洛州	玉树州	海西州	青海省
2000	0.07	0.30	0.70	0.30	0.87	1.51	4.37	8.20	16.32
2001	0.07	0.30	0.70	0.30	0.83	1.47	5.08	8.27	17.02
2002	0.07	0.30	0.68	0.29	0.82	1.48	5.01	8.15	16.8
2003	0.10	0.43	0.88	0.44	1.10	2.05	6.31	9.61	20.92
2004	0.09	0.41	0.87	0.43	1.02	1.97	6.11	9.41	20.31
2005	0.07	0.33	0.72	0.34	0.83	1.64	5.28	8.22	17.43
2006	0.07	0.33	0.74	0.34	0.85	1.61	5.46	8.53	17.93
2007	0.08	0.33	0.74	0.34	0.84	1.60	5.11	8.08	17.12
2008	0.05	0.24	0.61	0.30	0.67	1.40	4.78	7.36	15.41
2009	0.05	0.23	0.61	0.30	0.68	1.36	5.13	7.59	15.95
2010	0.06	0.24	0.68	0.30	0.88	1.47	4.95	7.89	16.47
2011	0.05	0.22	0.64	0.24	0.81	1.46	5.14	7.99	16.55
2012	0.06	0.23	0.66	0.24	0.80	1.51	5.23	7.95	16.68
2013	0.05	0.22	0.63	0.24	0.72	1.28	4.68	7.44	15.26
2014	0.05	0.22	0.62	0.24	0.69	1.26	4.82	7.33	15.23
2015	0.06	0.30	0.71	0.33	0.77	1.54	4.64	7.55	15.9
2016	0.06	0.28	0.71	0.32	0.79	1.41	3.92	7.07	14.56
2017	0.06	0.26	0.70	0.31	0.78	1.44	4.12	7.11	14.78
2018	0.06	0.25	0.64	0.33	0.74	1.40	4.27	7.08	14.77

3. 2000～2018年青海省各生态系统类型风能发电潜力价值

根据表8-26，2000～2018年青海省各生态系统类型平均风能发电潜力价值占比依次为：草地（53.40%）>其他（35.29%）>湿地（6.98%）>灌木（2.84%）>耕地（0.96%）>乔木（0.28%）>人工表面（0.25%）。

表8-26 青海省各生态系统类型风能发电潜力价值 （单位：亿元）

年份	乔木	灌木	草地	湿地	耕地	人工表面	其他	全省
2000	0.05	0.48	8.99	1.14	0.19	0.03	6.17	17.06
2001	0.05	0.47	9.07	1.16	0.19	0.03	6.24	17.20
2002	0.05	0.47	8.94	1.14	0.19	0.03	6.18	17.00

续表

年份	乔木	灌木	草地	湿地	耕地	人工表面	其他	全省
2003	0.08	0.67	11.37	1.44	0.26	0.04	7.31	21.16
2004	0.07	0.65	10.98	1.39	0.25	0.04	7.17	20.54
2005	0.06	0.53	9.41	1.21	0.18	0.04	6.20	17.63
2006	0.06	0.53	9.69	1.24	0.18	0.04	6.40	18.14
2007	0.06	0.53	9.27	1.19	0.18	0.04	6.05	17.32
2008	0.04	0.42	8.42	1.16	0.13	0.03	5.42	15.62
2009	0.04	0.41	8.75	1.22	0.13	0.03	5.59	16.17
2010	0.04	0.44	8.97	1.25	0.14	0.04	5.82	16.70
2011	0.04	0.42	8.96	1.22	0.13	0.04	5.96	16.76
2012	0.04	0.42	9.07	1.24	0.13	0.04	5.94	16.88
2013	0.03	0.39	8.21	1.12	0.13	0.04	5.54	15.46
2014	0.04	0.39	8.35	1.11	0.12	0.03	5.38	15.41
2015	0.04	0.49	8.62	1.07	0.14	0.06	5.62	16.06
2016	0.04	0.48	7.79	0.97	0.14	0.07	5.21	14.71
2017	0.04	0.46	7.92	1.02	0.14	0.07	5.29	14.94
2018	0.04	0.44	7.93	1.02	0.13	0.06	5.32	14.94

注：其他类型包括苔藓/地衣、裸岩、戈壁、裸土、沙漠、盐碱地、冰川/永久积雪。

第9章 生态系统调节服务计算结果

9.1 大气质量调节服务量及价值

9.1.1 生态系统碳汇量及价值

1. GPP核算结果

考虑不同时间尺度的SPEI时，优化后的模型模拟的2000～2014年GPP的空间格局如图9-1所示。

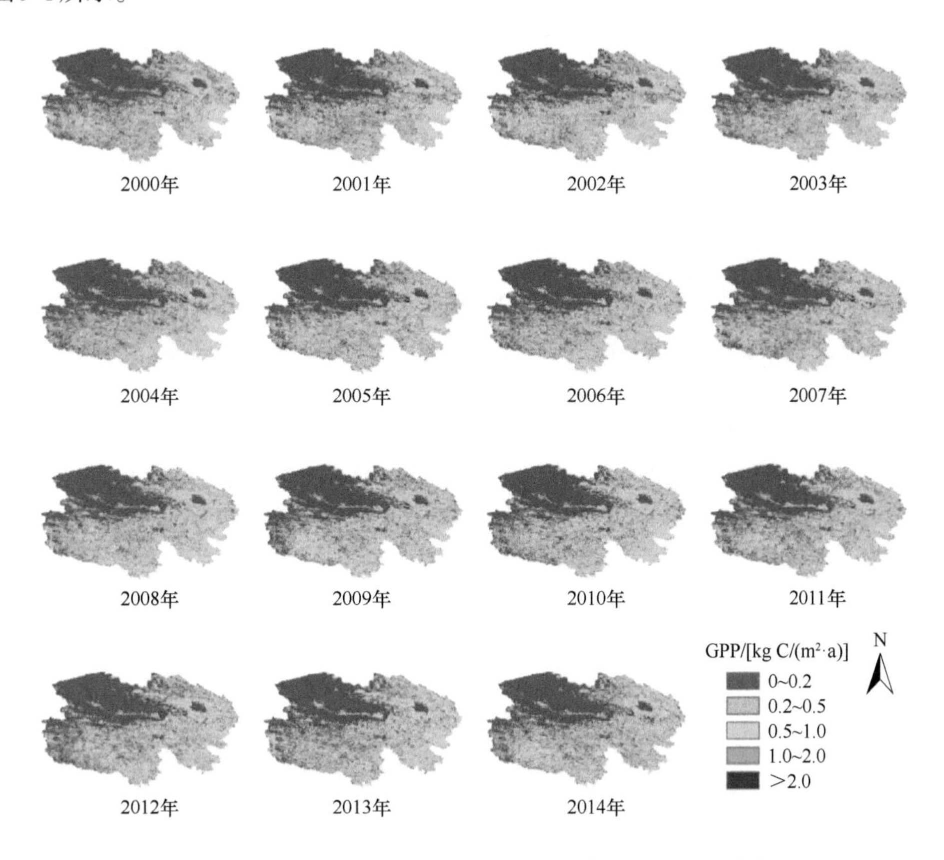

图9-1 青海省2000～2014年CNN-SPEI模拟GPP空间分布

单模型忽略SPEI的年际变化时，青海省CNN-ORIGIN模拟的GPP的值将低估约4.0%（图9-2～图9-5）。以2014年为例，CNN-ORIGIN模拟的平均GPP为0.462 kg C/(m^2 · a)，而CNN-SPEI模拟的GPP值为0.480 kg C/(m^2 · a)。

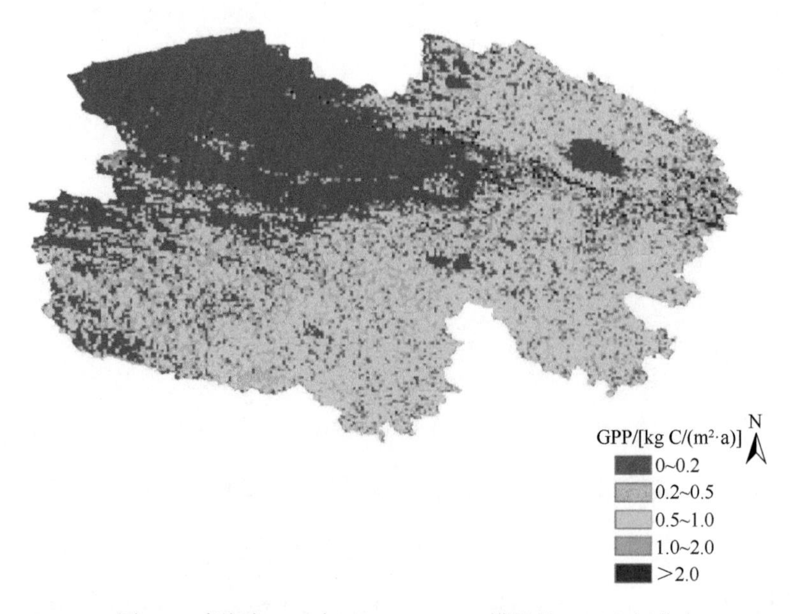

图9-2 青海省2014年CNN-ORIGIN模拟的GPP空间分布

CNN-ORIGIN为没有加入SPEI的CNN模型，模拟的平均GPP为0.462 kg C/(m^2 · a)

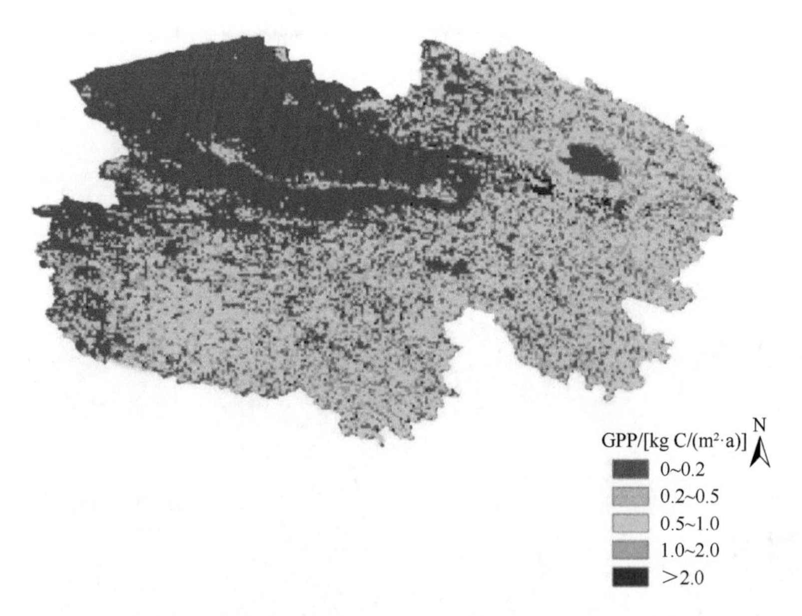

图9-3 青海省2014年CNN-SPEI模拟的GPP空间分布

CNN-ORIGIN为加入了SPEI12、SPEI24和SPEI36的CNN模型，模拟的平均GPP为0.480 kg C/(m^2 · a)

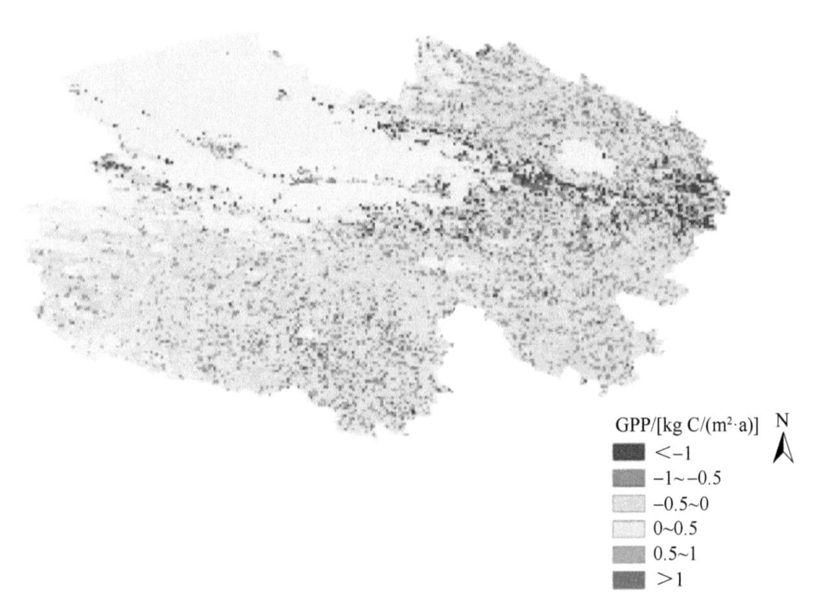

图9-4 青海省2014年GPP差值空间分布

GPP差值＝CNN-SPEI GPP－CNN-ORIGIN GPP

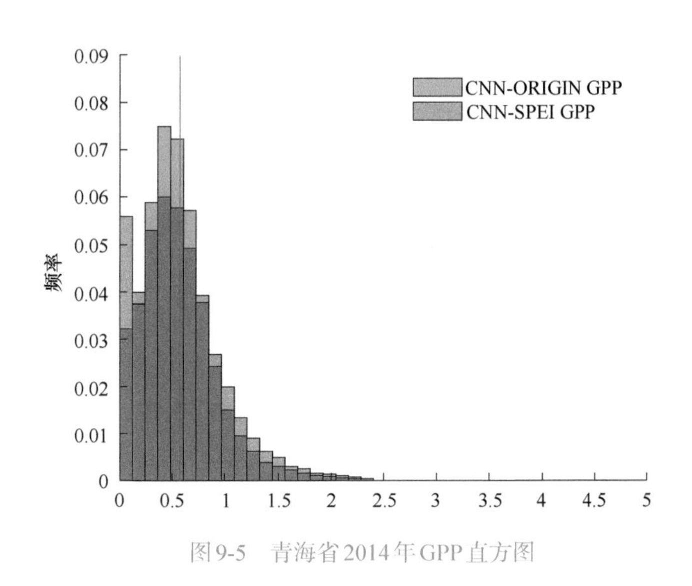

图9-5 青海省2014年GPP直方图

图9-6展示了2000～2014年青海省平均GPP的年际变化，可以看出，两个模型模拟的GPP都呈增加的趋势，而CNN-SPEI模拟的GPP有更为明显的年际波动，受水分条件的影响更为明显。这意味着，如果在模型不考虑多时间尺度的水分条件的变化，模拟的GPP的结果偏低，同时模拟的GPP的增长趋势也将低估。

从青海省各市（州）的统计数据来看（表9-1），CNN-SPEI模型模拟的GPP模拟的空间格局表明，总体来说GPP具有东高西低的趋势。模拟的全省最高值出现在海南州，平均值为1.157 kg C/(m^2 · a)，最低值仍然在海西州，约为0.257 kg C/(m^2 · a)。

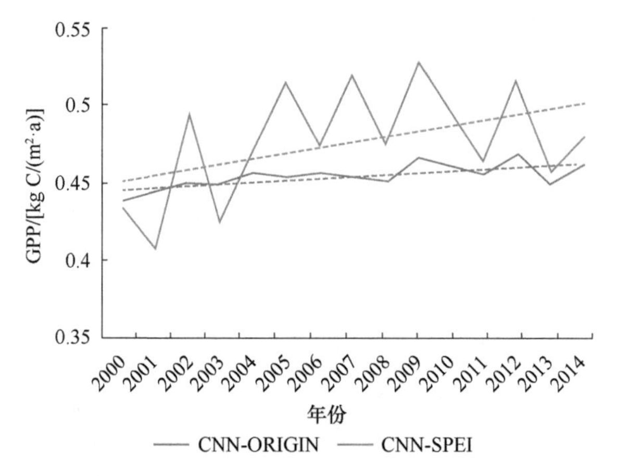

图9-6 青海省2000～2014年GPP年际变化

两个模型都呈上升趋势，CNN-SPEI的年际波动更为明显，趋势更为显著

表9-1 青海省各市（州）2014年平均GPP统计

［单位：kg C/(m^2 · a)］

地区	CNN-ORIGIN GPP	CNN-SPEI GPP	地区	CNN-ORIGIN GPP	CNN-SPEI GPP
西宁市	0.841	0.822	海南州	0.836	1.157
海东市	1.157	0.956	果洛州	0.659	0.579
海北州	0.672	0.818	玉树州	0.491	0.554
黄南州	0.773	0.645	海西州	0.272	0.257

2. 生态系统呼吸（RECO）核算结果

考虑不同时间尺度的SPEI时，优化后的模型模拟的2000～2014年RECO的空间格局如图9-7所示。

当不考虑SPEI时，模型（CNN-ORIGIN）模拟的结果和考虑SPEI的模型（CNN-SPEI）模拟的结果在空间格局有明显差异（图9-8、图9-9），尤其是在青海省东部和南部（图9-10）。CNN-SPEI模拟的青海省RECO均处于较低水平，仅东部略高；而CNN-ORIGIN模拟的青海省RECO东西部差异较大，在东部和南部地区显著偏高。从数值上看，CNN-ORIGIN模拟的青海省平均RECO为0.380 kg C/(m^2 · a)，而CNN-SPEI为0.325 kg C/(m^2 · a)，比前者低14.47%。RECO直方图中CNN-ORIGIN的高值明显比CNN-SPEI多（图9-11）。这表明，当不考虑多时间尺度的SPEI变化时，模型会高估生态系统的呼吸量，从而降低生态系统的碳汇量。

图9-12展示的是2000～2014年青海省平均RECO的年际变化，两个模型模拟的RECO受水分条件影响而导致的年际波动比较一致，但CNN-ORIGIN模拟的RECO在这15年间没有显著的趋势，而CNN-SPEI模拟的RECO略有增加的趋势。

在市（州）尺度（表9-2），CNN-ORIGIN和CNN-SPEI两个模型模拟的RECO，其差异也体现在了各市（州）的统计数据上，尤其是东部的西宁市、海东市、黄南州和海南州这四个地区，由CNN-ORIGIN得到的RECO在这些区域明显要高于CNN-SPEI的

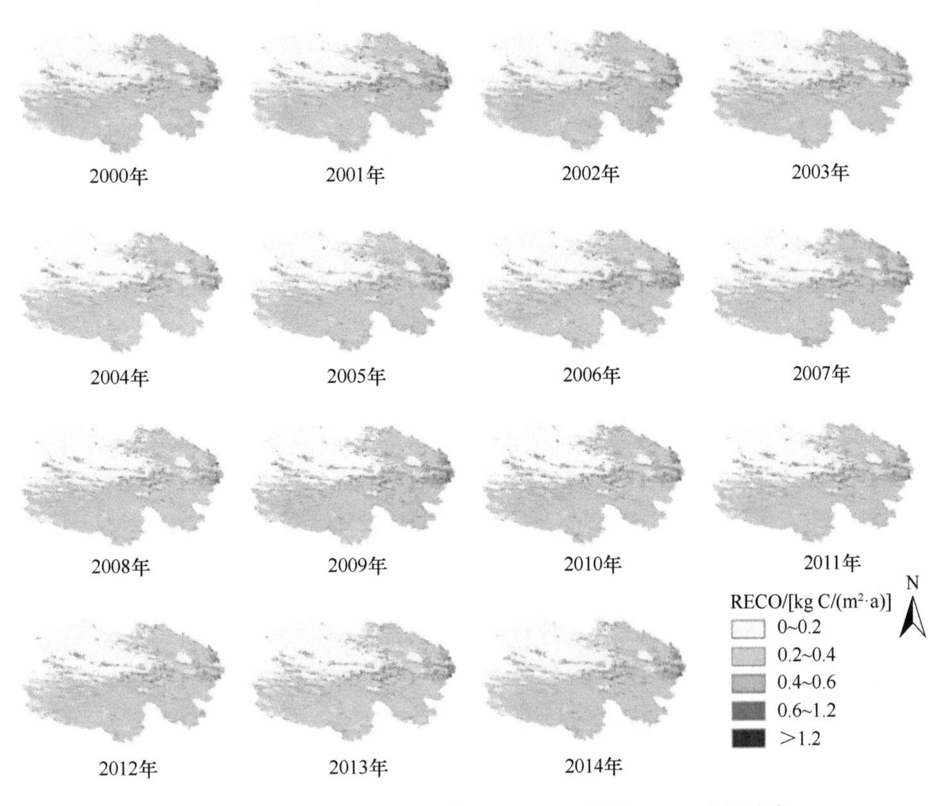

图9-7　青海省2000～2014年CNN-SPEI模拟RECO空间分布

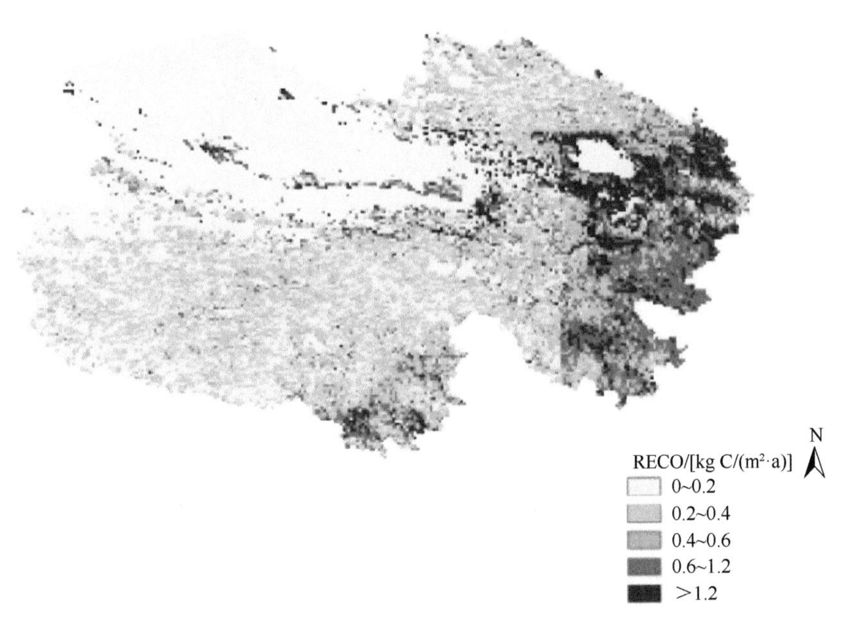

图9-8　青海省2014年CNN-ORIGIN模拟RECO空间分布

CNN-ORIGIN为没有加入SPEI的CNN模型，模拟的平均RECO为0.380 kg C/(m² · a)

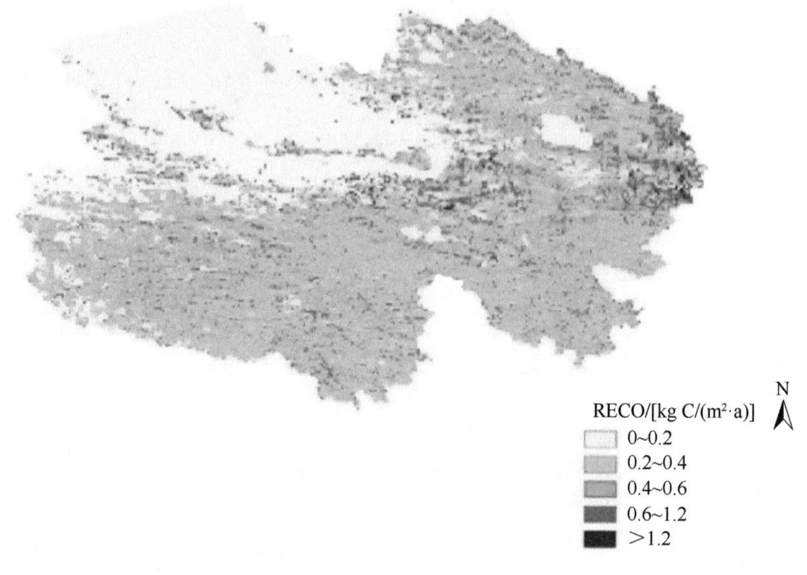

图9-9 青海省2014年CNN-SPEI模拟RECO空间分布

CNN-ORIGIN为加入了SPEI12、SPEI24和SPEI36的CNN模型，
模拟的平均RECO为0.325 kg C/(m^2 · a)，比前者低14.47%

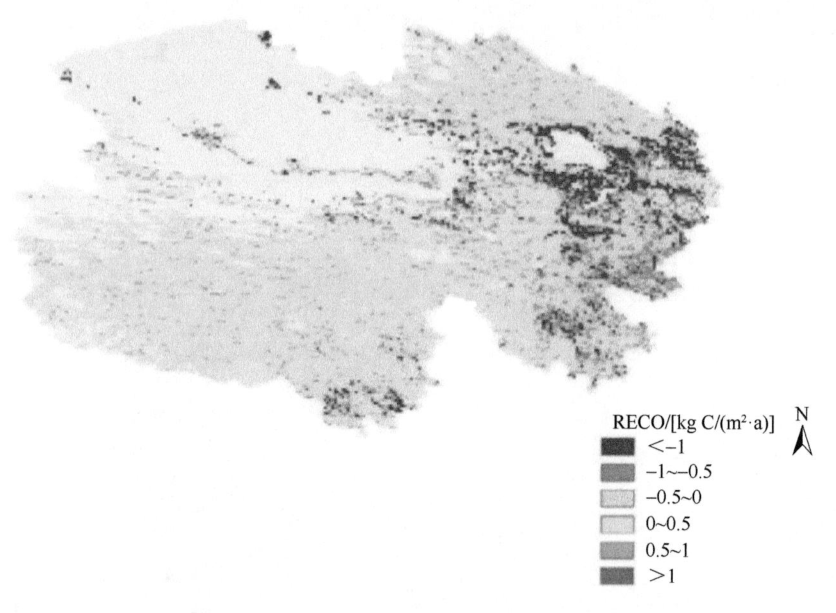

图9-10 青海省2014年RECO差值空间分布图

RECO差值=CNN-SPEI RECO−CNN-ORIGIN RECO，差异主要集中在东部地区

结果；其他位于偏西部的地区数值都较低，两个模型的结果也比较接近。CNN-ORIGIN模拟的RECO最高值在海东市，平均值为1.323 kg C/(m^2 · a)，最低值为海西州的0.188 kg C/(m^2 · a)；CNN-SPEI的最高值也属于海东市，但平均值只有0.647 kg C/(m^2 · a)，不足CNN-ORIGIN模拟的一半，最低的区域仍为海西州，平均值为0.199 kg C/(m^2 · a)。由此也可以看出，CNN-ORIGIN在模拟RECO时会对高值区造成明显的高估。

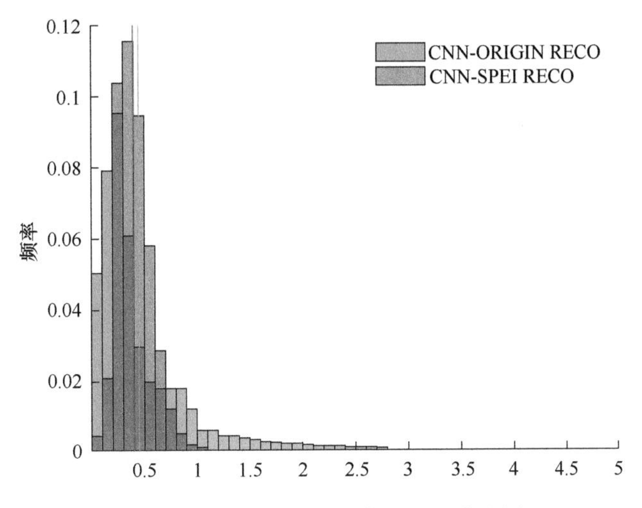

图9-11 青海省2014年RECO直方图

CNN-ORIGIN的高值明显比CNN-SPEI多

表9-2 青海省各市（州）2014年平均RECO统计

地区	CNN-ORIGIN RECO /［kg C/(m²·a)］	CNN-SPEI RECO /［kg C/(m²·a)］
西宁市	0.988	0.466
海东市	1.323	0.647
海北州	0.639	0.480
黄南州	1.076	0.484
海南州	1.073	0.477
果洛州	0.563	0.437
玉树州	0.285	0.387
海西州	0.188	0.199

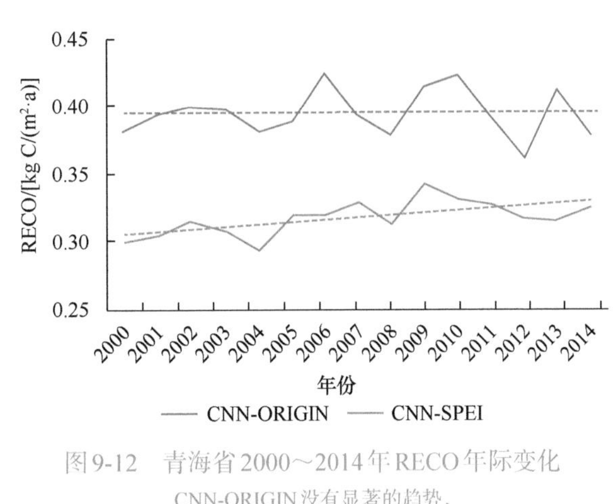

图9-12 青海省2000～2014年RECO年际变化

CNN-ORIGIN没有显著的趋势，

CNN-SPEI略有增加的趋势

3. 净生态系统碳交换量（NEE）核算结果

考虑不同时间尺度的SPEI时，优化后的模型模拟的2000～2014年NEE的空间格局如图9-13所示。由GPP和RECO的模拟结果得到青海省的碳源汇NEE（NEE＝RECO－GPP），其中NEE负值表示碳汇，即生态系统碳排放（呼吸）小于生态系统碳固定（吸收），NEE正值表示碳源，即生态系统碳排放大于碳吸收。

不考虑SPEI时，模型CNN-ORIGIN模拟的青海省平均NEE为－0.102 kg C/(m²·a)，而考虑SPEI时，模型CNN-SPEI模拟的青海省平均NEE为－0.195 kg C/(m²·a)，两个模型模拟的NEE的平均值均低于0，表明青海省以碳汇为主，但CNN-SPEI模型模拟的青海省碳汇的潜力更大。这表明，如果忽略SPEI的变化，青海省的碳汇量将被显著低估。NEE在空间上的差异主要是由于CNN-ORIGIN模拟的青海省东部和南部的RECO较高，导致这些地区的NEE表现为碳源，而CNN-SPEI模拟的这些地区则是碳汇（图9-14～图9-17）。2000～2018年青海省平均碳汇为7918.23万t（表9-3）。

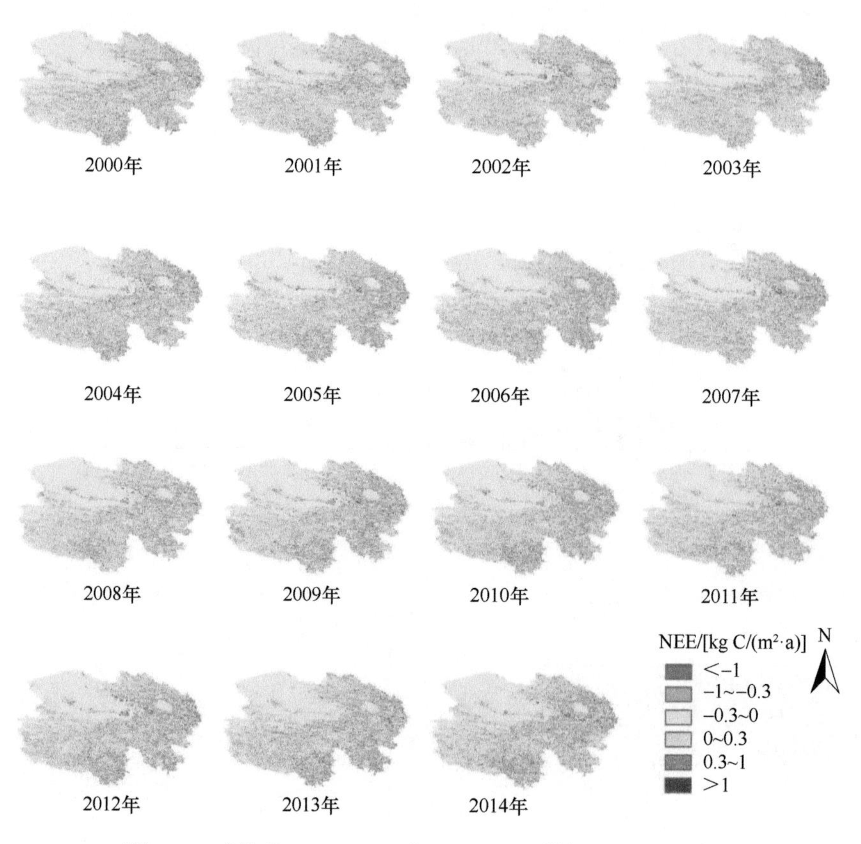

图9-13 青海省2000～2014年CNN-SPEI模拟NEE空间分布

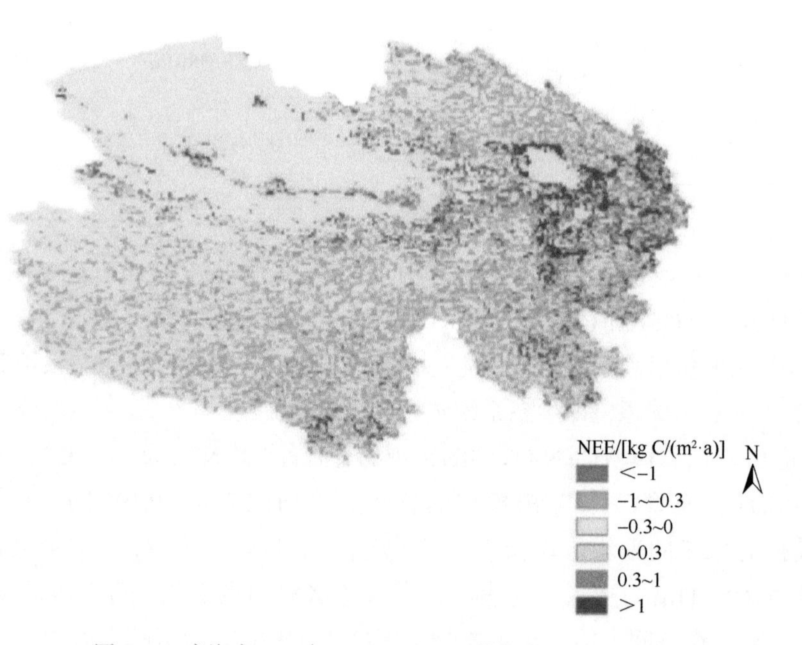

图9-14 青海省2014年CNN-ORIGIN模拟的NEE空间分布

CNN-ORIGIN为没有加入SPEI的CNN模型，模拟的平均值为−0.102 kg C/(m²·a)

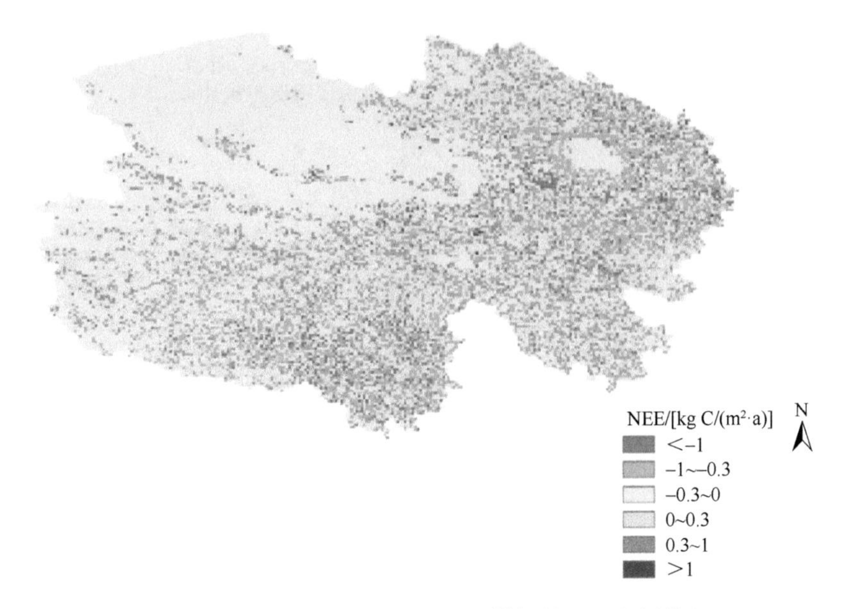

图9-15　青海省2014年CNN-SPEI模拟的NEE空间分布

CNN-ORIGIN为加入了SPEI12、SPEI24和SPEI36的CNN模型，模拟的平均值为−0.195 kg C/(m²·a)

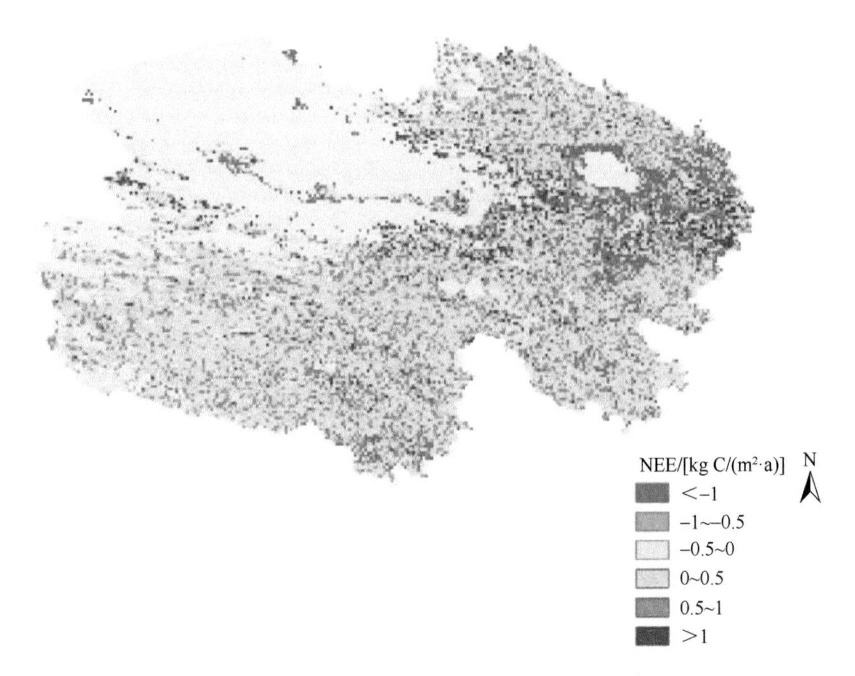

图9-16　青海省2014年NEE差值空间分布

NEE差值=CNN-SPEI NEE−CNN-ORIGIN NEE

图9-18为2000～2014年青海省平均NEE的年际变化，可以看出两个模型模拟的NEE都呈下降趋势，说明青海省未来的碳汇潜力有可能会进一步增大。

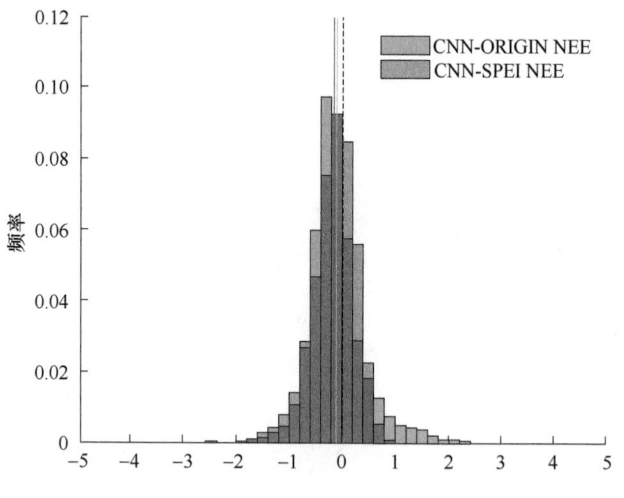

图9-17　青海省2014年NEE直方图

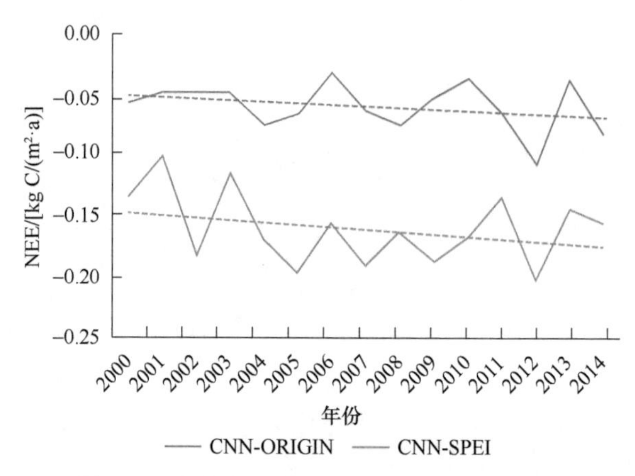

图9-18　青海省2000～2014年NEE年际变化
两个模型均为下降的趋势

表9-3　2000～2018年青海省及各市（州）碳汇量　（单位：万t）

年份	西宁市	海东市	海北州	黄南州	海南州	果洛州	玉树州	海西州	青海省
2000	55.61	294.14	606.15	371.65	844.32	1881.34	1937.10	999.08	6989.40
2001	63.79	303.31	622.65	393.55	431.94	1247.48	1789.08	1032.51	5884.31
2002	113.41	288.97	644.75	492.15	595.43	1690.30	1952.95	2316.55	8094.49
2003	169.83	756.84	944.30	382.80	884.80	971.63	1397.43	864.94	6372.56
2004	125.07	479.47	797.52	514.12	1171.44	1856.93	2400.49	1129.14	8474.18
2005	142.72	636.87	890.92	597.68	1377.85	2109.23	2582.26	1730.17	10067.69
2006	123.80	413.89	830.41	573.48	1064.29	2441.08	2346.79	1237.05	9030.79
2007	174.41	590.22	1174.35	511.39	1486.45	1190.72	1536.65	2143.72	8807.91
2008	137.59	450.62	753.97	478.85	1061.14	1887.88	2260.12	1514.00	8544.17
2009	119.60	379.41	899.10	415.11	1245.37	1860.32	2546.96	1655.28	9121.16
2010	127.24	360.68	993.73	439.24	1149.47	1825.77	2209.20	1516.41	8621.74
2011	97.63	476.99	886.85	505.48	1246.49	1477.28	1420.54	1121.27	7232.53

续表

年份	西宁市	海东市	海北州	黄南州	海南州	果洛州	玉树州	海西州	青海省
2012	114.04	701.46	758.56	480.41	1228.18	1847.95	2552.12	1700.19	9382.91
2013	108.79	409.43	788.26	556.99	841.25	2198.64	2238.37	1175.91	8317.65
2014	104.75	432.64	906.14	241.46	1230.09	913.90	2673.07	1151.18	7653.23
2015	110.39	188.43	649.83	437.98	715.59	2013.24	1912.70	224.00	6252.16
2016	69.49	129.60	551.89	322.67	517.66	1327.92	1039.75	354.87	4313.85
2017	97.65	310.52	684.85	465.69	1073.49	1703.98	2991.97	1198.12	8526.28
2018	149.57	635.98	874.60	581.11	1337.35	1909.97	2066.49	1204.25	8759.31

在市（州）尺度上（表9-4），忽略SPEI时，CNN-ORIGIN模型模拟的青海省NEE中，位于东部地区的西宁市、海东市、黄南州和海南州均表现为碳源区（NEE>0），这主要是因为CNN-ORIGIN忽略SPEI会导致这些地区的RECO的高估。而考虑SPEI的改善后的CNN-SPEI模型的模拟结果则表明，青海省所有市（州）的均值均表现为碳汇（NEE<0），尤其是东部的这四个地区是主要碳汇区。

表9-4 青海省各市（州）2014年平均NEE统计

[单位：kg C/(m^2 · a)]

地区	CNN-ORIGIN NEE	CNN-SPEI NEE	地区	CNN-ORIGIN NEE	CNN-SPEI NEE
西宁市	0.147	−0.357	海南州	0.237	−0.680
海东市	0.166	−0.309	果洛州	−0.096	−0.142
海北州	−0.034	−0.338	玉树州	−0.206	−0.167
黄南州	0.303	−0.160	海西州	−0.084	−0.058

根据表9-5，2000～2018年青海省各生态系统类型平均碳汇量占比依次为：草地（65.89%）>其他（14.47%）>灌木（9.08%）>湿地（6.12%）>耕地（2.93%）>乔木（1.08%）>人工表面（0.43%）。

表9-5 青海省各生态系统类型碳汇量 （单位：万t）

年份	乔木	灌木	草地	湿地	耕地	人工表面	其他	全省
2000	75.80	636.06	4674.45	451.40	178.07	22.94	977.59	7016.31
2001	66.89	525.53	3980.98	312.96	174.05	20.42	836.70	5917.54
2002	75.15	683.17	5496.18	392.06	194.46	26.56	1263.05	8130.64
2003	101.71	570.70	4068.13	353.11	373.18	31.00	874.15	6371.98
2004	104.70	809.81	5646.53	458.19	272.97	32.24	1197.39	8521.84
2005	108.51	892.06	6699.23	600.74	328.65	41.45	1446.20	10116.83
2006	94.18	867.97	6035.78	591.34	221.59	33.41	1232.04	9076.31
2007	105.77	700.83	5710.64	462.32	341.09	40.83	1420.55	8782.03
2008	89.95	718.78	5561.09	574.66	238.87	32.19	1346.93	8562.46
2009	82.26	794.31	6013.23	563.43	256.10	35.47	1404.47	9149.28
2010	87.29	796.48	5649.49	483.94	228.02	36.65	1339.18	8621.05
2011	89.63	680.93	4723.11	426.84	252.96	34.01	1010.09	7217.57

续表

年份	乔木	灌木	草地	湿地	耕地	人工表面	其他	全省
2012	120.19	868.18	6015.27	507.43	334.66	40.27	1505.80	9391.79
2013	95.13	866.86	5473.12	493.15	209.07	34.01	1156.70	8328.04
2014	75.99	550.84	5036.39	550.11	248.68	31.48	1182.68	7676.16
2015	56.56	678.21	4131.19	512.58	97.80	37.78	768.24	6282.36
2016	46.57	470.00	2923.63	284.03	56.10	24.43	524.89	4329.64
2017	63.01	677.02	5792.24	703.74	141.87	38.09	1186.43	8602.39
2018	89.76	911.41	5800.81	514.45	275.72	59.14	1161.81	8813.11

注：其他类型包括苔藓/地衣、裸岩、戈壁、裸土、沙漠、盐碱地、冰川/永久积雪。

4. 青海省固碳价值

2000～2014年青海省固碳价值的空间分布如图9-19所示，2000～2014年逐年的固碳价值的变化如图9-20所示。

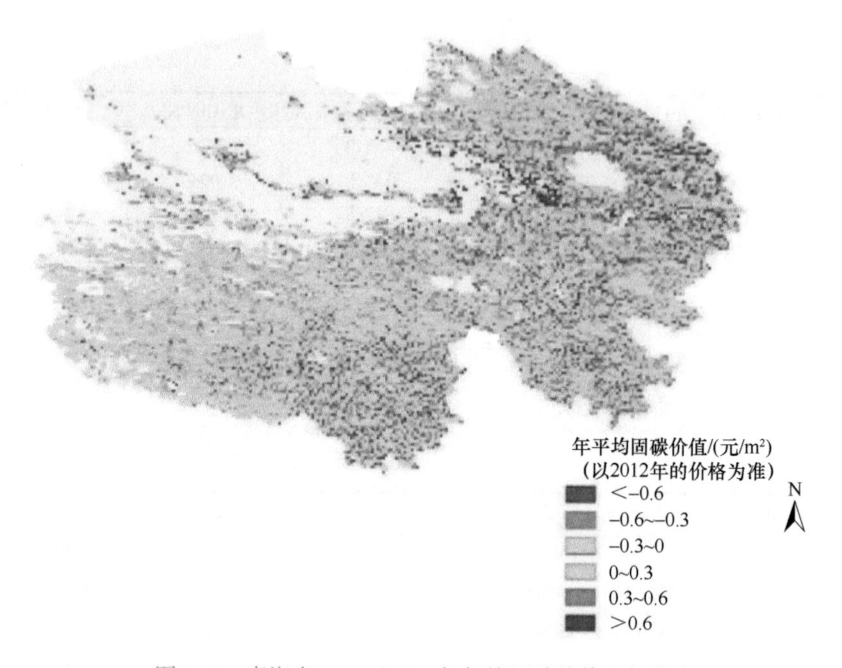

图9-19 青海省2000～2014年年均固碳价值空间分布

青海省固碳价值的计算结果表明，2000～2018年青海省各类生态系统多年平均固碳总量为7918.23万t。在19年间（2000～2018年），受气候波动的影响，青海省各类生态系统多年平均的固碳价值在523.05亿～1220.70亿元波动（图9-21），其中2016年碳汇最低，2005年碳汇最高，2000～2018年青海省平均碳汇价值为960.08亿元（表9-6）。

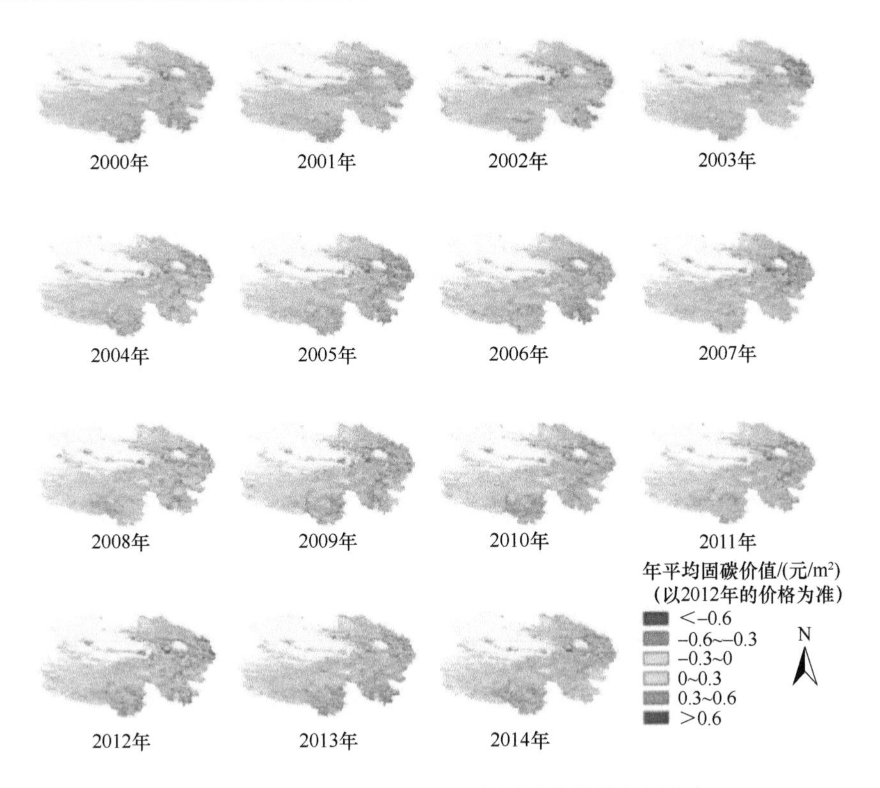

图9-20　青海省2000～2014年固碳价值的空间分布

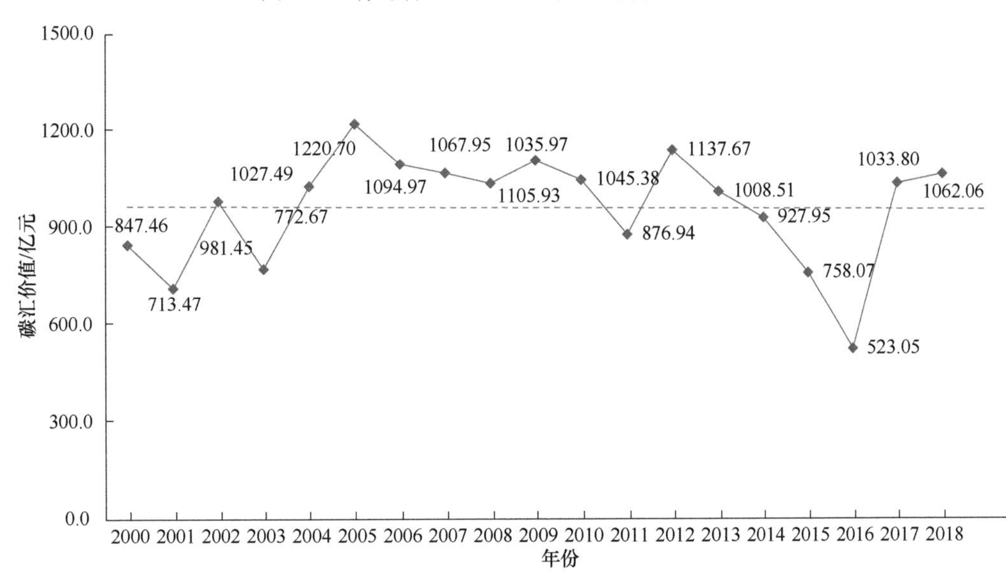

图9-21　青海省2000～2018年固碳价值变化

表9-6　2000～2018年青海省及各市（州）碳汇价值　（单位：亿元）

年份	西宁市	海东市	海北州	黄南州	海南州	果洛州	玉树州	海西州	青海省
2000	6.74	35.66	73.49	45.06	102.37	228.11	234.87	121.14	847.46
2001	7.73	36.78	75.50	47.72	52.37	151.26	216.92	125.19	713.47

续表

年份	西宁市	海东市	海北州	黄南州	海南州	果洛州	玉树州	海西州	青海省
2002	13.75	35.04	78.17	59.67	72.19	204.95	236.79	280.88	981.45
2003	20.59	91.77	114.50	46.41	107.28	117.81	169.44	104.87	772.67
2004	15.16	58.14	96.70	62.34	142.04	225.15	291.06	136.91	1027.49
2005	17.30	77.22	108.02	72.47	167.06	255.74	313.10	209.78	1220.70
2006	15.01	50.18	100.69	69.53	129.04	295.98	284.55	149.99	1094.97
2007	21.15	71.56	142.39	62.01	180.23	144.37	186.32	259.92	1067.95
2008	16.68	54.64	91.42	58.06	128.66	228.90	274.04	183.57	1035.97
2009	14.50	46.00	109.01	50.33	151.00	225.56	308.82	200.70	1105.93
2010	15.43	43.73	120.49	53.26	139.37	221.37	267.86	183.86	1045.38
2011	11.84	57.83	107.53	61.29	151.14	179.12	172.24	135.95	876.94
2012	13.83	85.05	91.98	58.25	148.92	224.06	309.44	206.15	1137.67
2013	13.19	49.64	95.58	67.54	102.00	266.58	271.40	142.58	1008.51
2014	12.70	52.46	109.87	29.28	149.15	110.81	324.11	139.58	927.95
2015	13.39	22.85	78.79	53.10	86.76	244.10	231.91	27.16	758.07
2016	8.43	15.71	66.92	39.12	62.77	161.01	126.07	43.03	523.05
2017	11.84	37.65	83.04	56.46	130.16	206.61	362.77	145.27	1033.80
2018	18.13	77.11	106.04	70.46	162.15	231.58	250.56	146.01	1062.06

根据表9-7，2000～2018年青海省各生态系统类型平均碳汇价值占比依次为：草地（65.61%）＞其他（14.74%）＞灌木（9.11%）＞湿地（6.08%）＞耕地（2.92%）＞乔木（1.10%）＞人工表面（0.43%）。

表9-7 青海省各生态系统类型碳汇价值 （单位：亿元）

年份	乔木	灌木	草地	湿地	耕地	人工表面	其他	全省
2000	9.62	77.45	563.30	54.25	20.85	2.73	123.04	851.24
2001	8.57	64.71	481.30	37.68	20.65	2.35	103.19	718.46
2002	9.48	83.47	664.96	47.68	23.02	3.06	154.25	985.93
2003	12.77	70.20	489.25	42.62	44.45	3.73	109.48	772.49
2004	13.16	99.02	680.35	54.98	32.36	3.90	148.51	1032.27
2005	13.39	108.55	807.93	72.73	39.48	4.94	179.46	1226.48
2006	11.67	105.83	729.01	71.25	26.61	4.09	151.35	1099.81
2007	13.11	84.81	688.16	55.68	40.82	4.88	176.36	1063.82
2008	11.34	87.86	668.77	69.28	28.41	3.82	167.55	1037.03
2009	10.22	96.51	724.31	67.87	30.79	4.25	175.35	1109.31
2010	10.91	96.69	680.51	58.56	27.32	4.38	166.42	1044.80
2011	11.18	82.89	567.13	51.38	30.76	4.10	126.98	874.41
2012	14.88	105.58	725.48	61.00	40.12	4.77	187.23	1139.05

续表

年份	乔木	灌木	草地	湿地	耕地	人工表面	其他	全省
2013	11.77	105.57	659.64	59.75	25.19	4.10	143.58	1009.60
2014	9.42	66.79	606.37	66.86	30.17	3.72	146.89	930.22
2015	6.60	81.62	502.23	60.98	12.81	4.76	91.71	760.70
2016	5.38	56.79	356.00	33.74	7.60	3.02	62.66	525.19
2017	7.40	81.70	701.99	84.82	18.06	4.72	142.69	1041.39
2018	10.69	110.37	703.55	61.22	34.66	7.29	139.00	1066.77

注：其他类型包括苔藓/地衣、裸岩、戈壁、裸土、沙漠、盐碱地、冰川/永久积雪。

9.1.2　释放氧气量及价值

1. 青海省各市（州）释放氧气量

青海省2000～2018年释放氧气平均达2.11亿t（表9-8），各市（州）释放氧气平均量依次为：玉树州（5594.25万t）>果洛州（4541.70万t）>海西州（3406.55万t）>海南州（2737.55万t）>海北州（2141.86万t）>黄南州（1229.88万t）>海东市（1156.56万t）>西宁市（309.57万t）。

表9-8　2000～2018年青海省及各市（州）释放氧气量　（单位：万t）

年份	西宁市	海东市	海北州	黄南州	海南州	果洛州	玉树州	海西州	青海省
2000	148.31	784.47	1616.60	991.19	2251.80	5017.53	5166.25	2664.55	18640.73
2001	170.13	808.93	1660.61	1049.60	1151.98	3327.03	4771.48	2753.70	15693.45
2002	302.46	770.68	1719.55	1312.56	1588.01	4508.03	5208.52	6178.24	21588.00
2003	452.94	2018.49	2518.45	1020.93	2359.76	2591.34	3726.95	2306.79	16995.62
2004	333.56	1278.75	2126.99	1371.16	3124.23	4952.43	6402.11	3011.42	22600.64
2005	380.63	1698.53	2376.08	1594.01	3674.73	5625.32	6886.89	4614.36	26850.53
2006	330.17	1103.84	2214.70	1529.47	2838.46	6510.36	6258.89	3299.21	24085.12
2007	465.15	1574.12	3131.99	1363.88	3964.36	3175.65	4098.25	5717.30	23490.70
2008	366.95	1201.80	2010.84	1277.09	2830.06	5034.98	6027.74	4037.84	22787.30
2009	318.97	1011.89	2397.90	1107.10	3321.40	4961.47	6792.74	4414.63	24326.13
2010	339.35	961.93	2650.28	1171.45	3065.64	4869.33	5891.94	4044.27	22994.18
2011	260.38	1272.13	2365.23	1348.12	3324.39	3939.91	3788.58	2990.43	19289.16
2012	304.14	1870.79	2023.08	1281.25	3275.56	4928.48	6806.50	4534.41	25024.22
2013	290.14	1091.95	2102.29	1485.49	2243.61	5863.77	5969.73	3136.15	22183.17
2014	279.37	1153.85	2416.68	643.97	3280.65	2437.37	7129.08	3070.20	20411.16
2015	294.41	502.54	1733.10	1168.09	1908.48	5369.31	5101.17	597.41	16674.51
2016	185.33	345.64	1471.89	860.56	1380.60	3541.56	2773.01	946.44	11505.04
2017	260.43	828.16	1826.49	1242.00	2863.00	4544.51	7979.58	3195.39	22739.59
2018	398.90	1696.16	2332.56	1549.82	3566.71	5093.89	5511.33	3211.73	23361.08

2. 青海省各生态系统类型释放氧气量

根据表9-9，2000～2018年青海省各生态系统类型平均释放氧气量占比依次为：草地（53.40%）>其他（35.29%）>湿地（6.98%）>灌木（2.84%）>耕地（0.96%）>乔木（0.28%）>人工表面（0.25%）。

表9-9 青海省各生态系统类型释放氧气量 （单位：万t）

年份	乔木	灌木	草地	湿地	耕地	人工表面	其他	全省
2000	0.05	0.48	8.99	1.14	0.19	0.03	6.17	17.06
2001	0.05	0.47	9.07	1.16	0.19	0.03	6.24	17.20
2002	0.05	0.47	8.94	1.14	0.19	0.03	6.18	17.00
2003	0.08	0.67	11.37	1.44	0.26	0.04	7.31	21.16
2004	0.07	0.65	10.98	1.39	0.25	0.04	7.17	20.54
2005	0.06	0.53	9.41	1.21	0.18	0.04	6.20	17.63
2006	0.06	0.53	9.69	1.24	0.18	0.04	6.40	18.14
2007	0.06	0.53	9.27	1.19	0.18	0.04	6.05	17.32
2008	0.04	0.42	8.42	1.16	0.13	0.03	5.42	15.62
2009	0.04	0.41	8.75	1.22	0.13	0.03	5.59	16.17
2010	0.04	0.44	8.97	1.25	0.14	0.04	5.82	16.70
2011	0.04	0.42	8.96	1.22	0.13	0.04	5.96	16.76
2012	0.04	0.42	9.07	1.24	0.13	0.04	5.94	16.88
2013	0.03	0.39	8.21	1.12	0.13	0.04	5.54	15.46
2014	0.04	0.39	8.35	1.11	0.12	0.03	5.38	15.41
2015	0.04	0.49	8.62	1.07	0.14	0.06	5.62	16.06
2016	0.04	0.48	7.79	0.97	0.14	0.07	5.21	14.71
2017	0.04	0.46	7.92	1.02	0.14	0.07	5.29	14.94
2018	0.04	0.44	7.93	1.02	0.13	0.06	5.32	14.94

注：其他类型包括苔藓/地衣、裸岩、戈壁、裸土、沙漠、盐碱地、冰川/永久积雪。

3. 青海省释放氧气价值

2000～2018年青海省释放氧气价值平均达2448.54亿元（表9-10），各市（州）释放氧气平均价值依次为：玉树州（648.63亿元）>果洛州（526.59亿元）>海西州（394.98亿元）>海南州（317.41亿元）>海北州（248.34亿元）>黄南州（142.60亿元）>海东市（134.10亿元）>西宁市（35.89亿元）。

表9-10 2000～2018年青海省及各市（州）释放氧气价值 （单位：亿元）

年份	西宁市	海东市	海北州	黄南州	海南州	果洛州	玉树州	海西州	青海省
2000	17.20	90.96	187.44	114.92	261.09	581.76	599.01	308.94	2161.32
2001	19.73	93.79	192.54	121.70	133.57	385.76	553.23	319.28	1819.59

续表

年份	西宁市	海东市	海北州	黄南州	海南州	果洛州	玉树州	海西州	青海省
2002	35.07	89.36	199.37	152.19	184.12	522.69	603.91	716.34	2503.04
2003	52.52	234.04	292.00	118.37	273.60	300.46	432.12	267.46	1970.57
2004	38.68	148.27	246.62	158.98	362.24	574.21	742.30	349.16	2620.45
2005	44.13	196.94	275.50	184.82	426.07	652.23	798.51	535.02	3113.21
2006	38.28	127.99	256.79	177.34	329.11	754.85	725.69	382.53	2792.57
2007	53.93	182.51	363.14	158.14	459.65	368.20	475.18	662.90	2723.65
2008	42.55	139.34	233.15	148.07	328.13	583.79	698.89	468.17	2642.10
2009	36.98	117.32	278.03	128.36	385.10	575.26	787.59	511.86	2820.52
2010	39.35	111.53	307.29	135.83	355.45	564.58	683.15	468.92	2666.08
2011	30.19	147.50	274.24	156.31	385.45	456.82	439.27	346.73	2236.50
2012	35.26	216.91	234.57	148.56	379.79	571.44	789.19	525.75	2901.46
2013	33.64	126.61	243.75	172.24	260.14	679.88	692.17	363.62	2572.05
2014	32.39	133.78	280.20	74.67	380.38	282.60	826.59	355.98	2366.59
2015	34.14	58.27	200.95	135.44	221.28	622.55	591.46	69.27	1933.34
2016	21.49	40.08	170.66	99.78	160.07	410.63	321.52	109.74	1333.96
2017	30.20	96.02	211.77	144.00	331.95	526.92	925.20	370.49	2636.56
2018	46.25	196.66	270.45	179.70	413.55	590.62	639.02	372.39	2708.62

4. 青海省各生态系统类型释放氧气价值

根据表9-11，2000～2018年青海省各生态系统类型平均氧气释放价值占比依次为：草地（65.89%）>其他（14.47%）>灌木（9.08%）>湿地（6.12%）>耕地（2.93%）>乔木（1.08%）>人工表面（0.43%）。

表9-11 青海省各生态系统类型释放氧气价值 （单位：亿元）

年份	乔木	灌木	草地	湿地	耕地	人工表面	其他	全省
2000	23.44	196.69	1445.47	139.59	55.06	7.09	302.30	2169.64
2001	20.69	162.51	1231.03	96.78	53.82	6.31	258.73	1829.87
2002	23.24	211.26	1699.57	121.24	60.13	8.21	390.57	2514.22
2003	31.45	176.48	1257.98	109.19	115.40	9.59	270.31	1970.40
2004	32.38	250.42	1746.06	141.68	84.41	9.97	370.27	2635.19
2005	33.56	275.85	2071.59	185.76	101.63	12.82	447.20	3128.41
2006	29.12	268.40	1866.43	182.86	68.52	10.33	380.98	2806.65
2007	32.71	216.72	1765.89	142.96	105.47	12.62	439.27	2715.65
2008	27.82	222.27	1719.64	177.70	73.86	9.95	416.51	2647.75
2009	25.44	245.62	1859.46	174.23	79.19	10.97	434.30	2829.21
2010	26.99	246.30	1746.98	149.65	70.51	11.33	414.11	2665.87

续表

年份	乔木	灌木	草地	湿地	耕地	人工表面	其他	全省
2011	27.72	210.56	1460.52	131.99	78.22	10.52	312.35	2231.87
2012	37.17	268.46	1860.09	156.91	103.49	12.45	465.63	2904.20
2013	29.42	268.06	1692.44	152.50	64.65	10.52	357.68	2575.26
2014	23.50	170.34	1557.39	170.11	76.90	9.73	365.72	2373.68
2015	17.49	209.72	1277.48	158.50	30.24	11.68	237.56	1942.68
2016	14.40	145.34	904.07	87.83	17.35	7.55	162.31	1338.85
2017	19.48	209.35	1791.12	217.61	43.87	11.78	366.88	2660.10
2018	27.76	281.83	1793.77	159.08	85.26	18.29	359.26	2725.26

注：其他类型包括苔藓/地衣、裸岩、戈壁、裸土、沙漠、盐碱地、冰川/永久积雪。

9.1.3 空气净化服务量及价值

1. 青海省空气净化量

全省年均净化CO量为6216.3t（表9-12）。净化CO服务主要集中在青海省东北部的祁连县、刚察县、门源回族自治县和东南部的玛沁县和班玛县等；其中，门源回族自治县年吸收CO量达1100t。净化CO服务低值区主要分布在青海省西部及中部。2000年、2005年、2010年净化CO服务空间分布格局相似，2015年净化CO服务空间格局发生较大变化，主要集中在青海省中部的都兰县、共和县、兴海县等。

表9-12 青海省各市（州）净化CO物质量 （单位：t）

年份	西宁市	海东市	海北州	黄南州	海南州	果洛州	玉树州	海西州	全省
2000	459.7	854.7	1652.7	685.1	584.1	1529.5	582.3	45.1	6393.6
2005	465.0	833.6	1652.7	679.1	584.1	1529.6	582.4	45.2	6371.8
2010	465.0	833.7	1652.8	679.1	584.1	1529.6	582.4	45.2	6371.9
2015	439.9	939.5	1274.2	774.2	575.0	1315.0	340.6	69.4	5728.1

年均净化NO_2约29085.25t（表9-13）。净化NO_2服务主要集中在青海省东北部的门源回族自治县，吸收NO_2量达5200t。净化NO_2服务低值区主要分布在青海省西部及中部。2000年、2005年、2010年净化NO_2服务空间分布格局相似，2015年净化NO_2服务空间格局发生较大变化，主要集中在青海省中部的都兰县和南部的囊谦县等。

表9-13 青海省各市（州）净化NO_2物质量 （单位：t）

年份	西宁市	海东市	海北州	黄南州	海南州	果洛州	玉树州	海西州	全省
2000	2150.9	3999.3	7733.2	3205.5	2732.9	7156.6	2724.7	211.4	29914.8
2005	2175.7	3900.7	7733.2	3177.5	2733	7156.6	2724.7	211.4	29813
2010	2175.7	3900.7	7733.2	3177.5	2733	7156.7	2724.8	211.4	29813.2
2015	2058.3	4396.1	5961.9	3622.5	2690.4	6152.8	1594.1	324.8	26801.2

年均净化O_3约56157t（表9-14）。净化O_3服务主要集中在青海省东北部的祁连县、刚察县、门源回族自治县和东南部的玛沁县和班玛县等；其中，门源回族自治县年吸收O_3量达11000t。净化O_3服务低值区主要分布在青海省西部及中部。2000年、2005年、2010年净化NO_2服务空间分布格局相似，2015年净化O_3服务空间格局发生较大变化，主要表现在青海省北部的天峻县发生较大变化。

表9-14 青海省各市（州）净化O_3物质量 （单位：t）

年份	西宁市	海东市	海北州	黄南州	海南州	果洛州	玉树州	海西州	全省
2000	4152.9	7721.7	14931	6189.2	5276.8	13817.9	5260.9	408.2	57758
2005	4200.7	7531.3	14931	6135.1	5276.7	13817.8	5260.9	408.1	57562.1
2010	4200.7	7531.3	14931	6135.1	5276.8	13817.9	5260.9	408.2	57562
2015	3974.2	8487.8	11511.1	6994.2	5194.5	11879.7	3077.7	627.1	51746.7

年均净化PM_{10}约50000t（表9-15）。净化PM_{10}服务主要集中在青海省东北部的门源回族自治县，年吸收PM_{10}量达10000t。净化PM_{10}服务低值区主要分布在青海省西部及中部。2000年、2005年、2010年净化PM_{10}服务空间分布格局相似，2015年净化PM_{10}服务空间格局发生较大变化，主要表现在青海省中部都兰县以及北部的天峻县、祁连县、刚察县等。

表9-15 青海省各市（州）净化PM_{10}物质量 （单位：t）

年份	西宁市	海东市	海北州	黄南州	海南州	果洛州	玉树州	海西州	全省
2000	3852.5	7163.1	13850.8	5741.4	4895.1	12818.2	4880.3	378.6	53580.2
2005	3896.8	6986.5	13850.8	5691.2	4895.0	12818.3	4880.3	378.6	53397.8
2010	3896.9	6986.5	13850.9	5691.3	4895.0	12818.3	4880.3	378.6	53397.9
2015	3686.7	7160.8	713	6488.2	4818.7	11020.3	2855.1	581.8	37324.8

年均净化SO_2约18840t（表9-16）。净化SO_2服务主要集中在青海省东北部的门源回族自治县和大通回族自治区，其中，门源回族自治县年吸收SO_2量高达3400t。净化SO_2服务低值区主要分布在青海省西部及中部。2000年、2005年、2010年净化SO_2服务空间分布格局相似，2015年净化SO_2服务空间格局发生较大变化，主要表现在青海省北部的天峻县、祁连县、刚察县等。

表9-16 青海省各市（州）净化SO_2物质量 （单位：t）

年份	西宁市	海东市	海北州	黄南州	海南州	果洛州	玉树州	海西州	全省
2000	1393.4	2590.7	5009.6	2076.6	1770.4	4636.1	1765.1	136.9	19378.9
2005	1409.4	2526.8	5009.6	2058.4	1770.4	4636.1	1765.1	136.9	19313.0
2010	1409.4	2526.9	5009.6	2058.4	1770.4	4636.1	1765.1	136.9	19313.0
2015	1333.4	2847.8	3862.1	2346.6	1742.8	3985.8	1032.6	210.4	17361.9

2. 市（州）空气净化量

在市（州）尺度上，海北州、果洛州、海东市净化CO服务高，年均分别为1558.1t、1476t、865.3t，海西州净化CO最低，约51t，但海西州2015年相比之前有所增加，约70t；海北州、果洛州、海东市净化NO_2服务高，年均分别为7290t、6905.6t、4049.2t，海西州最低，约239.7t，但海西州2015年相比之前有所增加，约320t；海北州、果洛州、海东市净化O_3服务高，年均分别为14076t、13333t、7818t，海西州最低，约462.8t。海西州2015年净化O_3服务相比之前有所增加，约627t；海北州、果洛州净化PM_{10}服务高，年均分别为14000t、12000t，海西州最低，约400t左右。海西州和玉树州2015年净化O_3服务相比之前有所增加，分别约580t和2800t，但海北州2015年几乎没有PM_{10}净化服务；海北州、果洛州净化SO_2服务高，年均分别为4000t、4600t，海西州最低，约160t。海西州2015年相比之前有所增加，约210t。

整体上，海北州和果洛州是空气净化服务的热点区域，而海西州、玉树州和海南州是空气净化服务相对较低的区域，但是海西州空气净化服务在2015年相比之前有显著增加。

3. 青海省各生态系统类型空气净化量

根据表9-17，2000～2015年青海省各生态系统类型平均CO净化量占比依次为：草地（58.28%）>灌木（17.47%）>其他（9.17%）>耕地（7.77%）>乔木（3.37%）>湿地（3.22%）>人工表面（0.70%）。

表9-17 青海省各生态系统类型CO净化量 （单位：t）

年份	乔木	灌木	草地	湿地	耕地	人工表面	其他	全省
2000	242.89	1162.62	3713.57	203.39	549.11	37.50	612.14	6521.22
2005	242.18	1164.64	3737.31	203.92	498.65	41.77	611.33	6499.80
2010	242.18	1164.52	3741.23	205.04	493.40	42.85	610.57	6499.79
2015	127.57	933.76	3571.87	203.92	428.04	55.23	490.00	5810.39

注：其他类型包括苔藓/地衣、裸岩、戈壁、裸土、沙漠、盐碱地、冰川/永久积雪。

根据表9-18，2000～2015年青海省各生态系统类型平均NO_2净化量占比依次为：草地（58.28%）>灌木（17.47%）>其他（9.17%）>耕地（7.77%）>乔木（3.37%）>湿地（3.22%）>人工表面（0.70%）。

表9-18 青海省各生态系统类型NO_2净化量 （单位：t）

年份	乔木	灌木	草地	湿地	耕地	人工表面	其他	全省
2000	1136.47	5439.76	17375.33	951.62	2569.23	175.46	2864.14	30512.01
2005	1133.12	5449.20	17486.39	954.13	2333.14	195.42	2860.35	30411.75
2010	1133.12	5448.64	17504.76	959.37	2308.56	200.47	2856.80	30411.72
2015	596.87	4368.93	16712.33	954.11	2002.75	258.40	2292.67	27186.06

注：其他类型包括苔藓/地衣、裸岩、戈壁、裸土、沙漠、盐碱地、冰川/永久积雪。

根据表9-19，2000～2015年青海省各生态系统类型平均O_3净化量占比依次为：草地（58.28%）>灌木（17.47%）>其他（9.17%）>耕地（7.77%）>乔木（3.37%）>湿地（3.22%）>人工表面（0.70%）。

表9-19　青海省各生态系统类型O_3净化量　（单位：t）

年份	乔木	灌木	草地	湿地	耕地	人工表面	其他	全省
2000	2194.26	10502.90	33547.66	1837.35	4960.57	338.77	5529.97	58911.48
2005	2187.79	10521.12	33762.10	1842.20	4504.74	377.30	5522.66	58717.91
2010	2187.79	10520.05	33797.57	1852.32	4457.29	387.06	5515.81	58717.89
2015	1152.42	8435.37	32267.57	1842.17	3866.84	498.91	4426.60	52489.88

注：其他类型包括苔藓/地衣、裸岩、戈壁、裸土、沙漠、盐碱地、冰川/永久积雪。

根据表9-20，2000～2015年青海省各生态系统类型平均PM_{10}净化量占比依次为：草地（58.22%）>灌木（17.62%）>其他（8.98%）>耕地（7.92%）>乔木（3.42%）>湿地（3.13%）>人工表面（0.71%）。

表9-20　青海省各生态系统类型PM_{10}净化量　（单位：t）

年份	乔木	灌木	草地	湿地	耕地	人工表面	其他	全省
2000	2035.52	9743.10	31120.77	1704.43	4601.72	314.27	5129.92	54649.73
2005	2029.53	9760.00	31319.69	1708.93	4178.86	350.01	5123.14	54470.16
2010	2029.53	9759.01	31352.60	1718.32	4134.84	359.06	5116.79	54470.15
2015	1023.79	7406.60	27367.50	1384.84	3576.87	447.95	3310.91	44518.46

注：其他类型包括苔藓/地衣、裸岩、戈壁、裸土、沙漠、盐碱地、冰川/永久积雪。

根据表9-21，2000～2015年青海省各生态系统类型平均SO_2净化量占比依次为：草地（58.28%）>灌木（17.47%）>其他（9.17%）>耕地（7.77%）>乔木（3.37%）>湿地（3.22%）>人工表面（0.70%）。

表9-21　青海省各生态系统类型SO_2净化量　（单位：t）

年份	乔木	灌木	草地	湿地	耕地	人工表面	其他	全省
2000	736.21	3523.89	11255.78	616.46	1664.35	113.66	1855.39	19765.74
2005	734.04	3530.00	11327.73	618.09	1511.41	126.59	1852.94	19700.80
2010	734.04	3529.65	11339.63	621.48	1495.49	129.87	1850.64	19700.80
2015	386.65	2830.20	10826.29	618.08	1297.39	167.39	1485.20	17611.20

注：其他类型包括苔藓/地衣、裸岩、戈壁、裸土、沙漠、盐碱地、冰川/永久积雪。

4. 青海省空气净化价值

全省年均净化CO价值约0.8亿元（表9-22），门源回族自治县年吸收CO价值达1500万元。净化CO服务低值区主要分布在青海省西部及中部。年均净化NO_2价值约27亿元（表9-23），净化NO_2服务主要集中在青海省东北部的门源回族自治县，净化NO_2价值达4.8亿元。年均净化O_3价值约52亿元（表9-24），年均净化PM_{10}价值约31亿元（表9-25）。年均净化SO_2价值约7.5亿元（表9-26），净化SO_2服务主要集中在青海省东北部的门源回族自治县和大通回族自治区。全省年均净化空气服务价值约92.25亿元。

表9-22 青海省各市（州）净化CO价值 （单位：亿元）

年份	西宁市	海东市	海北州	黄南州	海南州	果洛州	玉树州	海西州	全省
2000	0.06	0.11	0.22	0.09	0.08	0.2	0.08	0.06	0.84
2005	0.06	0.11	0.22	0.09	0.08	0.2	0.08	0.06	0.83
2010	0.06	0.12	0.22	0.09	0.08	0.2	0.08	0.06	0.83
2015	0.06	0.12	0.17	0.10	0.07	0.17	0.04	0.01	0.75

表9-23 青海省各市（州）净化NO_2价值 （单位：亿元）

年份	西宁市	海东市	海北州	黄南州	海南州	果洛州	玉树州	海西州	全省
2000	1.99	2.71	7.16	2.96	2.53	6.63	2.52	0.2	27.7
2005	2.01	3.61	7.16	2.94	2.53	6.63	2.52	0.19	27.6
2010	2.01	3.61	7.16	2.94	2.53	6.63	2.53	0.19	27.7
2015	1.91	4.07	5.52	3.35	2.49	5.70	1.48	0.3	24.8

表9-24 青海省各市（州）净化O_3价值 （单位：亿元）

年份	西宁市	海东市	海北州	黄南州	海南州	果洛州	玉树州	海西州	全省
2000	3.8	7.1	13.8	5.7	4.9	12.8	4.9	0.4	53.5
2005	3.9	7.0	13.8	5.7	4.9	12.8	4.9	0.4	53.4
2010	3.9	7.0	13.8	5.7	4.9	12.8	4.9	0.4	53.4
2015	3.7	7.9	10.7	6.5	4.8	11.0	2.85	0.6	48

表9-25 青海省各市（州）净化PM_{10}价值 （单位：亿元）

年份	西宁市	海东市	海北州	黄南州	海南州	果洛州	玉树州	海西州	全省
2000	2.38	4.43	8.56	3.54	3.02	7.92	3.02	0.23	33.11
2005	2.41	4.32	8.56	3.51	3.02	7.92	3.02	0.24	33
2010	2.41	4.32	8.57	3.51	3.02	7.92	3.02	0.24	33.1
2015	2.28	4.43	0.44	4.0	3.0	6.81	1.76	0.36	23.1

表9-26 青海省各市（州）净化SO_2价值 （单位：亿元）

年份	西宁市	海东市	海北州	黄南州	海南州	果洛州	玉树州	海西州	全省
2000	0.55	1.03	1.99	0.82	0.71	1.84	0.7	0.05	7.69
2005	0.56	1.01	1.99	0.82	0.70	1.84	0.7	0.05	7.67
2010	0.56	1.00	1.99	0.82	0.70	1.84	0.7	0.05	7.66
2015	0.53	1.13	1.53	0.93	0.69	1.58	0.41	0.08	6.89

5. 市（州）空气净化价值

在市（州）尺度上，海北州、果洛州净化CO服务价值高，年均均为0.2亿元；海北州、果洛州、海东市净化NO_2服务价值高，年均分别为5.6亿元、5.5亿元、4.2亿元；海北州、果洛州净化O_3服务价值高，年均分别为13亿元、12亿元；海北州、果洛州净化PM_{10}服务价值高，年均分别为8.6亿元、8亿元。海北州、果洛州净化SO_2服务价值高，年均均为1.5亿元。

整体上，海北州和果洛州是空气净化服务价值较高的区域，而海西州、玉树州和海南州是空气净化服务价值相对较低的区域，但是海西州空气净化服务价值在2015年相比之前有显著增加。

6. 青海省各生态系统类型净化空气价值

根据表9-27，2000～2018年青海省各生态系统类型平均净化空气价值占比依次为：草地（58.08%）＞灌木（17.66%）＞其他（9.05%）＞耕地（7.92%）＞乔木（3.47%）＞湿地（3.13%）＞人工表面（0.69%）。

表9-27　青海省各生态系统类型净化空气价值　（单位：亿元）

年份	乔木	灌木	草地	湿地	耕地	人工表面	其他	全省
2000	4.67	22.35	71.38	3.91	10.55	0.72	11.77	125.34
2001	4.67	22.35	71.38	3.91	10.55	0.72	11.77	125.34
2002	4.67	22.35	71.38	3.91	10.55	0.72	11.77	125.34
2003	4.67	22.35	71.38	3.91	10.55	0.72	11.77	125.34
2004	4.67	22.35	71.38	3.91	10.55	0.72	11.77	125.34
2005	4.65	22.38	71.83	3.92	9.58	0.80	11.75	124.93
2006	4.65	22.38	71.83	3.92	9.58	0.80	11.75	124.93
2007	4.65	22.38	71.83	3.92	9.58	0.80	11.75	124.93
2008	4.65	22.38	71.83	3.92	9.58	0.80	11.75	124.93
2009	4.65	22.38	71.83	3.92	9.58	0.80	11.75	124.93
2010	4.65	22.38	71.91	3.94	9.48	0.82	11.74	124.93
2011	4.65	22.38	71.91	3.94	9.48	0.82	11.74	124.93
2012	4.65	22.38	71.91	3.94	9.48	0.82	11.74	124.93
2013	4.65	22.38	71.91	3.94	9.48	0.82	11.74	124.93
2014	4.65	22.38	71.91	3.94	9.48	0.82	11.74	124.93
2015	2.35	16.99	62.77	3.18	8.20	1.03	7.59	102.10
2016	2.35	16.99	62.77	3.18	8.20	1.03	7.59	102.10
2017	2.35	16.99	62.77	3.18	8.20	1.03	7.59	102.10
2018	2.35	16.99	62.77	3.18	8.20	1.03	7.59	102.10

注：其他类型包括苔藓/地衣、裸岩、戈壁、裸土、沙漠、盐碱地、冰川/永久积雪。

9.1.4 水电势能减排价值

2000～2018年全省水电势能碳减排价值年均为55亿元（表9-28），其中，玉树州和海西州水电势能碳减排价值相对较大，分别为21亿元和15亿元。西宁市水电势能碳减排价值最低，年均约0.37亿元。

表9-28 青海省各市（州）水电势能碳减排价值 （单位：亿元）

年份	西宁市	海东市	海北州	黄南州	海南州	果洛州	玉树州	海西州	全省
2000	0.28	1.11	1.65	1.25	2.26	7.98	19.87	11.36	45.77
2001	0.28	1.13	1.60	1.34	2.50	7.27	18.89	10.88	43.89
2002	0.28	1.12	1.74	1.21	2.62	6.86	18.71	14.66	47.21
2003	0.31	1.32	1.90	1.75	2.75	9.26	20.39	11.74	49.42
2004	0.29	1.25	1.64	1.69	3.06	9.11	19.24	11.94	48.22
2005	0.29	1.22	1.92	1.80	3.46	10.81	21.95	14.55	56.00
2006	0.28	1.08	1.70	1.33	2.62	7.57	16.55	10.69	41.82
2007	0.31	1.38	2.18	2.02	3.54	10.91	20.28	14.91	55.52
2008	0.35	1.65	2.10	2.05	3.01	8.21	22.26	14.69	54.33
2009	0.42	1.61	2.59	2.02	3.55	9.59	22.97	16.52	59.27
2010	0.41	1.47	2.63	1.82	3.06	8.57	20.11	16.27	54.34
2011	0.44	1.47	2.47	2.16	3.46	10.02	20.07	16.31	56.40
2012	0.41	1.71	2.48	2.11	3.87	9.94	20.81	15.65	56.98
2013	0.40	1.54	2.48	2.00	3.10	8.65	17.73	14.18	50.08
2014	0.49	1.67	2.93	1.82	3.15	9.69	22.74	14.94	57.44
2015	0.37	1.19	2.50	1.40	2.66	7.88	14.63	13.04	43.67
2016	0.48	1.80	3.62	2.16	4.11	10.17	22.82	18.70	63.85
2017	0.51	1.57	3.77	2.13	3.71	11.75	28.21	22.30	73.95
2018	0.49	1.98	3.46	2.91	4.73	12.70	29.88	23.27	79.42

根据表9-29，2000～2018年青海省各生态系统类型平均水电势能减排价值占比依次为：草地（64.58%）>其他（22.58%）>灌木（5.80%）>湿地（4.49%）>耕地（1.62%）>乔木（0.49%）>人工表面（0.44%）。

表9-29 青海省各生态系统类型水电势能减排价值 （单位：亿元）

年份	乔木	灌木	草地	湿地	耕地	人工表面	其他	全省
2000	0.21	2.60	32.01	2.36	0.86	0.10	10.36	48.50
2001	0.21	2.48	30.76	2.24	0.87	0.09	9.87	46.53
2002	0.20	2.29	32.26	2.25	0.90	0.10	11.83	49.83

续表

年份	乔木	灌木	草地	湿地	耕地	人工表面	其他	全省
2003	0.25	3.06	34.41	2.51	0.94	0.11	11.10	52.38
2004	0.23	2.89	33.65	2.42	0.94	0.11	10.74	50.98
2005	0.25	3.27	38.85	2.88	0.83	0.12	12.98	59.18
2006	0.20	2.48	28.90	2.10	0.81	0.10	9.62	44.21
2007	0.27	3.33	38.53	2.80	0.81	0.12	12.74	58.61
2008	0.31	3.33	36.76	2.60	0.99	0.22	13.18	57.39
2009	0.33	3.78	40.07	2.63	1.00	0.22	14.43	62.46
2010	0.30	3.41	36.46	2.52	0.97	0.23	13.36	57.25
2011	0.34	3.72	36.91	2.84	0.98	0.37	14.33	59.49
2012	0.35	3.82	38.05	2.75	1.03	0.30	13.77	60.07
2013	0.31	3.48	32.82	2.41	0.99	0.35	12.45	52.81
2014	0.34	3.84	38.29	2.83	1.04	0.34	13.99	60.67
2015	0.23	2.87	28.69	1.77	0.82	0.52	11.10	45.99
2016	0.33	3.90	43.72	2.75	1.00	0.46	15.00	67.17
2017	0.33	4.20	50.77	3.18	0.93	0.50	17.90	77.80
2018	0.41	4.73	55.23	3.34	1.00	0.43	18.54	83.69

注：其他类型包括苔藓/地衣、裸岩、戈壁、裸土、沙漠、盐碱地、冰川/永久积雪。

9.1.5 太阳能发电减排价值

2000～2018年全省太阳能发电碳减排价值年均为5.05亿元（表9-30），其中，海西州和玉树州太阳能发电平均碳减排价值相对较大，分别为3.27亿元和1.11亿元。西宁市太阳能发电碳减排价值最低，年均约85.27万元。

表9-30 2000～2018年青海省各市（州）太阳能发电碳减排潜力价值

（单位：亿元）

年份	西宁市	海东市	海北州	黄南州	海南州	果洛州	玉树州	海西州	全省
2000	0.009	0.03	0.14	0.05	0.17	0.27	1.11	3.22	5.00
2001	0.008	0.03	0.13	0.05	0.17	0.27	1.1	3.2	4.96
2002	0.008	0.03	0.13	0.05	0.17	0.28	1.11	3.13	4.91
2003	0.008	0.03	0.13	0.05	0.17	0.26	1.09	3.17	4.91
2004	0.008	0.03	0.14	0.05	0.17	0.27	1.12	3.22	5.01
2005	0.008	0.03	0.13	0.05	0.16	0.26	1.09	3.15	4.88
2006	0.009	0.04	0.14	0.05	0.18	0.26	1.05	3.08	4.81
2007	0.008	0.03	0.13	0.05	0.17	0.27	1.11	3.16	4.93
2008	0.009	0.04	0.14	0.05	0.18	0.27	1.1	3.33	5.12
2009	0.008	0.03	0.13	0.05	0.18	0.26	1.08	3.29	5.03

续表

年份	西宁市	海东市	海北州	黄南州	海南州	果洛州	玉树州	海西州	全省
2010	0.009	0.04	0.14	0.05	0.19	0.28	1.13	3.35	5.19
2011	0.009	0.04	0.14	0.05	0.19	0.28	1.14	3.43	5.28
2012	0.009	0.04	0.14	0.05	0.19	0.27	1.11	3.43	5.24
2013	0.009	0.04	0.14	0.05	0.19	0.29	1.15	3.52	5.39
2014	0.009	0.04	0.14	0.05	0.19	0.28	1.16	3.52	5.39
2015	0.009	0.04	0.14	0.05	0.19	0.28	1.14	3.33	5.18
2016	0.009	0.04	0.14	0.05	0.19	0.29	1.17	3.41	5.30
2017	0.008	0.03	0.13	0.05	0.17	0.26	1.07	3.16	4.88
2018	0.008	0.03	0.13	0.04	0.16	0.24	1.02	3.01	4.64

根据表9-31，2000～2018年青海省各生态系统类型平均太阳能发电碳减排价值占比依次为：其他（61.32%）＞草地（34.03%）＞湿地（2.66%）＞灌木（1.37%）＞耕地（0.39%）＞人工表面（0.24%）＞乔木（0.17%）。

表9-31 青海省各生态系统类型太阳能发电碳减排潜力价值 （单位：亿元）

年份	乔木	灌木	草地	湿地	耕地	人工表面	其他	全省
2000	0.01	0.07	1.71	0.13	0.02	0.01	3.10	5.03
2001	0.01	0.07	1.69	0.13	0.02	0.01	3.08	4.99
2002	0.01	0.07	1.69	0.13	0.02	0.01	3.02	4.94
2003	0.01	0.06	1.67	0.13	0.02	0.01	3.05	4.94
2004	0.01	0.07	1.70	0.13	0.02	0.01	3.09	5.03
2005	0.01	0.07	1.66	0.13	0.02	0.01	3.02	4.91
2006	0.01	0.07	1.64	0.13	0.02	0.01	2.96	4.82
2007	0.01	0.07	1.69	0.14	0.02	0.01	3.04	4.96
2008	0.01	0.07	1.72	0.14	0.02	0.01	3.18	5.15
2009	0.01	0.07	1.69	0.14	0.02	0.01	3.15	5.07
2010	0.01	0.07	1.76	0.15	0.02	0.01	3.21	5.21
2011	0.01	0.07	1.78	0.15	0.02	0.01	3.27	5.30
2012	0.01	0.07	1.75	0.14	0.02	0.01	3.27	5.26
2013	0.01	0.07	1.81	0.15	0.02	0.01	3.36	5.43
2014	0.01	0.07	1.81	0.15	0.02	0.01	3.36	5.42
2015	0.00	0.07	1.84	0.13	0.02	0.02	3.12	5.21
2016	0.01	0.07	1.89	0.13	0.02	0.02	3.19	5.34
2017	0.00	0.07	1.73	0.12	0.02	0.02	2.96	4.92
2018	0.00	0.07	1.65	0.12	0.02	0.02	2.81	4.68

注：其他类型包括苔藓/地衣、裸岩、戈壁、裸土、沙漠、盐碱地、冰川/永久积雪。

9.1.6　风能发电减排价值

全省风能发电碳减排潜力价值年均为7334.10万元（表9-32），其中，海西州和玉树州太阳能发电平均碳减排价值相对较大，分别为3507.36万元和2195.21万元。西宁市风能发电潜力碳减排价值最低，年均约28.18万元。

表9-32　2000～2018年青海省各市（州）风能发电碳减排潜力价值

（单位：万元）

年份	西宁市	海东市	海北州	黄南州	海南州	果洛州	玉树州	海西州	全省
2000	30.87	133.12	310.16	134.42	382.26	667.49	1931.07	3625.11	7214.49
2001	29.85	130.90	309.04	130.54	365.87	651.25	2243.12	3652.38	7512.96
2002	29.87	131.53	302.24	128.63	362.12	654.56	2213.42	3601.82	7424.20
2003	42.11	190.66	390.40	194.81	484.59	905.35	2787.52	4247.59	9243.03
2004	39.72	180.84	384.16	189.03	451.47	869.02	2698.99	4157.78	8971.01
2005	31.93	144.31	320.06	149.92	366.82	723.48	2334.24	3631.48	7702.24
2006	32.24	146.58	324.89	151.82	376.13	712.98	2413.77	3770.14	7928.55
2007	33.51	146.23	329.03	150.38	371.89	706.17	2256.40	3569.17	7562.76
2008	22.85	106.72	268.87	134.43	294.36	619.45	2110.97	3252.55	6810.21
2009	23.11	102.24	267.82	134.76	299.02	599.99	2265.50	3353.52	7045.97
2010	25.83	104.74	301.40	131.25	388.95	649.37	2187.28	3484.75	7273.56
2011	23.89	97.42	282.91	107.57	357.87	645.84	2270.65	3530.67	7316.82
2012	24.37	100.91	291.87	106.64	352.82	666.29	2308.88	3514.66	7366.44
2013	22.84	98.71	276.78	105.25	318.48	566.49	2069.67	3285.64	6743.87
2014	21.65	95.81	275.37	104.88	305.85	558.11	2128.00	3237.00	6726.66
2015	24.68	130.38	314.76	147.84	338.94	680.45	2051.99	3336.37	7025.42
2016	25.96	121.97	313.42	141.30	348.84	622.01	1731.78	3123.08	6428.35
2017	25.42	114.43	309.31	138.65	343.57	635.57	1819.75	3139.63	6526.31
2018	24.66	111.87	282.41	146.32	328.30	619.17	1885.92	3126.44	6525.08

根据表9-33，2000～2018年青海省各生态系统类型平均风能发电碳减排价值占比依次为：草地（53.39%）＞其他（35.29%）＞湿地（6.98%）＞灌木（2.84%）＞耕地（0.97%）＞乔木（0.28%）＞人工表面（0.25%）。

表9-33　青海省各生态系统类型风能发电碳减排潜力价值　（单位：万元）

年份	乔木	灌木	草地	湿地	耕地	人工表面	其他	全省
2000	24.27	213.71	3971.72	503.38	84.03	12.84	2726.23	7536.19
2001	23.57	207.81	4005.53	511.57	81.94	12.58	2757.22	7600.22
2002	23.46	205.95	3950.27	504.62	81.85	12.43	2731.07	7509.66

续表

年份	乔木	灌木	草地	湿地	耕地	人工表面	其他	全省
2003	33.55	297.67	5022.27	634.11	115.20	16.72	3231.43	9350.95
2004	31.99	285.39	4849.42	614.29	108.55	16.01	3169.01	9074.66
2005	25.83	233.47	4159.93	535.62	78.55	16.22	2738.21	7787.82
2006	26.06	234.27	4281.17	550.11	79.97	16.45	2829.14	8017.17
2007	26.33	234.18	4094.40	526.83	80.12	16.04	2672.90	7650.80
2008	17.83	185.04	3719.92	512.92	59.60	14.04	2394.29	6903.65
2009	16.72	181.49	3867.33	538.76	58.86	14.13	2468.84	7146.13
2010	17.19	193.98	3962.84	552.93	63.47	17.58	2571.96	7379.95
2011	15.98	184.88	3958.42	538.67	58.93	18.07	2631.31	7406.27
2012	16.04	187.63	4007.05	548.96	59.33	18.09	2622.66	7459.76
2013	15.32	171.98	3629.76	492.73	56.70	17.19	2448.00	6831.67
2014	15.49	174.31	3687.95	489.53	53.21	15.03	2375.35	6810.88
2015	19.71	216.36	3810.73	474.60	62.69	28.70	2484.05	7096.83
2016	18.03	210.70	3443.59	429.20	63.41	29.34	2304.07	6498.34
2017	16.85	203.85	3501.05	450.05	59.85	29.28	2339.56	6600.50
2018	15.91	194.85	3502.07	450.98	58.46	28.59	2349.38	6600.24

注：其他类型包括苔藓/地衣、裸岩、戈壁、裸土、沙漠、盐碱地、冰川/永久积雪。

9.2 水文调节服务量及价值

9.2.1 水文调节服务量

1. 青海省各市（州）水文调节服务量

2000～2018年，青海省年平均水文调节服务量近5800亿m^3（表9-34），随时间呈现上升趋势（图9-22）。根据图9-23，水文调节服务量高值区分布在青海省东南部，西北部是水文调节服务量的低值区域，由东南向西北逐渐递减。整体上，2003年之后，青海省水文调节服务量有显著提高，主要表现在西北部低值区逐渐减小。

表9-34 青海省各市（州）水文调节服务量 （单位：亿m^3）

年份	西宁市	海东市	海北州	黄南州	海南州	果洛州	玉树州	海西州	全省
2000	19.60	87.67	172.31	93.21	294.55	556.49	1673.04	2443.83	5340.69
2001	19.98	89.98	171.47	99.10	304.87	562.04	1670.12	2414.21	5331.78
2002	20.24	89.62	179.88	97.03	316.42	546.56	1661.40	2523.05	5434.19
2003	21.17	95.07	182.52	105.67	313.80	561.05	1676.03	2520.66	5475.96

续表

年份	西宁市	海东市	海北州	黄南州	海南州	果洛州	玉树州	海西州	全省
2004	20.82	95.05	183.95	114.74	330.12	584.23	1682.37	2509.86	5521.15
2005	20.47	91.82	185.77	113.93	339.30	608.40	1716.05	2561.44	5637.18
2006	20.74	91.26	187.31	115.30	334.91	607.74	1681.46	2528.41	5567.13
2007	19.46	89.49	179.46	107.93	324.47	562.28	1618.17	2535.12	5436.41
2008	23.78	116.64	200.40	134.46	347.27	599.90	1729.02	2702.10	5853.57
2009	23.67	107.71	202.04	128.11	339.50	585.46	1740.88	2769.54	5896.90
2010	25.22	105.00	211.73	126.89	340.99	596.27	1727.68	2843.30	5977.08
2011	25.12	98.85	207.18	129.38	338.96	583.66	1669.17	2835.13	5887.46
2012	26.12	113.06	209.60	137.38	356.42	603.31	1681.12	2827.22	5954.23
2013	24.55	105.79	208.09	132.52	337.24	580.13	1631.81	2796.03	5816.15
2014	26.40	109.17	214.62	124.48	330.60	578.22	1666.32	2758.08	5807.89
2015	24.01	92.92	211.26	112.77	322.24	556.74	1583.38	2750.74	5654.06
2016	25.80	110.61	233.93	131.95	354.80	585.05	1647.72	2833.53	5923.42
2017	26.80	105.03	248.66	129.48	353.09	592.19	1714.00	2964.43	6133.68
2018	25.71	108.41	237.71	143.35	367.66	605.67	1733.90	3020.13	6242.54

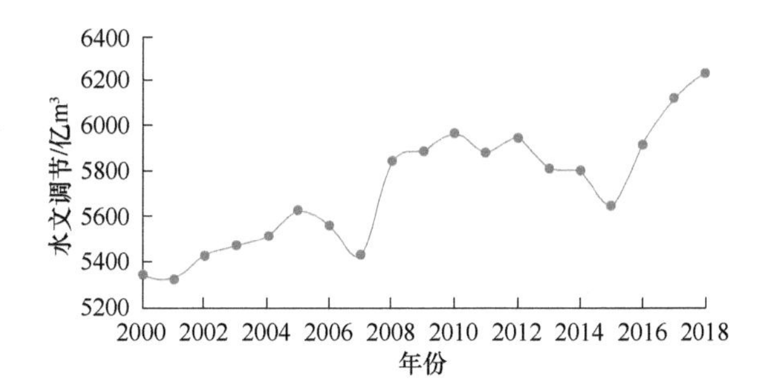

图9-22　青海省2000～2018年水文调节服务量变化

在市（州）尺度上，海西州是水文调节服务量的高值区，占全省水文调节服务的33%。其次为玉树州和果洛州，这两个州在2003年之后水文调节服务量均有显著增加，海北州水文调节服务量随时间变化也表现为显著增加。西宁市、海东市、黄南州是水文调节服务量的低值区。

2. 青海省各生态系统类型水文调节服务量

根据表9-35，2000～2018年青海省各生态系统类型平均水文调节服务量占比依次为：草地（52.14%）＞其他（36.99%）＞湿地（6.29%）＞灌木（2.44%）＞耕地（1.51%）＞人工表面（0.40%）＞乔木（0.24%）。

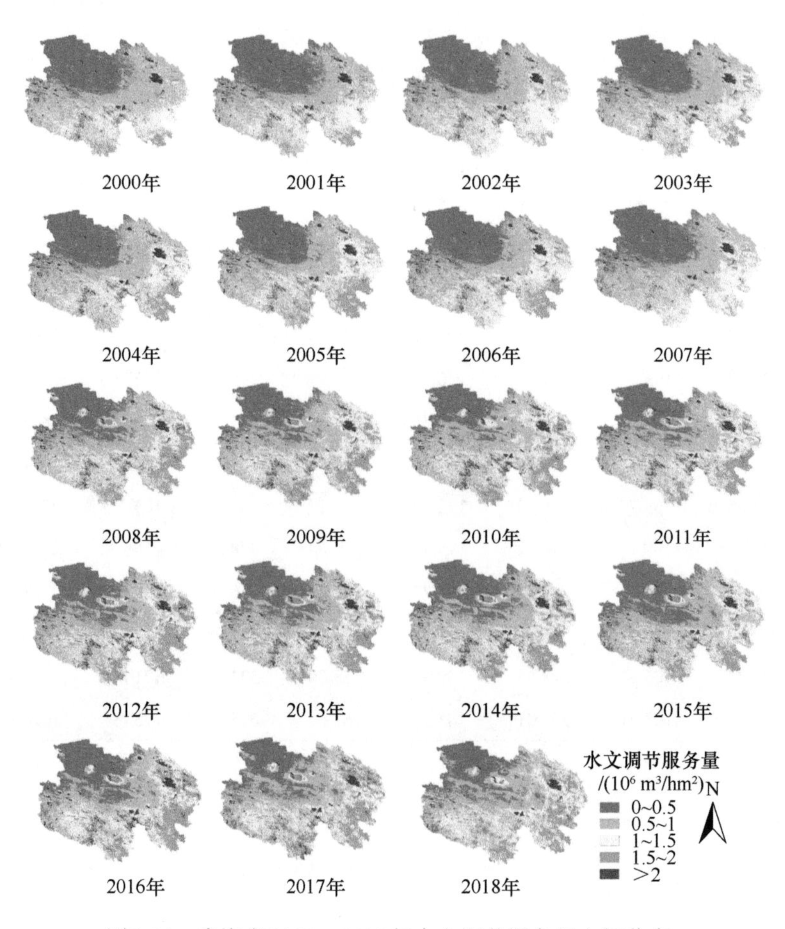

图9-23 青海省2000～2018年水文调节服务量空间分布

表9-35 青海省各生态系统类型水文调节服务量 （单位：亿m³）

年份	乔木	灌木	草地	湿地	耕地	人工表面	其他	全省
2000	10.73	111.12	2716.86	324.04	83.50	10.86	1879.03	5136.14
2001	11.00	113.23	2723.14	324.13	84.93	10.95	1864.43	5131.82
2002	10.76	108.60	2754.15	325.16	85.93	11.11	1925.40	5221.11
2003	11.96	120.20	2781.56	328.12	87.40	11.31	1921.25	5261.80
2004	11.96	123.93	2820.29	332.81	88.28	11.49	1915.12	5303.88
2005	12.05	134.16	2903.95	349.54	78.75	14.68	1936.06	5429.20
2006	11.78	127.96	2855.70	350.21	79.65	14.61	1920.32	5360.22
2007	11.40	121.28	2758.06	336.54	75.17	14.30	1915.29	5232.04
2008	15.11	142.97	2968.98	360.22	88.18	16.82	2043.20	5635.49
2009	14.31	142.26	2961.08	359.81	85.02	17.85	2098.34	5678.66
2010	14.19	141.37	2978.22	378.51	84.53	21.48	2129.48	5747.78
2011	13.95	138.96	2889.26	371.47	82.83	21.86	2140.11	5658.45

续表

年份	乔木	灌木	草地	湿地	耕地	人工表面	其他	全省
2012	15.98	149.74	2932.37	373.64	87.01	22.33	2140.30	5721.37
2013	14.26	138.19	2816.96	369.46	84.40	22.01	2131.37	5576.65
2014	14.41	142.33	2827.23	368.68	85.93	22.01	2113.06	5573.65
2015	11.29	130.24	2752.75	322.30	76.44	44.14	2093.89	5431.04
2016	13.76	150.17	2916.69	336.86	81.79	44.53	2136.55	5680.36
2017	13.85	157.67	3073.72	335.51	80.05	44.87	2203.01	5908.68
2018	14.31	161.86	3164.05	334.56	79.29	44.44	2229.17	6027.67

注：其他类型包括苔藓/地衣、裸岩、戈壁、裸土、沙漠、盐碱地、冰川/永久积雪。

9.2.2 水文调节服务价值

1. 青海省各市（州）水文调节服务价值

2000～2018年，青海省年平均水文调节服务价值约5000亿元（表9-36），根据图9-24，水文调节服务价值高值区分布在青海省东南部，西北部是水文调节服务价值的低值区，由东南向西北逐渐递减。整体上，2007年之后，青海省水文调节服务价值的西北部低值区有显著缩小，整体水文调节服务价值有显著提高。

表9-36 青海省各市（州）水文调节服务价值 （单位：亿元）

年份	西宁市	海东市	海北州	黄南州	海南州	果洛州	玉树州	海西州	全省
2000	16.82	75.22	147.84	79.97	252.72	477.47	1435.47	2096.81	4582.31
2001	17.14	77.20	147.12	85.03	261.58	482.23	1432.96	2071.39	4574.67
2002	17.37	76.89	154.34	83.25	271.49	468.95	1425.48	2164.78	4662.54
2003	18.16	81.57	156.60	90.66	269.24	481.38	1438.03	2162.73	4698.37
2004	17.86	81.55	157.83	98.45	283.24	501.27	1443.47	2153.46	4737.15
2005	17.56	78.78	159.39	97.75	291.12	522.01	1472.37	2197.72	4836.70
2006	17.79	78.30	160.71	98.93	287.35	521.44	1442.69	2169.38	4776.60
2007	16.70	76.78	153.98	92.60	278.40	482.44	1388.39	2175.13	4664.44
2008	20.40	100.08	171.94	115.37	297.96	514.71	1483.50	2318.40	5022.36
2009	20.31	92.42	173.35	109.92	291.29	502.32	1493.68	2376.27	5059.54
2010	21.64	90.09	181.66	108.87	292.57	511.60	1482.35	2439.55	5128.33
2011	21.55	84.81	177.76	111.01	290.83	500.78	1432.15	2432.54	5051.44
2012	22.41	97.01	179.84	117.87	305.81	517.64	1442.40	2425.75	5108.73
2013	21.06	90.77	178.54	113.70	289.35	497.75	1400.09	2398.99	4990.26
2014	22.65	93.67	184.14	106.80	283.65	496.11	1429.70	2366.43	4983.17
2015	20.60	79.73	181.26	96.76	276.48	477.68	1358.54	2360.13	4851.18

续表

年份	西宁市	海东市	海北州	黄南州	海南州	果洛州	玉树州	海西州	全省
2016	22.14	94.90	200.71	113.21	304.42	501.97	1413.74	2431.17	5082.29
2017	22.99	90.12	213.35	111.09	302.95	508.10	1470.61	2543.48	5262.70
2018	22.06	93.02	203.96	122.99	315.45	519.66	1487.69	2591.27	5356.10

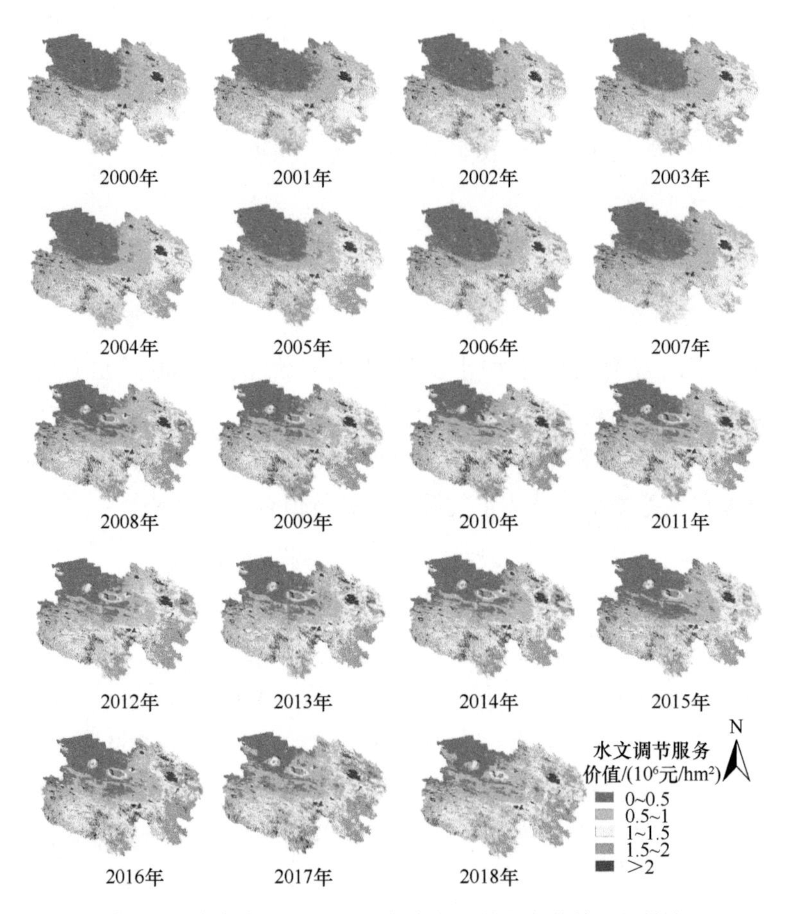

图9-24 青海省2000～2018年水文调节服务价值空间分布

在市（州）尺度上，玉树州和海西州是水文调节服务价值的高值区，年均水文调节服务价值分别达1440亿元和2310亿元，两者总和占全省水文调节服务价值的76%。其次为果洛州，年均水文调节价值约为500亿元。海北州、海东市和海南州的水文调节服务价值在2002年后表现为显著增加。西宁市水文调节服务价值最低，年平均价值不到20亿元。

2. 青海省各生态系统类型水文调节服务价值

根据表9-37，2000～2018年青海省各生态系统类型平均水文调节服务价值占比依次为：草地（51.49%）＞其他（36.73%）＞湿地（7.23%）＞灌木（2.41%）＞耕地

（1.49%）>人工表面（0.42%）>乔木（0.23%）。

表9-37 青海省各生态系统类型水文调节服务价值 （单位：亿元）

年份	乔木	灌木	草地	湿地	耕地	人工表面	其他	全省
2000	9.22	95.16	2332.96	322.67	71.96	9.65	1623.21	4464.83
2001	9.45	96.95	2338.37	322.64	73.18	9.73	1610.77	4461.10
2002	9.25	92.92	2365.01	323.89	74.04	9.88	1663.06	4538.05
2003	10.27	103.08	2388.40	327.39	75.29	10.04	1659.62	4574.10
2004	10.28	106.16	2421.82	332.03	76.04	10.20	1654.47	4611.01
2005	10.36	114.99	2493.86	346.57	67.86	13.08	1671.19	4717.91
2006	10.13	109.53	2452.27	347.88	68.66	13.02	1657.84	4659.34
2007	9.79	104.00	2368.28	335.29	64.73	12.76	1653.42	4548.26
2008	13.01	122.46	2549.60	359.25	75.96	15.22	1762.91	4898.40
2009	12.30	121.93	2542.79	359.50	73.22	16.39	1810.66	4936.78
2010	12.21	121.06	2557.33	377.79	72.83	19.63	1837.64	4998.48
2011	11.99	119.10	2480.67	371.86	71.40	20.06	1847.02	4922.09
2012	13.74	128.34	2517.83	373.69	74.92	20.45	1847.01	4975.98
2013	12.27	118.34	2418.32	371.57	72.75	20.20	1840.12	4853.58
2014	12.38	122.02	2427.20	370.45	74.07	20.17	1824.25	4850.54
2015	9.71	111.63	2363.86	325.09	65.92	39.51	1809.16	4724.89
2016	11.82	128.86	2504.39	339.64	70.51	39.80	1846.28	4941.30
2017	11.91	135.35	2640.23	336.94	68.97	40.08	1902.27	5135.74
2018	12.29	138.98	2718.65	334.97	68.22	39.66	1923.86	5236.62

注：其他类型包括苔藓/地衣、裸岩、戈壁、裸土、沙漠、盐碱地、冰川/永久积雪。

9.3 洪峰调节服务量及价值

9.3.1 洪峰调节服务量

1. 青海省各市（州）洪峰调节服务量

2000～2018年，青海省年平均洪峰调节服务量将近140亿m^3（表9-38），青海省洪峰调节服务量自2015年明显增加，2018年达到450亿m^3（图9-25）。整体上，洪峰调节服务量高值区分布在青海省东南部，西北部是洪峰调节服务量的低值区域，由东南向西北逐渐递减（图9-26）。

表9-38 青海省各市（州）洪峰调节服务量 （单位：亿m^3）

年份	西宁市	海东市	海北州	黄南州	海南州	果洛州	玉树州	海西州	全省
2000	0.002	0.077	0.33	0.035	3.30	15.87	54.71	22.07	96.38
2001	0.004	0.073	0.37	0.071	4.10	8.43	58.66	27.98	99.69
2002	0.004	0.065	0.50	0.027	5.72	7.08	50.60	29.26	93.27
2003	0.009	0.147	0.53	0.243	4.95	20.38	66.58	26.07	118.90
2004	0.006	0.094	0.49	0.251	6.66	19.25	46.98	15.94	89.67
2005	0.017	0.137	0.71	0.582	10.96	41.42	75.53	33.35	162.70
2006	0.004	0.044	0.44	0.072	6.27	10.80	32.66	14.37	64.67
2007	0.048	0.588	1.31	1.145	11.82	42.64	70.24	35.01	162.79
2008	0.028	0.532	1.50	0.404	5.96	7.44	47.38	18.64	81.89
2009	0.116	0.469	2.53	0.893	4.65	15.16	61.00	33.52	118.35
2010	0.104	0.158	2.26	0.418	4.35	11.42	38.39	39.87	96.97
2011	0.176	0.208	2.73	1.090	4.65	14.83	35.14	51.90	110.73
2012	0.111	0.381	2.97	1.304	8.25	18.56	38.21	55.43	125.22
2013	0.094	0.183	2.49	0.620	4.17	11.47	19.04	46.37	84.44
2014	0.204	0.265	3.84	0.470	3.30	13.80	44.73	52.95	119.56
2015	0.054	0.098	2.33	0.114	3.46	6.76	16.53	51.19	80.54
2016	0.308	0.358	8.61	0.838	5.53	20.98	47.81	68.26	152.69
2017	0.711	0.658	14.13	2.283	8.50	40.05	112.87	106.00	285.20
2018	1.047	5.282	14.08	16.824	22.44	72.61	172.46	148.94	453.68

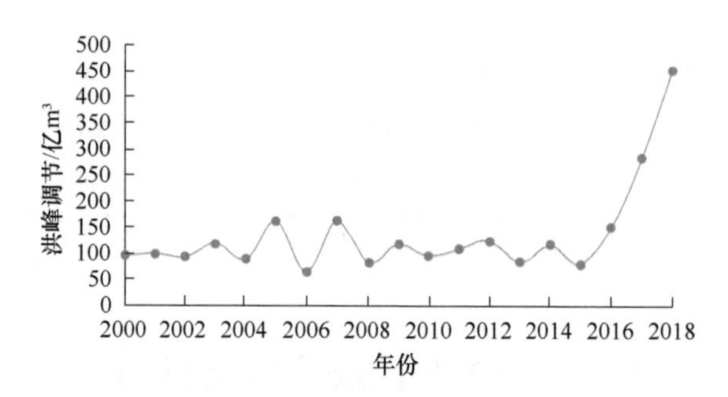

图9-25 青海省2000～2018年洪峰调节服务量变化

在市（州）尺度上，玉树州和海西州是洪峰调节服务量的高值区，年均分别达57亿m^3和46亿m^3，分别占全省水文调节服务量的42%和34%。海西州在2008年之后洪峰调节服务量有显著增加。西宁市是洪峰调节服务量最低的区域，约为0.16亿m^3，其次海东市和黄南州的洪峰调节服务量也较低，年均分别为0.5亿m^3和1.5亿m^3。整体上，2000～2018年，洪峰调节服务量的空间分布格局未发生较大变化。

2. 青海省各生态系统类型洪峰调节服务量

根据表9-39，2000～2018年青海省各生态系统类型平均洪峰调节服务量占比依次

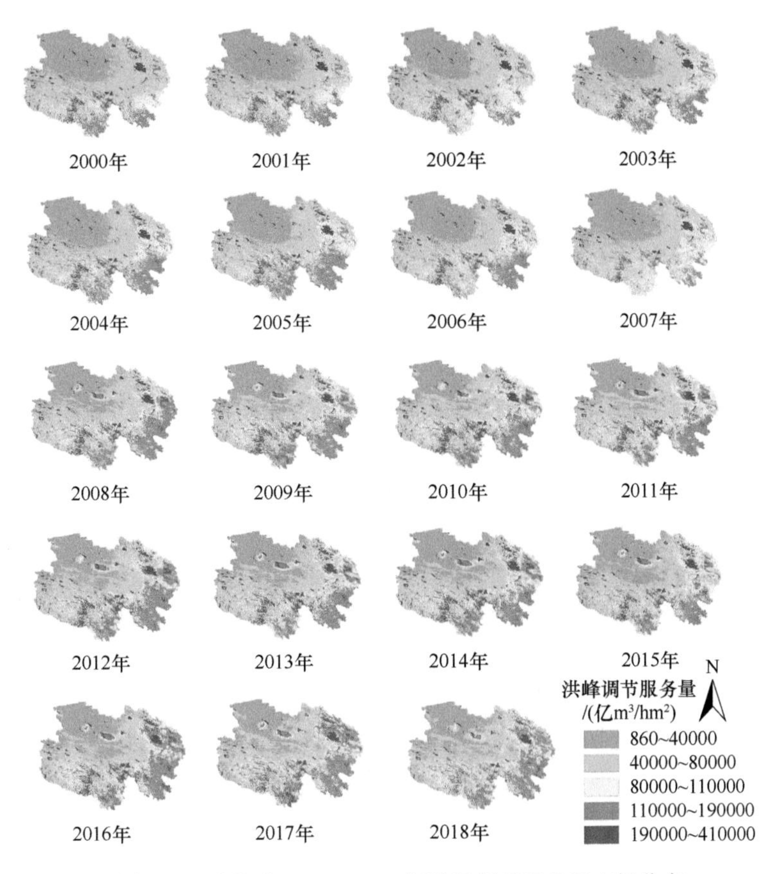

图9-26 青海省2000～2018年洪峰调节服务量空间分布

为：草地（52.09%）＞其他（41.37%）＞湿地（4.05%）＞灌木（1.16%）＞人工表面（0.84%）＞耕地（0.38%）＞乔木（0.10%）。

表9-39 青海省各生态系统类型洪峰调节服务量 （单位：亿m^3）

年份	乔木	灌木	草地	湿地	耕地	人工表面	其他	全省
2000	0.04	0.65	56.25	4.31	0.31	0.05	34.90	96.49
2001	0.01	0.25	59.16	4.44	0.31	0.04	36.63	100.83
2002	0.00	0.07	55.90	3.20	0.38	0.05	34.90	94.50
2003	0.02	0.56	68.80	5.87	0.36	0.06	43.92	119.58
2004	0.01	0.42	50.63	4.29	0.40	0.05	34.08	89.88
2005	0.08	1.64	97.31	8.14	0.45	0.09	54.07	161.78
2006	0.00	0.16	36.57	2.85	0.34	0.04	25.33	65.31
2007	0.06	1.64	98.78	8.25	0.64	0.11	52.51	161.99
2008	0.03	0.36	44.62	3.07	0.54	0.07	34.28	82.97
2009	0.05	0.92	58.86	4.32	0.55	0.28	54.06	119.03

续表

年份	乔木	灌木	草地	湿地	耕地	人工表面	其他	全省
2010	0.03	0.50	43.65	4.70	0.48	0.83	47.56	97.75
2011	0.06	0.69	40.83	5.77	0.47	1.40	62.60	111.82
2012	0.13	1.23	48.54	6.15	0.54	1.45	67.93	125.98
2013	0.03	0.46	26.19	4.93	0.42	1.54	51.48	85.05
2014	0.12	1.26	42.28	5.66	0.44	1.55	69.09	120.39
2015	0.02	0.17	22.53	2.59	0.35	4.01	51.59	81.25
2016	0.08	0.99	70.41	4.50	0.45	3.26	73.57	153.25
2017	0.31	3.80	160.39	8.38	0.52	3.46	108.12	284.98
2018	1.61	14.36	275.78	14.20	2.07	3.56	141.62	453.20

注：其他类型包括苔藓/地衣、裸岩、戈壁、裸土、沙漠、盐碱地、冰川/永久积雪。

9.3.2 洪峰调节服务价值

1. 青海省各市（州）洪峰调节服务价值

2000～2018年，青海省年平均洪峰调节服务价值约118亿元（表9-40）。洪峰调节服务价值高值区分布在青海省东南部（图9-27），西北部是洪峰调节服务价值的低值区域，由东南向西北逐渐递减。整体上，2015年之后，青海省洪峰调节服务价值有显著提高，主要表现在西北部低价值区逐渐减小。

表9-40 青海省各市（州）洪峰调节服务价值 （单位：亿元）

年份	西宁市	海东市	海北州	黄南州	海南州	果洛州	玉树州	海西州	全省
2000	0.003	0.07	0.28	0.03	2.83	13.62	46.94	18.94	82.713
2001	0.002	0.06	0.32	0.06	3.52	7.23	50.33	24.01	85.532
2002	0.001	0.06	0.43	0.02	4.91	6.07	43.41	25.11	80.011
2003	0.01	0.13	0.45	0.21	4.25	17.49	57.13	22.37	102.04
2004	0.01	0.08	0.42	0.22	5.71	16.52	40.31	13.68	76.95
2005	0.01	0.12	0.61	0.50	9.40	35.54	64.80	28.61	139.59
2006	0.004	0.04	0.38	0.06	5.38	9.27	28.02	12.33	55.484
2007	0.04	0.50	1.12	0.98	10.14	36.59	60.27	30.04	139.68
2008	0.02	0.46	1.29	0.35	5.11	6.38	40.65	15.99	70.25
2009	0.10	0.40	2.17	0.77	3.99	13.01	52.34	28.76	101.54
2010	0.09	0.14	1.94	0.36	3.73	9.80	32.94	34.21	83.21
2011	0.15	0.18	2.34	0.94	3.99	12.72	30.15	44.53	95
2012	0.10	0.33	2.55	1.12	7.08	15.92	32.78	47.56	107.44
2013	0.08	0.16	2.14	0.53	3.58	9.84	16.34	39.79	72.46

续表

年份	西宁市	海东市	海北州	黄南州	海南州	果洛州	玉树州	海西州	全省
2014	0.18	0.23	3.29	0.40	2.83	11.84	38.38	45.43	102.58
2015	0.05	0.08	2.00	0.10	2.97	5.80	14.18	43.92	69.1
2016	0.26	0.31	7.39	0.72	4.74	18.00	41.02	58.57	131.01
2017	0.61	0.56	12.12	1.96	7.29	34.36	96.84	90.95	244.69
2018	0.90	4.53	12.08	14.43	19.25	62.30	147.97	127.79	389.25

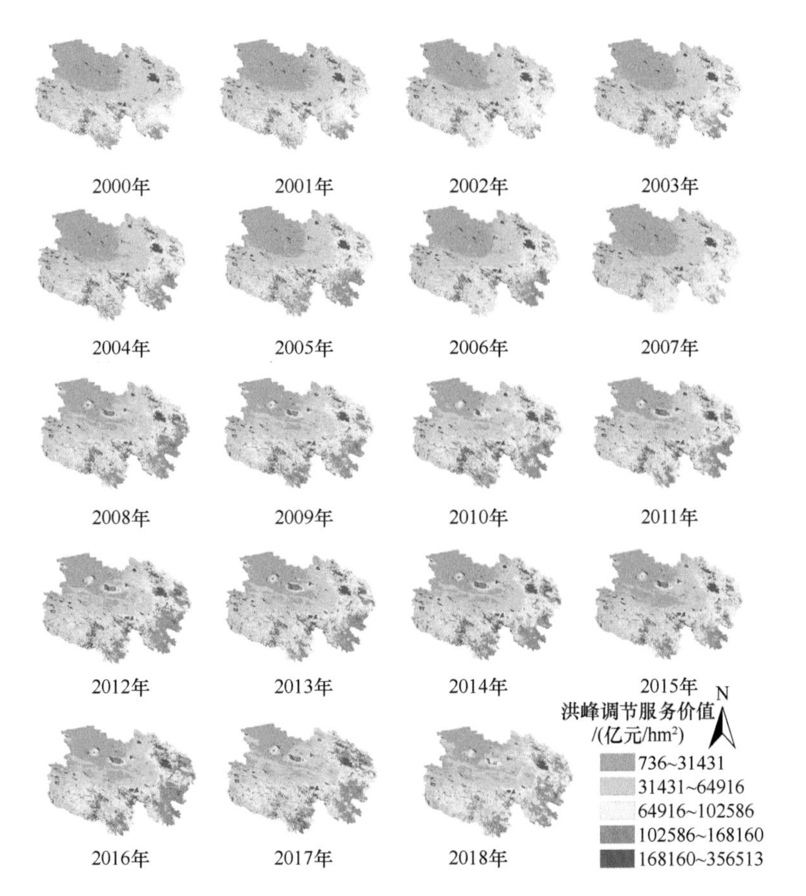

图9-27　青海省2000～2018年洪峰调节服务价值空间分布

在市（州）尺度上，玉树州是洪峰调节服务价值的高值区，年均洪峰调节服务价值约50亿元，占全省洪峰调节服务价值的43%。其次为海西州，海西州在2000年、2004年、2006年、2008年洪峰调节价值较低之后，其余年份洪峰调节服务价值均大于20亿元，2018年达到128亿元。整体上，2000～2018年，洪峰调节服务价值的空间分布格局未发生较大变化。

2. 青海省各生态系统类型洪峰调节服务价值

根据表9-41，2000～2018年青海省各生态系统类型平均洪峰调节价值占比依次为：

草地（52.84%）>其他（40.01%）>湿地（4.51%）>灌木（1.32%）>人工表面（0.83%）>耕地（0.39%）>乔木（0.10%）。

表9-41 青海省各生态系统类型洪峰调节服务价值 （单位：亿元）

年份	乔木	灌木	草地	湿地	耕地	人工表面	其他	全省
2000	0.04	0.74	48.73	4.34	0.26	0.04	27.78	81.93
2001	0.01	0.35	51.26	4.46	0.26	0.03	29.38	85.76
2002	0.00	0.13	48.58	3.28	0.32	0.04	28.20	80.56
2003	0.02	0.75	59.60	5.86	0.31	0.04	34.97	101.57
2004	0.01	0.56	44.13	4.34	0.34	0.04	27.00	76.43
2005	0.07	1.79	84.07	7.96	0.39	0.07	43.35	137.72
2006	0.00	0.24	32.06	2.85	0.30	0.04	20.11	55.60
2007	0.05	1.80	85.17	8.02	0.57	0.09	42.29	138.00
2008	0.02	0.49	39.14	3.10	0.48	0.06	27.47	70.76
2009	0.05	1.15	51.63	4.34	0.47	0.21	43.79	101.64
2010	0.03	0.62	38.40	4.51	0.40	0.64	38.83	83.42
2011	0.05	0.87	36.06	5.62	0.40	1.11	51.21	95.33
2012	0.11	1.42	42.56	5.93	0.46	1.18	55.81	107.47
2013	0.02	0.60	22.99	4.64	0.35	1.25	42.61	72.47
2014	0.10	1.43	37.37	5.51	0.37	1.26	56.56	102.60
2015	0.01	0.14	19.19	2.22	0.30	3.44	44.03	69.33
2016	0.06	0.83	60.01	3.85	0.39	2.80	62.49	130.42
2017	0.25	3.21	136.69	7.16	0.45	2.97	91.82	242.55
2018	1.35	12.20	234.99	12.12	1.77	3.05	120.20	385.68

注：其他类型包括苔藓/地衣、裸岩、戈壁、裸土、沙漠、盐碱地、冰川/永久积雪。

9.4 水质净化服务量及价值

9.4.1 水质净化服务量

1. 青海省各市（州）水质净化服务量

全省2000～2018年期间水质净化服务年平均持留氮和磷总量为77.92万t（表9-42），整体来看，青海省北部氮和磷总持留量较高，是水质净化服务的高值区域，南部氮和磷总持留量较低，是水质净化服务的低值区域。2000～2018年，全省氮和磷持留量变化不大，水质净化服务较稳定。

全省2000～2018年期间氮持留量72.8万t，磷持留量5.12万t，整体来看，氮持留量分布格局与总持留量分布类似，青海省南部是磷持留量的低值区，相比氮持留分布更为集中。

表9-42　青海省2000～2018年水质净化服务持留量　（单位：万t）

年份	总持留量	N持留量	P持留量	年份	总持留量	N持留量	P持留量
2000	78.70	73.54	5.17	2010	77.54	72.45	5.09
2001	78.82	73.66	5.16	2011	77.18	72.09	5.09
2002	78.14	73.00	5.15	2012	77.51	72.43	5.09
2003	78.69	73.53	5.16	2013	77.28	72.19	5.09
2004	78.61	73.46	5.15	2014	77.58	72.49	5.10
2005	78.48	73.35	5.12	2015	77.22	72.13	5.09
2006	78.57	73.45	5.12	2016	77.74	72.64	5.10
2007	78.33	73.22	5.11	2017	77.53	72.43	5.10
2008	77.16	72.07	5.09	2018	77.78	72.68	5.10
2009	77.55	72.46	5.09				

在市（州）尺度上，海西州和玉树州氮磷持留量高（表9-43），水质净化服务较高，多年平均氮磷总持留量分别为39.09万t和20.98万t。西宁市水质净化服务一直是全省低值区域，多年年均氮磷持留量不超过0.3万t。各市（州）氮磷总持留量都较为稳定，不存在大幅度波动。

表9-43　青海省各市（州）2000～2018年水质净化服务持留量　（单位：万t）

年份	西宁市	海东市	海北州	海南州	海西州	果洛州	玉树州	黄南州
2000	0.30	1.49	3.17	3.96	40.10	7.42	20.62	1.63
2001	0.30	1.48	3.16	3.91	40.30	7.44	20.61	1.61
2002	0.30	1.49	3.16	3.92	39.30	7.54	20.80	1.64
2003	0.29	1.46	3.15	3.90	40.11	7.37	20.81	1.59
2004	0.30	1.48	3.16	3.85	40.04	7.36	20.84	1.59
2005	0.30	1.51	3.18	3.87	39.82	7.35	20.84	1.61
2006	0.30	1.49	3.14	3.86	39.95	7.39	20.85	1.60
2007	0.30	1.48	3.15	3.85	39.58	7.36	21.03	1.59
2008	0.29	1.46	3.10	3.93	38.24	7.58	20.97	1.58
2009	0.29	1.48	3.10	3.89	38.66	7.51	21.03	1.60
2010	0.29	1.48	3.10	3.93	38.52	7.54	21.07	1.61
2011	0.29	1.48	3.11	3.89	38.22	7.43	21.15	1.59
2012	0.29	1.46	3.10	3.84	38.62	7.46	21.16	1.59
2013	0.29	1.46	3.07	3.89	38.35	7.48	21.16	1.58
2014	0.28	1.46	3.06	3.92	38.81	7.49	20.94	1.61

续表

年份	西宁市	海东市	海北州	海南州	海西州	果洛州	玉树州	黄南州
2015	0.29	1.48	3.08	3.88	38.09	7.45	21.36	1.60
2016	0.29	1.48	3.08	3.87	38.77	7.48	21.19	1.58
2017	0.30	1.50	3.12	3.95	38.53	7.50	21.03	1.60
2018	0.30	1.49	3.13	3.89	38.76	7.51	21.12	1.58

氮持留量最高的是海西州和玉树州（表9-44），分别为37.06万t和19.62万t，最低的是西宁市，为0.24万t，其他市（州）磷持留量均不超过7万t；磷持留量最高的同样是海西州和玉树州（表9-45），分别为2.04万t和1.36万t，最低的是西宁市，为558t，其他市（州）磷持留量均不超过0.6万t。

表9-44　青海省各市（州）2000～2018年水质净化服务氮持留量　（单位：万t）

年份	西宁市	海东市	海北州	海南州	海西州	果洛州	玉树州	黄南州
2000	0.24	1.24	2.84	3.60	38.03	6.84	19.30	1.46
2001	0.24	1.23	2.83	3.55	38.22	6.85	19.29	1.44
2002	0.24	1.24	2.83	3.55	37.27	6.93	19.46	1.46
2003	0.23	1.22	2.82	3.54	38.03	6.79	19.47	1.43
2004	0.24	1.23	2.82	3.50	37.97	6.78	19.49	1.42
2005	0.24	1.27	2.85	3.53	37.76	6.77	19.49	1.44
2006	0.24	1.25	2.82	3.51	37.89	6.80	19.51	1.43
2007	0.24	1.24	2.83	3.51	37.53	6.78	19.66	1.42
2008	0.23	1.23	2.79	3.57	36.23	6.98	19.62	1.42
2009	0.23	1.24	2.78	3.54	36.64	6.92	19.67	1.43
2010	0.23	1.25	2.79	3.58	36.52	6.94	19.70	1.44
2011	0.23	1.25	2.80	3.54	36.21	6.85	19.78	1.43
2012	0.23	1.23	2.79	3.50	36.60	6.87	19.79	1.42
2013	0.23	1.24	2.76	3.54	36.33	6.88	19.79	1.42
2014	0.23	1.23	2.75	3.57	36.78	6.89	19.59	1.45
2015	0.24	1.26	2.78	3.52	36.07	6.86	19.98	1.43
2016	0.24	1.26	2.77	3.51	36.74	6.88	19.82	1.42
2017	0.24	1.27	2.81	3.58	36.51	6.91	19.67	1.43
2018	0.25	1.27	2.83	3.53	36.73	6.92	19.76	1.41

表9-45　青海省各市（州）2000～2018年水质净化服务磷持留量　（单位：万t）

年份	西宁市	海东市	海北州	海南州	海西州	果洛州	玉树州	黄南州
2000	0.06	0.25	0.33	0.37	2.07	0.59	1.32	0.17
2001	0.06	0.25	0.33	0.36	2.08	0.59	1.32	0.17

续表

年份	西宁市	海东市	海北州	海南州	海西州	果洛州	玉树州	黄南州
2002	0.06	0.25	0.33	0.36	2.02	0.60	1.34	0.17
2003	0.06	0.25	0.33	0.36	2.08	0.58	1.34	0.17
2004	0.06	0.25	0.33	0.35	2.07	0.58	1.34	0.17
2005	0.06	0.24	0.33	0.35	2.06	0.58	1.35	0.17
2006	0.06	0.24	0.32	0.35	2.06	0.58	1.35	0.17
2007	0.06	0.23	0.32	0.35	2.05	0.58	1.36	0.17
2008	0.06	0.23	0.32	0.36	2.01	0.60	1.35	0.16
2009	0.06	0.23	0.32	0.35	2.01	0.60	1.36	0.17
2010	0.05	0.23	0.32	0.36	2.00	0.60	1.37	0.17
2011	0.05	0.23	0.32	0.35	2.01	0.59	1.37	0.17
2012	0.05	0.23	0.32	0.34	2.02	0.59	1.37	0.16
2013	0.05	0.23	0.31	0.35	2.01	0.59	1.38	0.16
2014	0.05	0.23	0.31	0.36	2.03	0.59	1.35	0.17
2015	0.05	0.22	0.30	0.35	2.02	0.59	1.39	0.17
2016	0.05	0.22	0.30	0.35	2.03	0.59	1.37	0.17
2017	0.05	0.23	0.31	0.36	2.02	0.60	1.35	0.17
2018	0.05	0.23	0.31	0.35	2.03	0.60	1.36	0.17

2. 青海省各生态系统类型水质净化服务量

根据表9-46，2000～2018年青海省各生态系统类型平均水质净化服务量占比依次为：草地（52.26%）＞其他（36.34%）＞湿地（6.57%）＞灌木（3.15%）＞耕地（1.08%）＞乔木（0.32%）＞人工表面（0.27%）。

表9-46 青海省各生态系统类型水质净化服务量 （单位：万t）

年份	乔木	灌木	草地	湿地	耕地	人工表面	其他	全省
2000	0.25	2.34	39.24	4.89	0.91	0.14	28.30	76.08
2001	0.25	2.34	39.22	4.89	0.90	0.14	28.44	76.18
2002	0.26	2.37	39.20	4.90	0.90	0.14	27.79	75.56
2003	0.25	2.32	39.28	4.90	0.89	0.14	28.28	76.06
2004	0.25	2.33	39.22	4.89	0.89	0.14	28.26	75.98
2005	0.26	2.39	39.27	5.00	0.82	0.18	27.97	75.87
2006	0.25	2.38	39.28	4.99	0.81	0.18	28.06	75.94
2007	0.25	2.38	39.28	5.00	0.80	0.18	27.83	75.73
2008	0.25	2.38	39.28	5.00	0.80	0.17	26.74	74.62
2009	0.25	2.38	39.27	5.01	0.80	0.17	27.09	74.98
2010	0.25	2.39	39.31	5.08	0.79	0.19	26.98	74.99

续表

年份	乔木	灌木	草地	湿地	耕地	人工表面	其他	全省
2011	0.25	2.38	39.31	5.07	0.78	0.19	26.67	74.65
2012	0.25	2.37	39.30	5.08	0.78	0.19	26.99	74.95
2013	0.25	2.37	39.30	5.06	0.78	0.19	26.77	74.72
2014	0.25	2.37	39.28	5.05	0.78	0.19	27.07	75.00
2015	0.22	2.39	39.80	4.83	0.75	0.32	26.35	74.66
2016	0.22	2.40	39.70	4.80	0.75	0.33	26.93	75.13
2017	0.22	2.41	39.68	4.82	0.76	0.33	26.73	74.95
2018	0.22	2.40	39.71	4.84	0.76	0.33	26.93	75.19

注：其他类型包括苔藓/地衣、裸岩、戈壁、裸土、沙漠、盐碱地、冰川/永久积雪。

9.4.2 水质净化服务价值

1. 青海省各市（州）水质净化服务价值

全省2000～2018年多年平均水质净化服务总价值为719.06亿元（表9-47），其中包括氮持留价值为290.26亿元，磷持留价值为428.8亿元。氮持留的价值在青海省南部大部分不超过3亿元。水质净化服务总价值和氮持留价值在2000～2015年期间都较为稳定，不存在大幅度波动。青海省东北部的区域磷持留价值在2015年下降到20亿元以下。

表9-47 青海省2000～2018年水质净化服务价值 （单位：亿元）

年份	总价值	氮持留价值	磷持留价值	年份	总价值	氮持留价值	磷持留价值
2000	726.25	293.20	433.05	2010	715.88	288.84	427.03
2001	726.48	293.66	432.82	2011	714.19	287.42	426.76
2002	722.72	291.03	431.69	2012	715.19	288.76	426.43
2003	725.78	293.18	432.60	2013	714.85	287.77	427.08
2004	724.78	292.88	431.90	2014	716.20	289.00	427.20
2005	721.84	292.47	429.37	2015	714.59	287.59	427.00
2006	722.14	292.85	429.30	2016	717.26	289.62	427.64
2007	720.62	291.92	428.70	2017	716.02	288.78	427.23
2008	714.20	287.36	426.84	2018	717.27	289.78	427.49
2009	715.98	288.89	427.09				

在市（州）尺度上，海西州和玉树州水质净化服务总价值最高，多年平均价值分别为318.5亿元和191.89亿元（表9-48），其中包括氮持留价值达147.74亿元和78.24亿元，磷持留价值达170.76亿元和113.65亿元（表9-49、表9-50）。西宁市水质净化总价值最低，多年平均价值为5.63亿元，其中包括氮持留价值为0.95亿元，磷持留价值为

4.68亿元。其他市（州）的水质净化总价值均在80亿元以内，氮持留价值在30亿元以内，磷持留价值在50亿元以内。

表9-48 青海省各市（州）2000～2018年水质净化服务价值 （单位：亿元）

年份	西宁市	海东市	海北州	黄南州	海南州	果洛州	玉树州	海西州	全省
2000	6.03	25.95	39.29	20.32	45.18	76.42	187.85	325.21	726.25
2001	5.95	25.77	39.15	20.04	44.37	76.68	187.77	326.74	726.47
2002	6.04	26.05	39.21	20.38	44.55	78.01	190.18	318.3	722.72
2003	5.89	25.4	38.88	19.71	44.31	75.73	190.08	325.79	725.79
2004	5.95	25.72	39.1	19.7	43.59	75.61	190.39	324.72	724.78
2005	5.87	25.11	38.64	19.82	43.29	75.52	190.49	323.08	721.82
2006	5.73	24.71	38.14	19.71	43.08	75.95	190.64	324.18	722.14
2007	5.74	24.58	38.19	19.51	43.01	75.67	192.75	321.16	720.61
2008	5.57	24.18	37.87	19.4	44.08	78.52	191.75	312.82	714.19
2009	5.57	24.43	37.74	19.65	43.57	77.59	192.41	315.02	715.98
2010	5.49	24.28	37.55	19.86	44.08	77.93	193.08	313.61	715.88
2011	5.47	24.4	37.74	19.56	43.51	76.53	194.1	312.87	714.18
2012	5.41	23.91	37.57	19.44	42.82	76.93	193.97	315.15	715.2
2013	5.47	24.06	37.36	19.39	43.54	77.07	194.18	313.77	714.84
2014	5.37	24	37.08	19.85	44.07	77.23	191.52	317.08	716.2
2015	5.26	23.82	36.53	19.93	43.76	76.52	195.83	312.93	714.58
2016	5.32	23.79	36.49	19.74	43.6	77.3	193.96	317.06	717.26
2017	5.39	24.16	36.99	20.07	44.72	77.5	191.91	315.29	716.03
2018	5.42	24.03	37.14	19.6	43.82	77.52	193.05	316.69	717.27

表9-49 青海各省市（州）2000～2018年水质净化服务氮持留价值

（单位：亿元）

年份	西宁市	海东市	海北州	海南州	海西州	果洛州	玉树州	黄南州
2000	0.95	4.94	11.32	14.33	151.63	27.25	76.95	5.82
2001	0.94	4.92	11.29	14.14	152.38	27.33	76.92	5.75
2002	0.95	4.96	11.28	14.17	148.61	27.65	77.58	5.83
2003	0.93	4.85	11.23	14.13	151.64	27.08	77.63	5.68
2004	0.94	4.91	11.26	13.94	151.40	27.04	77.72	5.68
2005	0.97	5.05	11.37	14.06	150.55	27.01	77.71	5.74
2006	0.95	4.98	11.24	13.99	151.05	27.13	77.78	5.72
2007	0.95	4.96	11.27	13.99	149.65	27.04	78.39	5.68
2008	0.94	4.92	11.10	14.24	144.47	27.82	78.21	5.66
2009	0.93	4.96	11.10	14.10	146.09	27.58	78.42	5.71
2010	0.93	4.97	11.10	14.26	145.61	27.66	78.55	5.76

续表

年份	西宁市	海东市	海北州	海南州	海西州	果洛州	玉树州	黄南州
2011	0.93	4.99	11.15	14.11	144.39	27.30	78.86	5.69
2012	0.93	4.92	11.11	13.95	145.91	27.38	78.89	5.68
2013	0.93	4.93	10.99	14.10	144.83	27.44	78.89	5.66
2014	0.92	4.92	10.95	14.23	146.63	27.48	78.11	5.76
2015	0.96	5.01	11.07	14.04	143.81	27.36	79.65	5.69
2016	0.96	5.00	11.06	14.01	146.48	27.45	79.01	5.65
2017	0.97	5.07	11.21	14.29	145.56	27.53	78.43	5.71
2018	0.98	5.05	11.26	14.08	146.45	27.58	78.77	5.61

表9-50 青海省各市（州）2000～2018年水质净化服务磷持留价值

（单位：亿元）

年份	西宁市	海东市	海北州	海南州	海西州	果洛州	玉树州	黄南州
2000	5.08	21.00	27.97	30.85	173.58	49.17	110.90	14.50
2001	5.01	20.86	27.86	30.23	174.36	49.35	110.85	14.29
2002	5.09	21.10	27.93	30.37	169.69	50.37	112.60	14.55
2003	4.96	20.54	27.65	30.18	174.15	48.65	112.44	14.03
2004	5.01	20.81	27.84	29.65	173.32	48.57	112.68	14.02
2005	4.90	20.06	27.27	29.23	172.53	48.51	112.78	14.07
2006	4.77	19.73	26.90	29.09	173.12	48.82	112.86	13.99
2007	4.79	19.62	26.92	29.03	171.52	48.63	114.36	13.83
2008	4.64	19.26	26.77	29.84	168.35	50.69	113.54	13.74
2009	4.64	19.48	26.64	29.47	168.93	50.01	113.98	13.94
2010	4.55	19.32	26.45	29.82	168.00	50.27	114.53	14.10
2011	4.54	19.41	26.59	29.40	168.49	49.23	115.23	13.87
2012	4.48	18.99	26.46	28.87	169.24	49.56	115.08	13.76
2013	4.54	19.13	26.37	29.45	168.94	49.63	115.29	13.73
2014	4.45	19.08	26.14	29.84	170.45	49.74	113.40	14.09
2015	4.30	18.81	25.46	29.72	169.12	49.16	116.18	14.24
2016	4.35	18.78	25.43	29.59	170.58	49.86	114.94	14.10
2017	4.41	19.09	25.78	30.43	169.72	49.97	113.48	14.36
2018	4.44	18.98	25.88	29.74	170.24	49.94	114.28	13.98

2. 青海省各生态系统类型水质净化服务价值

根据表9-51，2000～2018年青海省各生态系统类型平均水质净化服务占比依次为：草地（54.88%）＞其他（31.77%）＞湿地（6.58%）＞灌木（4.18%）＞耕地（1.77%）＞乔木（0.49%）＞人工表面（0.32%）。

表9-51 青海省各生态系统类型水质净化服务价值 （单位：亿元）

年份	乔木	灌木	草地	湿地	耕地	人工表面	其他	全省
2000	3.70	29.30	382.02	45.43	14.38	1.71	228.35	704.89
2001	3.67	29.19	381.42	45.39	14.25	1.70	229.37	705.00
2002	3.71	29.65	382.20	45.59	14.37	1.71	224.48	701.71
2003	3.63	28.91	382.12	45.50	14.09	1.69	228.42	704.36
2004	3.66	29.01	381.35	45.43	14.18	1.69	228.07	703.40
2005	3.61	29.34	381.30	46.20	12.49	2.00	225.63	700.57
2006	3.57	29.19	381.24	46.15	12.29	1.98	226.25	700.68
2007	3.57	29.22	381.45	46.29	12.26	1.98	224.64	699.41
2008	3.54	29.22	382.67	46.54	12.09	1.92	217.32	693.31
2009	3.55	29.17	382.08	46.55	12.14	1.94	219.48	694.91
2010	3.54	29.23	382.58	47.09	11.85	2.10	218.53	694.95
2011	3.54	29.06	382.85	47.02	11.85	2.09	216.95	693.36
2012	3.50	28.92	382.08	47.09	11.66	2.08	218.88	694.21
2013	3.52	28.96	382.77	46.98	11.76	2.09	217.75	693.83
2014	3.51	28.97	382.18	46.87	11.72	2.09	219.59	694.93
2015	2.90	29.08	387.63	44.76	10.80	3.25	214.83	693.25
2016	2.90	29.30	386.25	44.37	10.83	3.32	218.64	695.60
2017	2.92	29.49	386.23	44.57	10.99	3.32	217.15	694.66
2018	2.91	29.35	386.09	44.75	10.93	3.33	218.47	695.82

注：其他类型包括苔藓/地衣、裸岩、戈壁、裸土、沙漠、盐碱地、冰川/永久积雪。

9.5 土壤水蚀控制服务量及价值

9.5.1 土壤水蚀控制服务量

1. 青海省各市（州）水蚀控制服务量

2000～2018年期间，青海省土壤水蚀控制服务年平均土壤保持量约10.37t/hm^2，多年平均总土壤保持量为68624.25万t（表9-52）。整体来看（图9-28），青海省东部和玉树州南部是土壤水蚀控制的高值区域，西北部是土壤水蚀控制的低值区域。2000～2007年，该服务整体较低；2007年之后，土壤水蚀控制服务的高值区域逐渐向青海省中、西部扩展，且土壤保持量呈现增加趋势。

表9-52 青海省各市（州）2000～2018年土壤保持量 （单位：万t）

年份	西宁市	海东市	海北州	黄南州	海南州	果洛州	玉树州	海西州	青海省
2000	599.40	1205.17	6040.40	1577.70	4351.60	14991.21	13607.84	14029.63	56402.94
2001	3438.01	12473.10	7565.53	2590.27	4737.72	6147.13	5636.50	2999.53	45587.79
2002	600.10	536.69	6133.40	1240.87	4391.36	13645.18	48566.13	14779.62	89893.35
2003	822.21	9092.78	5267.90	12010.65	4711.75	24306.53	17791.99	2972.62	76976.44

续表

年份	西宁市	海东市	海北州	黄南州	海南州	果洛州	玉树州	海西州	青海省
2004	3231.54	8117.05	8247.62	5376.30	5491.42	52837.34	8275.93	5463.73	97040.93
2005	2050.46	9007.77	6296.45	5103.23	8217.87	20460.69	10269.99	2879.03	64285.50
2006	1343.34	5459.42	4053.83	2435.09	4194.54	5460.53	9507.88	5857.90	38312.53
2007	1216.15	7866.52	3861.81	3932.51	6034.54	13326.83	25149.18	3916.07	65303.61
2008	1548.07	8138.39	5134.32	4144.94	6875.10	20301.34	19149.39	6252.49	71544.04
2009	1910.27	7950.68	5685.04	3977.09	8639.20	22976.37	18545.50	6930.17	76614.32
2010	1860.44	8071.98	5215.81	4498.43	8716.96	25575.53	18516.86	8311.34	80767.36
2011	1828.59	8248.41	5283.99	4421.93	8475.39	25643.77	18196.05	7055.74	79153.86
2012	1749.75	7474.60	5443.32	4103.17	8142.37	25188.42	17571.94	7786.07	77459.63
2013	1831.51	8114.86	5350.33	4589.37	6716.15	23280.85	18994.52	7071.73	75949.32
2014	1813.27	8074.95	5031.76	4362.48	8394.53	25480.85	17275.60	7735.03	78168.46
2015	1796.46	8036.23	5270.60	4280.07	9202.13	24678.21	17109.70	8361.48	78734.89
2016	1810.52	8636.42	5003.35	4208.63	8601.57	23731.38	18401.55	6839.69	77233.10
2017	1789.26	8752.99	5623.32	4697.32	7792.69	23060.66	15496.76	7947.85	75160.85
2018	1808.40	8503.87	5368.50	4401.32	8981.79	25551.51	17641.06	8216.64	80473.08

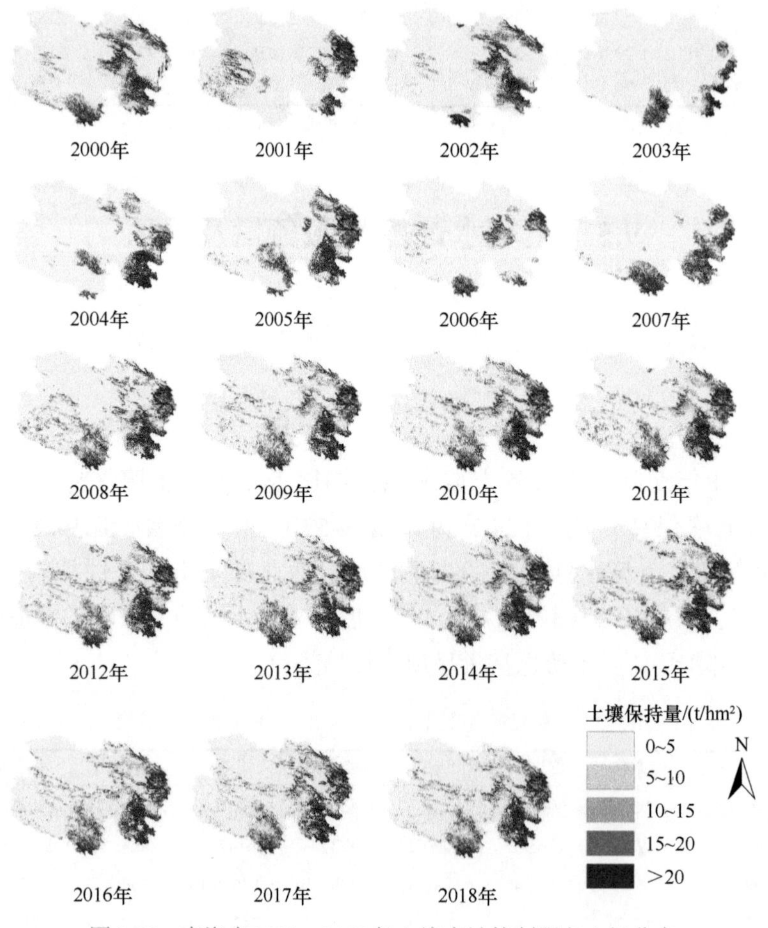

图9-28 青海省2000～2018年土壤水蚀控制服务空间分布

在市（州）尺度上，果洛州和玉树州土壤水蚀控制服务较高，土壤保持量较大，多年平均土壤保持量大于15000万t（表9-52）。西宁市土壤水蚀控制服务总量一直是全省的低值区域，年土壤保持量小于2000万t；其他市（州）多年平均土壤保持量在4000万～7000万t之间。

2. 青海省各生态系统类型水蚀控制服务量

根据表9-53，2000～2018年青海省各生态系统类型平均水蚀控制服务量占比依次为：草地（65.22%）>灌木（18.99%）>其他（7.54%）>乔木（3.32%）>耕地（2.55%）>湿地（2.08%）>人工表面（0.31%）。

表9-53 青海省各生态系统类型水蚀控制服务量 （单位：万t）

年份	乔木	灌木	草地	湿地	耕地	人工表面	其他	全省
2000	1392.49	9658.75	38527.18	1272.19	460.67	81.46	6057.32	57450.06
2001	3018.68	9857.94	25684.43	736.27	3554.86	218.32	3210.43	46280.92
2002	1631.96	16056.46	64842.71	1529.44	327.62	110.64	7799.14	92297.97
2003	3060.86	15521.74	50881.42	1636.99	1692.93	201.67	4484.07	77479.68
2004	4623.51	23340.97	59897.91	1986.77	2506.14	244.17	5544.06	98143.53
2005	2398.81	12637.14	41622.00	1659.29	2214.36	232.23	4055.47	64819.31
2006	1451.70	6677.71	25126.99	743.36	1393.51	146.83	3402.56	38942.66
2007	1895.48	11020.12	44361.54	1724.95	1715.18	193.08	5146.59	66056.95
2008	2487.20	13395.09	47631.74	1681.60	2090.85	224.65	4732.23	72243.37
2009	2617.22	14679.51	50431.12	1685.63	2032.22	224.12	5731.59	77401.40
2010	2723.75	15240.82	53728.12	1801.86	2027.52	235.60	5780.41	81538.08
2011	2628.72	15221.05	52495.64	1744.63	2123.63	235.42	5513.72	79962.81
2012	2595.71	14972.10	51324.10	1709.27	1980.30	212.51	5505.29	78299.29
2013	2462.41	14409.77	50330.14	1644.21	2025.11	224.95	5598.12	76694.71
2014	2619.96	15011.06	51767.35	1730.54	2002.03	226.23	5664.04	79021.21
2015	2256.94	14762.71	52107.14	1397.18	1805.86	362.67	6863.94	79556.44
2016	2218.79	14388.34	50909.56	1472.78	1925.12	324.38	6788.27	78027.25
2017	2234.35	14337.87	49117.42	1434.21	1866.23	316.38	6440.78	75747.24
2018	2218.34	14909.15	52976.62	1508.04	1917.71	360.16	7292.72	81182.74

注：其他类型包括苔藓/地衣、裸岩、戈壁、裸土、沙漠、盐碱地、冰川/永久积雪。

9.5.2 土壤水蚀控制服务价值

1. 青海省各市（州）水蚀控制服务价值

根据表9-54，全省单位面积平均土壤水蚀控制服务总价值为8.75万元/km^2，其中包括固土价值为0.018万元/km^2，保肥价值为8.61万元/km^2，减淤价值为0.12万元/km^2。根据表9-55，多年平均土壤水蚀控制服务总价值为575.55亿元，包括固土价值为1.13亿元、保肥价值为566.83亿元和减淤价值为7.59亿元。整体来看，青海省东北部和玉树州南部是土壤水蚀控制服务总价值的高值分布区域（图9-29）。

表9-54 青海省2000～2018年土壤水蚀控制服务单位价值

（单位：万元/km²）

年份	固土价值	保肥价值	减淤价值	水蚀控制服务价值	年份	固土价值	保肥价值	减淤价值	水蚀控制服务价值
2000	0.0118	6.7021	0.0920	6.8058	2010	0.0197	9.5255	0.1324	9.6775
2001	0.0155	5.2517	0.0745	5.3417	2011	0.0196	9.3730	0.1298	9.5224
2002	0.0184	10.1905	0.1496	10.3585	2012	0.0189	9.1624	0.1271	9.3083
2003	0.0184	9.1996	0.1267	9.3446	2013	0.0188	8.9883	0.1247	9.1318
2004	0.0235	11.7664	0.1574	11.9473	2014	0.0192	9.2266	0.1283	9.3740
2005	0.0165	7.7587	0.1043	7.8795	2015	0.0188	9.3688	0.1293	9.5169
2006	0.0101	4.4070	0.0630	4.4801	2016	0.0187	9.1459	0.1268	9.2915
2007	0.0159	7.6181	0.1065	7.7406	2017	0.0182	8.8777	0.1233	9.0192
2008	0.0177	8.5850	0.1168	8.7194	2018	0.0194	9.5001	0.1319	9.6514
2009	0.0185	9.0342	0.1248	9.1775					

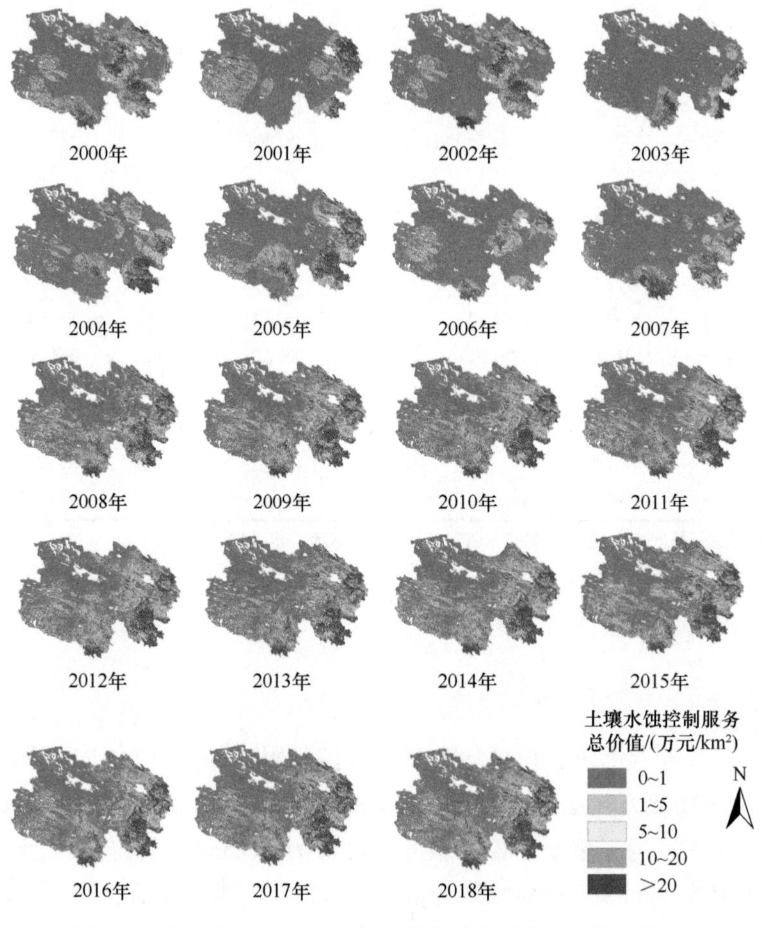

图9-29 青海省2000～2018年土壤水蚀控制服务价值空间分布

单位面积的固土价值是三种价值中最小的（表9-54），多年平均只有0.018万元/km^2。2004年的固土总价值是统计时段内最高的年份，总固土价值为1.50亿元，2006年的固土价值是统计时段内最低的年份，总固土价值为0.64亿元。

根据表9-55，2000～2018年青海省水蚀控制服务平均约为575.55亿元，2004年全省土壤水蚀控制服务总价值最大，为786.19亿元；2006年全省各市（州）的总价值最小，为293.58亿元。

表9-55　青海省2000～2018年土壤水蚀控制服务总价值　（单位：亿元）

年份	固土价值	保肥价值	减淤价值	水蚀控制服务价值	年份	固土价值	保肥价值	减淤价值	水蚀控制服务价值
2000	0.74	438.51	5.82	445.07	2010	1.25	628.30	8.43	637.98
2001	0.99	344.46	4.72	350.18	2011	1.25	617.88	8.26	627.39
2002	1.15	662.51	9.37	673.04	2012	1.20	603.74	8.08	613.03
2003	1.17	603.03	8.02	612.22	2013	1.20	592.22	7.94	601.35
2004	1.50	774.68	10.01	786.19	2014	1.22	607.80	8.16	617.18
2005	1.05	512.91	6.66	520.62	2015	1.20	616.95	8.22	626.36
2006	0.64	288.95	3.99	293.58	2016	1.19	602.60	8.07	611.86
2007	1.01	501.18	6.77	508.96	2017	1.16	585.65	7.85	594.67
2008	1.13	565.59	7.43	574.14	2018	1.23	626.93	8.40	636.57
2009	1.18	595.86	7.95	604.99					

单位面积保肥价值是三种价值中最大的（表9-54），多年平均为8.61万元/km^2。2004年的保肥总价值是统计时段内最高的年份，总保肥价值为774.68亿元，2006年的保肥价值是统计时段内最低的年份，总保肥价值为288.95亿元。

减淤价值在三种服务中处于中等水平（表9-54），多年平均为0.12万元/km^2，2004年是统计时段内的最高值，总减淤价值为10.01亿元（表9-55）；2006年的减淤价值是统计时段内最低的年份，总减淤价值为3.99亿元（表9-55）。

根据表9-56，在市（州）尺度上，果洛州和玉树州土壤水蚀控制服务多年平均总价值较高，分别为187.55亿元和128.57亿元。西宁市土壤水蚀控制服务总价值是全省低值区域，多年平均总价值为12.68亿元。其他市（州）的多年平均总价值均在30亿～60亿元之间。

表9-56　青海省各市（州）2000～2018年土壤水蚀控制服务总价值

（单位：亿元）

年份	西宁市	海东市	海北州	黄南州	海南州	果洛州	玉树州	海西州	全省
2000	4.50	9.21	53.95	13.43	33.48	132.88	96.57	101.07	445.09
2001	25.24	95.01	62.06	21.43	35.46	50.01	38.85	22.14	350.2
2002	4.51	4.25	54.81	10.69	33.77	121.63	337.03	106.37	673.06

续表

年份	西宁市	海东市	海北州	黄南州	海南州	果洛州	玉树州	海西州	全省
2003	6.28	69.94	43.96	101.71	35.23	195.86	137.33	21.90	612.21
2004	23.71	62.14	68.51	45.02	43.07	439.06	62.90	41.77	786.18
2005	14.99	68.61	54.14	42.75	62.88	174.85	80.46	21.95	520.63
2006	10.05	41.37	34.25	20.10	31.28	47.95	66.47	42.11	293.58
2007	8.94	60.02	33.48	32.86	46.33	117.59	181.10	28.64	508.96
2008	11.08	62.09	44.15	34.93	53.14	179.48	142.08	47.21	574.16
2009	13.86	60.73	48.72	33.35	65.95	196.94	135.43	50.02	605
2010	13.50	61.64	44.41	37.86	66.53	219.61	135.22	59.22	637.99
2011	13.24	63.09	45.04	37.24	64.65	219.90	133.32	50.94	627.42
2012	12.58	57.26	46.55	34.59	62.32	216.65	128.06	55.04	613.05
2013	13.26	61.81	45.92	38.56	51.07	199.48	140.15	51.13	601.38
2014	13.10	61.70	42.76	36.74	63.92	218.21	125.02	55.75	617.2
2015	12.99	61.49	44.68	35.89	69.65	212.87	125.96	62.84	626.37
2016	13.11	65.77	42.57	35.38	65.50	203.36	135.51	50.66	611.86
2017	12.95	66.65	48.07	39.47	59.31	197.21	112.55	58.47	594.68
2018	13.12	64.85	45.96	37.05	68.26	219.90	128.84	58.61	636.59

根据表9-57，在市（州）尺度上，果洛州、海东市和玉树州的多年平均固土价值较高，分别为0.27亿元、0.23亿元和0.22亿元。西宁市固土价值总量是全省的低值区域，多年平均总价值为0.063亿元。其他市（州）的多年平均总价值均在0.1亿元以内。

表9-57 青海省各市（州）2000～2018年土壤水蚀控制服务固土价值

（单位：亿元）

年份	西宁市	海东市	海北州	黄南州	海南州	果洛州	玉树州	海西州	全省
2000	0.0183	0.0395	0.0918	0.0209	0.0541	0.1812	0.1654	0.1733	0.7445
2001	0.1251	0.4177	0.1439	0.0471	0.0793	0.0770	0.0644	0.0342	0.9887
2002	0.0183	0.0144	0.0931	0.0154	0.0546	0.1641	0.6081	0.1819	1.1499
2003	0.0250	0.2560	0.0855	0.1649	0.0789	0.3062	0.2149	0.0339	1.1654
2004	0.1130	0.2419	0.1522	0.0842	0.0866	0.6593	0.0968	0.0645	1.4985
2005	0.0724	0.2724	0.0974	0.0773	0.1280	0.2473	0.1234	0.0350	1.0532
2006	0.0423	0.1671	0.0692	0.0438	0.0688	0.0674	0.1154	0.0704	0.6444
2007	0.0392	0.2400	0.0674	0.0600	0.0931	0.1616	0.3034	0.0475	1.0122
2008	0.0648	0.2489	0.0830	0.0605	0.1128	0.2490	0.2331	0.0746	1.1267
2009	0.0691	0.2356	0.0954	0.0592	0.1330	0.2817	0.2258	0.0828	1.1826
2010	0.0733	0.2520	0.0863	0.0656	0.1339	0.3140	0.2281	0.1005	1.2535
2011	0.0735	0.2647	0.0870	0.0673	0.1330	0.3149	0.2241	0.0859	1.2504

续表

年份	西宁市	海东市	海北州	黄南州	海南州	果洛州	玉树州	海西州	全省
2012	0.0713	0.2371	0.0909	0.0603	0.1223	0.3093	0.2173	0.0947	1.2033
2013	0.0736	0.2570	0.0879	0.0688	0.1043	0.2868	0.2339	0.0861	1.1982
2014	0.0731	0.2499	0.0840	0.0640	0.1294	0.3129	0.2132	0.0939	1.2204
2015	0.0629	0.2294	0.0820	0.0650	0.1472	0.3024	0.2092	0.1014	1.1994
2016	0.0632	0.2521	0.0781	0.0626	0.1388	0.2906	0.2244	0.0837	1.1936
2017	0.0627	0.2546	0.0885	0.0700	0.1179	0.2830	0.1893	0.0980	1.1639
2018	0.0623	0.2466	0.0864	0.0645	0.1466	0.3125	0.2150	0.1003	1.2343

根据表9-58，在市（州）尺度上，果洛州和玉树州保肥价值较高，分别为185.04亿元和126.51亿元。西宁市保肥价值总量是全省低值区域，多年平均总价值为12.43亿元。其他市（州）的多年平均保肥价值均在30亿～57亿元之间。

表9-58 青海省各市（州）2000～2018年土壤水蚀控制服务保肥价值

（单位：亿元）

年份	西宁市	海东市	海北州	黄南州	海南州	果洛州	玉树州	海西州	全省
2000	4.41	9.04	53.22	13.24	32.98	131.18	94.99	99.45	438.51
2001	24.75	93.30	61.12	21.10	34.88	49.29	38.22	21.80	344.46
2002	4.42	4.18	54.07	10.54	33.26	120.09	331.30	104.66	662.51
2003	6.17	68.73	43.32	100.30	34.66	193.01	135.28	21.57	603.03
2004	23.27	61.05	67.50	44.37	42.41	432.99	61.95	41.14	774.68
2005	14.71	67.39	53.38	42.13	61.88	172.53	79.28	21.61	512.91
2006	9.86	40.63	33.76	19.79	30.77	47.32	65.37	41.44	288.95
2007	8.77	58.96	33.01	32.38	45.60	116.07	178.19	28.19	501.18
2008	10.84	60.99	43.53	34.43	52.30	177.16	139.86	46.49	565.59
2009	13.58	59.66	48.03	32.87	64.91	194.32	133.28	49.22	595.86
2010	13.22	60.54	43.77	37.32	65.47	216.69	133.04	58.25	628.30
2011	12.96	61.96	44.38	36.70	63.62	216.97	131.18	50.12	617.88
2012	12.31	56.23	45.88	34.09	61.34	213.76	125.99	54.13	603.74
2013	12.98	60.70	45.26	38.00	50.25	196.81	137.92	50.30	592.22
2014	12.83	60.60	42.14	36.21	62.90	215.30	122.99	54.84	607.80
2015	12.73	60.41	44.04	35.37	68.53	210.04	123.96	61.86	616.95
2016	12.85	64.61	41.96	34.87	64.44	200.65	133.36	49.85	602.60
2017	12.69	65.47	47.38	38.90	58.37	194.57	110.74	57.54	585.65
2018	12.86	63.70	45.31	36.51	67.15	216.98	126.78	57.65	626.93

根据表9-59，在市（州）尺度上，果洛州和玉树州减淤价值较高，分别为2.24亿元和1.85亿元。西宁市减淤价值总量是全省低值区域，多年平均总价值为0.18亿元。

其他市（州）的多年平均减淤价值均在0.4亿～0.8亿元之间。

表9-59 青海省各市（州）2000～2018年土壤水蚀控制服务减淤价值

（单位：亿元）

年份	西宁市	海东市	海北州	黄南州	海南州	果洛州	玉树州	海西州	全省
2000	0.06	0.12	0.63	0.16	0.45	1.52	1.42	1.45	5.82
2001	0.35	1.29	0.79	0.28	0.50	0.64	0.57	0.30	4.72
2002	0.06	0.06	0.64	0.13	0.45	1.38	5.13	1.53	9.37
2003	0.08	0.95	0.55	1.25	0.50	2.54	1.84	0.30	8.02
2004	0.33	0.85	0.86	0.57	0.58	5.41	0.85	0.57	10.01
2005	0.21	0.94	0.67	0.54	0.87	2.07	1.06	0.30	6.66
2006	0.14	0.57	0.43	0.26	0.44	0.56	0.99	0.60	3.99
2007	0.13	0.82	0.40	0.42	0.64	1.35	2.61	0.40	6.77
2008	0.16	0.85	0.54	0.44	0.73	2.07	2.00	0.64	7.43
2009	0.20	0.83	0.60	0.42	0.91	2.34	1.93	0.72	7.95
2010	0.20	0.85	0.56	0.47	0.92	2.61	1.95	0.87	8.43
2011	0.19	0.87	0.56	0.47	0.90	2.62	1.91	0.74	8.26
2012	0.18	0.79	0.58	0.43	0.86	2.58	1.85	0.81	8.08
2013	0.19	0.85	0.57	0.48	0.71	2.39	2.00	0.74	7.94
2014	0.19	0.85	0.54	0.46	0.89	2.60	1.82	0.81	8.16
2015	0.19	0.85	0.56	0.45	0.98	2.52	1.80	0.88	8.22
2016	0.19	0.91	0.53	0.45	0.92	2.42	1.93	0.72	8.07
2017	0.19	0.93	0.60	0.50	0.82	2.36	1.63	0.84	7.85
2018	0.19	0.90	0.57	0.47	0.96	2.61	1.85	0.86	8.40

2. 青海省各生态系统类型水蚀控制服务价值

根据表9-60，2000～2018年青海省各生态系统类型平均水蚀控制服务占比依次为：草地（65.44%）＞灌木（19.33%）＞其他（6.91%）＞乔木（3.47%）＞耕地（2.44%）＞湿地（2.12%）＞人工表面（0.29%）。

表9-60 青海省各生态系统类型水蚀控制服务价值 （单位：亿元）

年份	乔木	灌木	草地	湿地	耕地	人工表面	其他	全省
2000	11.81	78.28	301.42	10.71	3.61	0.65	45.52	452.00
2001	25.16	77.61	194.84	5.33	27.24	1.57	22.69	354.44
2002	13.73	119.86	484.03	11.99	2.48	0.96	55.71	688.75
2003	25.99	131.15	401.11	12.58	13.08	1.73	32.94	618.57
2004	38.70	188.73	487.08	16.03	18.93	1.76	41.11	792.34
2005	19.72	102.75	337.64	13.68	16.74	1.74	31.08	523.36

续表

年份	乔木	灌木	草地	湿地	耕地	人工表面	其他	全省
2006	12.16	51.90	191.51	5.53	10.86	1.05	24.29	297.30
2007	15.59	87.23	343.19	13.39	13.37	1.52	39.91	514.21
2008	20.44	108.05	382.65	13.75	15.77	1.69	36.79	579.16
2009	21.62	116.66	397.59	13.61	15.36	1.64	43.08	609.56
2010	22.38	121.64	423.58	14.87	15.14	1.74	43.42	642.77
2011	21.60	121.26	415.94	14.27	15.95	1.71	41.73	632.45
2012	21.32	119.31	406.20	14.07	14.63	1.56	41.16	618.25
2013	20.21	114.72	398.81	13.49	15.32	1.68	42.12	606.34
2014	21.43	119.54	408.05	14.08	14.96	1.67	42.83	622.55
2015	17.86	119.90	421.28	11.46	13.47	2.41	45.86	632.24
2016	17.63	117.33	410.19	11.74	14.16	2.26	44.04	617.35
2017	18.13	116.20	394.71	11.54	13.99	2.22	42.21	599.01
2018	17.65	121.74	426.31	12.22	14.14	2.39	46.66	641.10

注：其他类型包括苔藓/地衣、裸岩、戈壁、裸土、沙漠、盐碱地、冰川/永久积雪。

9.6　土壤风蚀控制服务量及价值

9.6.1　土壤风蚀控制服务量

1. 青海省各市（州）风蚀控制服务量

全省2000～2018年期间年平均防风固沙服务约7.6kg/m^2，总量约为5000万t（表9-61）。从总量看，2016年青海省土壤风蚀控制服务最低，约1671.41万t，2010年最高，约7004.61万t，整体上，全省土壤风蚀控制服务呈现下降趋势（图9-30）。在空间上（图9-31），土壤风蚀控制服务高值区分布在青海省西部区域，中部及东部是土壤风蚀控制服务的低值区域。在2000～2007年，青海省西部是土壤风蚀控制服务的主要区域，2007年之后，土壤风蚀控制服务高的主要区域逐渐向青海省中部扩展。2016年与2017年，土壤风蚀控制服务整体较少。青海省西北部一直是土壤风蚀控制服务的高值区。

表9-61　青海省各市（州）土壤风蚀控制服务量　（单位：万t）

年份	西宁市	海东市	海北州	黄南州	海南州	果洛州	玉树州	海西州	全省
2000	1.71	2.64	71.94	0.23	118.26	50.38	2015.20	2738.52	4998.88
2001	0.71	1.28	19.54	0.44	74.52	58.41	2514.02	2391.67	5060.59
2002	3.41	7.08	67.44	20.33	133.03	286.22	2419.60	3294.60	6231.71
2003	2.71	9.48	61.78	1.41	109.65	332.41	2985.48	3246.02	6748.94

续表

年份	西宁市	海东市	海北州	黄南州	海南州	果洛州	玉树州	海西州	全省
2004	1.36	3.57	75.66	13.85	81.39	318.35	2656.44	3164.29	6314.91
2005	0.92	0.71	41.30	1.39	85.59	148.37	2443.00	2534.83	5256.11
2006	0.06	0.36	23.00	0.35	19.96	108.11	2365.32	2867.71	5384.87
2007	1.03	2.73	75.67	20.67	140.77	263.45	2194.11	2948.94	5647.37
2008	0.16	1.79	116.19	10.11	173.95	224.94	1654.24	1948.50	4129.88
2009	2.57	4.82	143.47	61.53	214.03	492.58	2250.58	2092.42	5262
2010	6.21	14.46	302.15	55.37	450.50	348.61	2534.62	3292.69	7004.61
2011	2.05	3.09	172.99	0.95	289.02	584.60	2711.05	3121.70	6885.45
2012	3.32	3.93	283.10	24.05	513.55	785.92	2137.78	2749.04	6500.69
2013	2.16	0.71	144.66	3.86	176.69	288.84	1922.69	1982.40	4522.01
2014	0.93	3.58	154.48	1.14	143.96	137.91	2100.95	2154.91	4697.86
2015	0.25	12.89	50.71	3.42	43.54	242.36	1030.94	1606.17	2990.28
2016	0.24	1.66	82.98	9.64	118.29	185.62	303.96	969.02	1671.41
2017	1.28	0.63	132.98	1.94	126.28	94.44	324.19	1311.42	1993.16
2018	0.89	1.53	177.01	15.19	213.07	237.58	1332.01	2506.68	4483.96

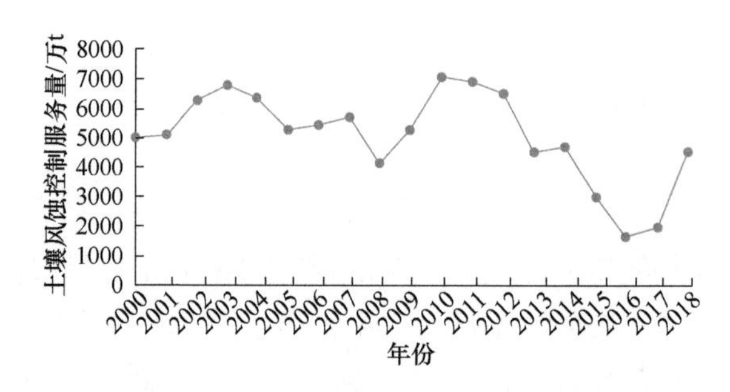

图9-30 青海省2000～2018年土壤风蚀控制服务变化

在市（州）尺度上，海西州和玉树州土壤风蚀控制服务较高，年均大于2000万t。市（州）尺度土壤风蚀控制服务随时间变化较大，尤其是海北州、海南州。除2016年，海西州年土壤风蚀控制服务下降到1000万t以下。玉树州在2016年下降到300万t。海东市和西宁市的土壤风蚀控制服务一直是全省低值区域，年土壤风蚀控制服务量小于3万t。

2. 青海省各生态系统类型风蚀控制服务量

根据表9-62，2000～2018年青海省各生态系统类型平均风蚀控制服务量占比依次为：草地（59.96%）＞其他（33.16%）＞湿地（5.73%）＞灌木（0.87%）＞耕地（0.13%）＞人工表面（0.10%）＞乔木（0.04%）。

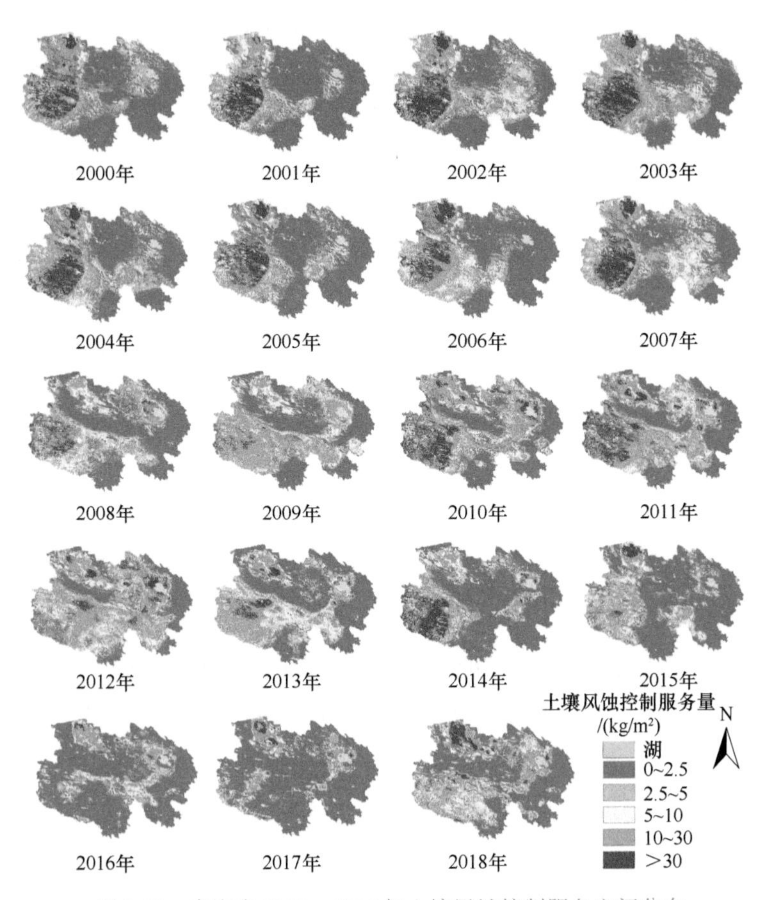

图9-31 青海省2000～2018年土壤风蚀控制服务空间分布

表9-62 青海省各生态系统类型风蚀控制服务量 （单位：万t）

年份	乔木	灌木	草地	湿地	耕地	人工表面	其他	全省
2000	2.49	25.45	2987.90	224.98	4.44	2.84	1772.52	5020.62
2001	0.88	11.51	3294.05	281.10	2.53	2.21	1493.88	5086.16
2002	3.84	48.44	3729.47	309.63	7.11	3.52	2159.02	6261.03
2003	5.90	41.75	4093.38	403.98	4.68	3.25	2229.67	6782.61
2004	3.48	38.37	3726.27	368.10	3.05	3.27	2200.69	6343.22
2005	1.08	17.39	3226.02	267.07	2.56	3.14	1755.53	5272.80
2006	0.68	10.30	3017.72	291.92	0.97	3.30	2076.58	5401.49
2007	2.82	48.06	3431.33	271.66	4.35	3.61	1908.00	5669.83
2008	0.58	41.84	2735.89	252.90	7.15	3.92	1117.12	4159.40
2009	1.19	67.10	3441.54	400.08	10.19	4.92	1367.41	5292.44
2010	2.42	87.82	4299.83	420.99	19.90	8.79	2211.11	7050.87
2011	1.44	68.24	4079.55	472.96	9.11	6.93	2287.04	6925.29

续表

年份	乔木	灌木	草地	湿地	耕地	人工表面	其他	全省
2012	3.21	136.98	3984.09	409.44	18.37	9.64	1971.07	6532.80
2013	0.67	42.49	2802.00	278.92	6.38	6.34	1407.06	4543.85
2014	0.57	27.52	3131.81	261.35	5.16	3.67	1302.86	4732.94
2015	3.03	22.71	1684.68	154.37	3.30	5.09	1123.84	2997.02
2016	0.80	31.40	858.84	89.69	5.16	5.42	682.90	1674.20
2017	0.55	25.15	873.12	104.31	5.16	7.08	988.40	2003.76
2018	0.99	45.05	2320.21	253.16	8.17	12.06	1864.46	4504.09

注：其他类型包括苔藓/地衣、裸岩、戈壁、裸土、沙漠、盐碱地、冰川/永久积雪。

9.6.2 土壤风蚀控制服务价值

1. 青海省各市（州）风蚀控制服务价值

根据表9-63，全省单位面积平均土壤风蚀控制服务价值为56.54万元/km²，其中包括固土价值为0.15万元/km²，保肥价值为56.39万元/km²；土壤风蚀控制服务多年平均总价值为3748.81亿元，包括固土价值9.45亿元和保肥价值3739.36亿元（表9-64）。

表9-63 青海省2000～2018年土壤风蚀控制服务单位价值

（单位：万元/km²）

年份	固土价值	保肥价值	总价值	年份	固土价值	保肥价值	总价值
2000	0.1285	53.3191	53.4475	2010	0.2104	79.5004	79.7108
2001	0.1479	53.9853	54.1332	2011	0.2128	78.9456	79.1584
2002	0.1653	68.7180	68.8834	2012	0.1937	76.4277	76.6214
2003	0.2013	74.8500	75.0513	2013	0.1356	50.8639	50.9995
2004	0.1861	69.9615	70.1476	2014	0.1327	53.5628	53.6955
2005	0.1431	57.2602	57.4033	2015	0.0842	34.3929	34.4771
2006	0.1472	57.7183	57.8655	2016	0.0474	19.2941	19.3415
2007	0.1489	62.2475	62.3964	2017	0.0533	22.2290	22.2823
2008	0.1269	47.2990	47.4260	2018	0.1247	49.5913	49.7160
2009	0.1799	61.4109	61.5908				

表9-64 青海省2000～2018年土壤风蚀控制服务总价值 （单位：亿元）

年份	固土价值	保肥价值	总价值	年份	固土价值	保肥价值	总价值
2000	8.35	3544.99	3553.33	2004	12.08	4643.68	4655.76
2001	9.64	3593.76	3603.40	2005	9.27	3794.72	3803.99
2002	10.73	4561.83	4572.56	2006	9.57	3837.63	3847.21
2003	13.09	4973.62	4986.71	2007	9.67	4132.52	4142.18

续表

年份	固土价值	保肥价值	总价值	年份	固土价值	保肥价值	总价值
2008	8.13	3109.05	3117.18	2014	8.59	3538.67	3547.26
2009	11.64	4060.71	4072.34	2015	5.47	2286.46	2291.93
2010	13.59	5255.26	5268.85	2016	3.08	1286.23	1289.30
2011	13.75	5222.18	5235.93	2017	3.44	1476.65	1480.09
2012	12.48	5048.93	5061.41	2018	8.12	3314.34	3322.46
2013	8.78	3366.68	3375.45				

整体来看（图9-32），青海省西部是土壤风蚀控制服务总价值的高值分布区域，中部和东部是风蚀控制服务的低值区域。2016年与2017年，土壤风蚀控制服务总价值小于其他年份（表9-64）；2010年的土壤风蚀控制服务总价值为统计时段内最高，总价值为5268.85亿元；2016年的土壤风蚀控制服务总价值为统计时段内最低，总价值为1289.30亿元。

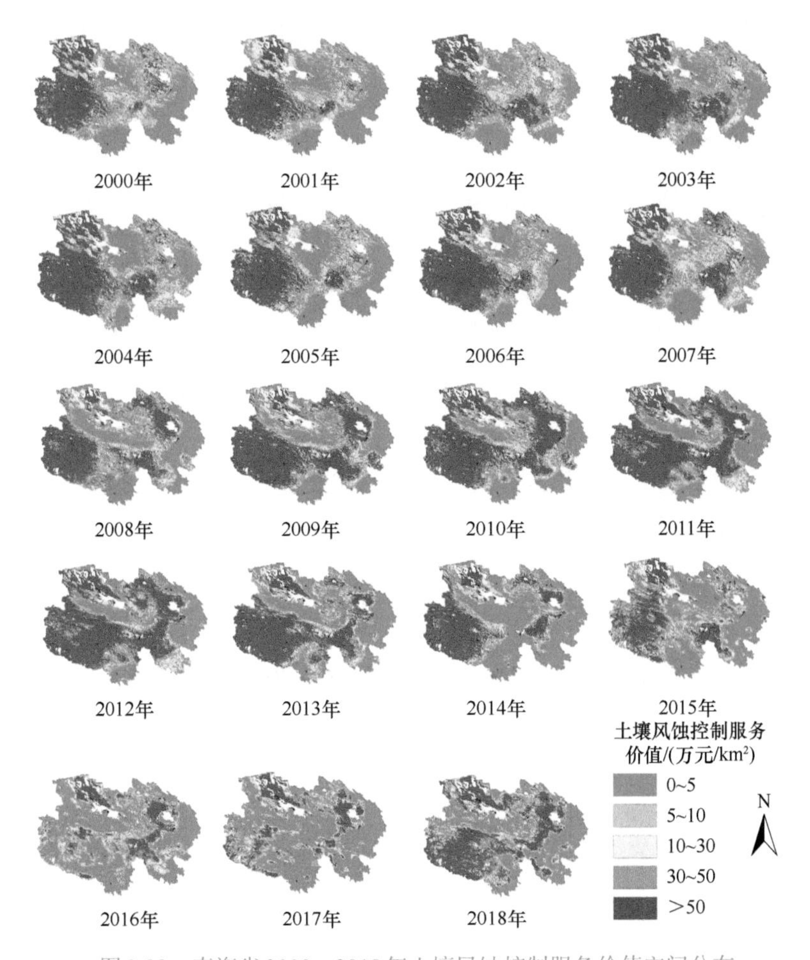

图9-32　青海省2000～2018年土壤风蚀控制服务价值空间分布

根据图9-33，固土价值在青海省大部分地区都不超过0.5万元/km²。高值区域分布于青海省西南部的玉树州和海西州，2008年开始，环青海湖区域固土价值也属于高值区域；低值区域位于青海省西北部和东部。2011年的固土总价值为统计时段内最高，总固土价值为13.75亿元，2016年的固土价值为统计时段内最低，总固土价值为3.08亿元（表9-64）。

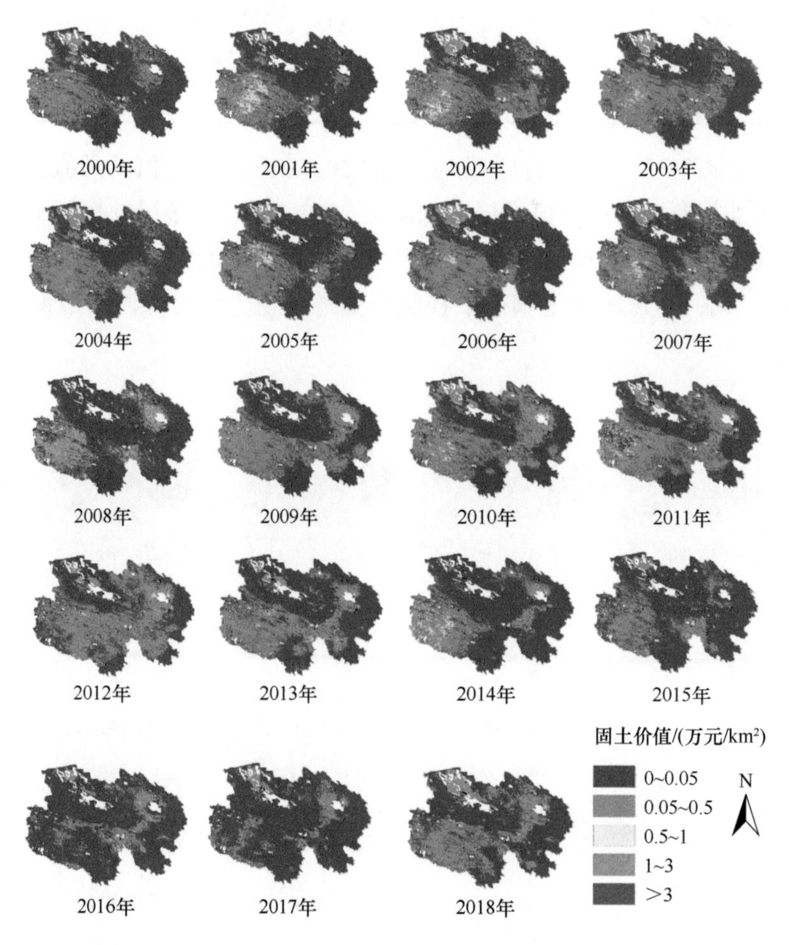

图9-33 青海省2000～2018年土壤风蚀控制服务固土价值空间分布

根据图9-34，保肥价值的分布和风蚀控制服务总价值的分布情况类似，西部是保肥价值的高值区域，中东部是低值区域。2016年与2017年，保肥价值小于其他年份，分别为1286.23亿元和1476.65亿元，2010年的保肥价值为统计时段内保肥价值最高，保肥价值为5255.26亿元（表9-64）。

根据表9-65，在市（州）尺度上，海西州和玉树州土壤风蚀控制服务多年平均总价值较高，分别为1769.15亿元和1395.14亿元。西宁市、海东市和黄南州是土壤风蚀控制服务总价值的低值区域，多年平均总价值分别为1.35亿元、3.05亿元和10.9亿元，其他市（州）的多年平均总价值均在100亿～400亿之间。

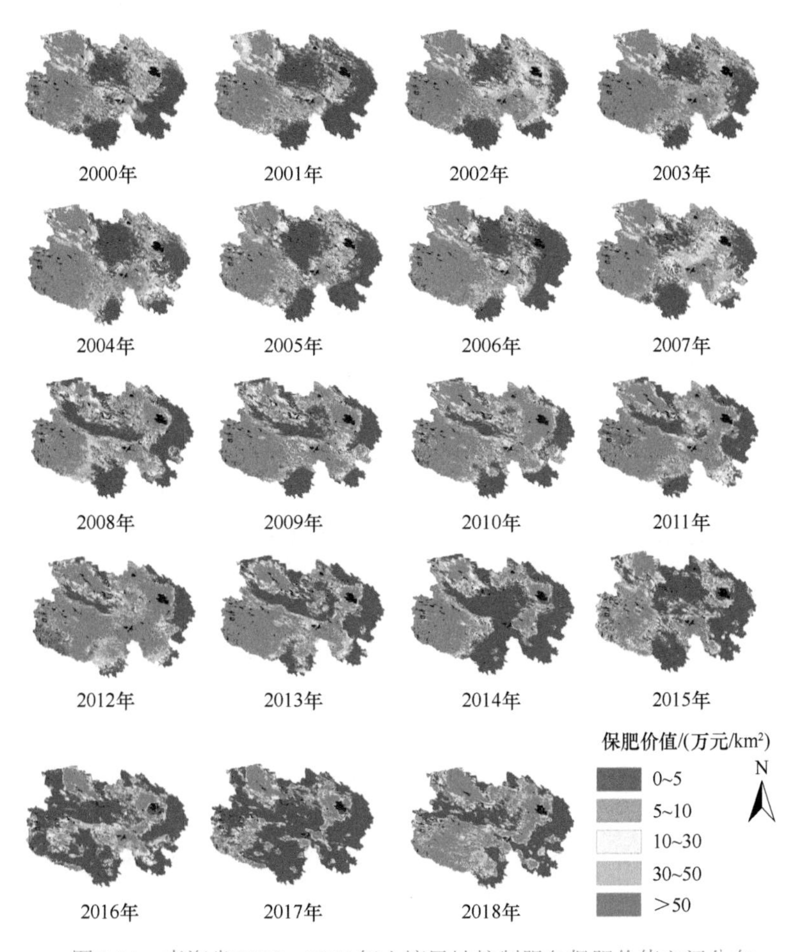

图9-34　青海省2000～2018年土壤风蚀控制服务保肥价值空间分布

表9-65　青海省各市（州）2000～2018年土壤风蚀控制服务总价值

（单位：亿元）

年份	西宁市	海东市	海北州	黄南州	海南州	果洛州	玉树州	海西州	全省
2000	1.34	2.06	63.64	0.20	80.35	65.33	1388.59	1951.82	3553.33
2001	0.55	1.00	17.23	0.37	50.89	78.46	1732.69	1722.20	3603.39
2002	2.63	5.46	60.10	17.22	97.54	353.35	1678.70	2357.56	4572.56
2003	2.07	7.21	54.00	1.19	77.23	431.11	2093.77	2320.12	4986.7
2004	1.07	2.77	66.17	11.69	57.83	406.40	1857.41	2252.43	4655.77
2005	0.73	0.56	36.71	1.18	59.13	216.21	1674.28	1815.19	3803.99
2006	0.05	0.28	19.44	0.29	14.10	139.17	1647.13	2026.75	3847.21
2007	0.81	2.10	66.20	17.44	99.91	317.13	1510.94	2127.65	4142.18
2008	0.13	1.32	107.21	8.42	118.78	287.82	1152.51	1441.00	3117.19
2009	2.09	3.59	130.58	51.66	148.22	606.47	1600.06	1529.68	4072.35

续表

年份	西宁市	海东市	海北州	黄南州	海南州	果洛州	玉树州	海西州	全省
2010	5.03	10.94	271.89	46.49	310.85	445.56	1784.23	2393.85	5268.84
2011	1.59	2.17	157.36	0.80	201.09	715.26	1923.69	2233.97	5235.93
2012	2.76	2.91	257.61	20.33	359.30	943.02	1522.34	1953.14	5061.41
2013	1.80	0.50	130.26	3.21	121.62	358.17	1356.08	1403.80	3375.44
2014	0.78	2.49	142.45	0.96	100.51	226.08	1468.94	1605.05	3547.26
2015	0.21	9.79	46.73	2.89	29.43	333.37	730.15	1139.36	2291.93
2016	0.19	1.25	77.39	8.14	80.38	231.19	218.19	672.57	1289.3
2017	1.06	0.46	117.87	1.65	85.88	138.63	228.42	906.12	1480.09
2018	0.75	1.17	159.26	12.96	144.93	302.34	939.50	1761.56	3322.47

根据表9-66，在市（州）尺度上，玉树州和海西州多年平均固土价值较高，分别为4.96亿元和2.92亿元。西宁市、海东市和黄南州是固土价值的低值区域，多年平均总价值为30万元、69万元和272万元，其他市（州）多年平均总价值均在0.2亿元以上。

表9-66 青海省各市（州）2000～2018年土壤风蚀控制服务固土价值

（单位：亿元）

年份	西宁市	海东市	海北州	黄南州	海南州	果洛州	玉树州	海西州	全省
2000	0.0029	0.0041	0.2466	0.0004	0.1883	0.1829	4.4583	3.2629	8.35
2001	0.0012	0.0020	0.0751	0.0007	0.1201	0.2108	5.9898	3.2355	9.64
2002	0.0057	0.0128	0.2404	0.0357	0.2095	0.8770	5.4488	3.9044	10.73
2003	0.0045	0.0151	0.2069	0.0024	0.1817	1.1907	7.6055	3.8821	13.09
2004	0.0026	0.0061	0.2935	0.0236	0.1360	1.1214	6.8046	3.6927	12.08
2005	0.0017	0.0010	0.1673	0.0024	0.1338	0.4178	5.6224	2.9252	9.27
2006	0.0001	0.0005	0.0975	0.0006	0.0342	0.4498	5.9924	2.9986	9.57
2007	0.0019	0.0043	0.3075	0.0355	0.2196	0.7631	4.8193	3.5155	9.67
2008	0.0003	0.0027	0.3868	0.0246	0.2850	0.8073	3.6769	2.9482	8.13
2009	0.0041	0.0083	0.4656	0.1344	0.3399	1.6531	6.1524	2.8818	11.64
2010	0.0102	0.0250	0.8880	0.1196	0.7276	1.3082	6.5824	3.9255	13.59
2011	0.0035	0.0051	0.4784	0.0026	0.4383	1.9803	7.1250	3.7193	13.75
2012	0.0062	0.0062	0.8470	0.0572	0.7985	2.1217	5.4700	3.1719	12.48
2013	0.0041	0.0013	0.3794	0.0106	0.2655	0.8373	4.8902	2.3867	8.78
2014	0.0019	0.0068	0.4485	0.0038	0.2169	0.2660	4.5876	3.0613	8.59
2015	0.0006	0.0229	0.1801	0.0080	0.0671	0.8455	2.7293	1.6145	5.47
2016	0.0005	0.0029	0.2972	0.0212	0.1743	0.6260	1.0618	0.8947	3.08
2017	0.0026	0.0012	0.4454	0.0034	0.1937	0.4693	1.1560	1.1695	3.44
2018	0.0021	0.0024	0.6288	0.0306	0.3248	0.7479	4.1168	2.2657	8.12

根据表9-67，在市（州）尺度上海西州和玉树州保肥价值较高，分别为1766.23亿元和1390.28亿元。西宁市、海东市和黄南州是保肥价值的低值区域，多年平均总价值分别为1.35亿元、3.05亿元和10.87亿元，其他市（州）的多年平均保肥价值均在100亿～400亿元之间。

表9-67 青海省各市（州）2000～2018年土壤风蚀控制服务保肥价值

（单位：亿元）

年份	西宁市	海东市	海北州	黄南州	海南州	果洛州	玉树州	海西州	全省
2000	1.34	2.05	63.39	0.20	80.17	65.15	1384.13	1948.56	3544.99
2001	0.55	1.00	17.15	0.37	50.77	78.25	1726.71	1718.97	3593.76
2002	2.63	5.45	59.86	17.19	97.33	352.47	1673.25	2353.66	4561.83
2003	2.06	7.19	53.79	1.19	77.05	429.92	2086.17	2316.23	4973.62
2004	1.06	2.76	65.88	11.66	57.69	405.28	1850.61	2248.73	4643.68
2005	0.73	0.55	36.54	1.18	58.99	215.80	1668.66	1812.26	3794.72
2006	0.05	0.28	19.34	0.29	14.06	138.72	1641.14	2023.75	3837.63
2007	0.81	2.09	65.89	17.40	99.69	316.37	1506.12	2124.14	4132.52
2008	0.13	1.31	106.82	8.40	118.49	287.01	1148.83	1438.05	3109.05
2009	2.09	3.58	130.11	51.52	147.88	604.82	1593.91	1526.80	4060.71
2010	5.02	10.92	271.00	46.37	310.13	444.26	1777.65	2389.92	5255.26
2011	1.59	2.17	156.88	0.80	200.65	713.28	1916.57	2230.25	5222.18
2012	2.76	2.91	256.76	20.27	358.50	940.89	1516.87	1949.97	5048.93
2013	1.80	0.50	129.88	3.20	121.35	357.34	1351.19	1401.42	3366.68
2014	0.78	2.48	142.00	0.96	100.29	225.81	1464.35	1601.99	3538.67
2015	0.21	9.76	46.55	2.88	29.36	332.52	727.42	1137.75	2286.46
2016	0.19	1.24	77.09	8.12	80.21	230.56	217.13	671.67	1286.23
2017	1.06	0.46	117.42	1.65	85.68	138.16	227.26	904.95	1476.65
2018	0.75	1.17	158.63	12.93	144.60	301.59	935.38	1759.29	3314.34

2. 青海省各生态系统类型风蚀控制服务价值

根据表9-68，2000～2018年青海省各生态系统类型平均风蚀服务价值占比依次为：草地（63.62%）>其他（28.96%）>湿地（6.15%）>灌木（1.00%）>耕地（0.13%）>人工表面（0.09%）>乔木（0.04%）。

表9-68 青海省各生态系统类型风蚀控制服务价值 （单位：亿元）

年份	乔木	灌木	草地	湿地	耕地	人工表面	其他	全省
2000	2.06	20.39	2132.98	157.58	3.02	1.82	1127.45	3445.30
2001	0.71	9.03	2348.84	195.66	1.63	1.37	966.73	3523.96
2002	3.07	40.16	2786.57	231.45	5.16	2.47	1363.51	4432.39

续表

年份	乔木	灌木	草地	湿地	耕地	人工表面	其他	全省
2003	4.74	34.66	3077.85	305.14	3.26	2.20	1426.26	4854.11
2004	2.84	32.14	2803.33	276.40	2.11	2.17	1403.66	4522.64
2005	0.88	14.12	2357.05	189.25	1.65	1.75	1117.47	3682.17
2006	0.55	8.37	2180.73	213.29	0.63	1.71	1294.93	3700.20
2007	2.26	39.22	2553.11	201.83	2.93	2.23	1209.07	4010.63
2008	0.48	33.74	2103.17	197.68	5.12	2.54	734.47	3077.20
2009	0.92	55.18	2727.03	322.74	7.58	3.42	902.17	4019.04
2010	1.92	71.12	3316.92	327.92	14.28	5.72	1410.45	5148.34
2011	1.16	56.66	3216.05	376.73	6.53	4.29	1458.72	5120.15
2012	2.54	112.61	3236.01	340.00	13.04	6.09	1226.74	4937.03
2013	0.54	35.09	2160.11	211.08	4.64	3.20	867.06	3281.72
2014	0.51	23.98	2411.77	189.76	4.29	2.26	882.42	3514.99
2015	2.50	19.99	1357.58	136.22	1.88	3.35	653.90	2175.41
2016	0.63	25.89	716.03	83.19	3.17	3.39	386.70	1219.02
2017	0.43	20.58	704.83	93.06	3.43	4.43	539.19	1365.95
2018	0.82	37.54	1810.77	206.25	5.33	6.62	1059.43	3126.77

注：其他类型包括苔藓/地衣、裸岩、戈壁、裸土、沙漠、盐碱地、冰川/永久积雪。

第10章　生态系统文化服务价值

10.1　生态系统文化服务相对价值

青海省文化服务相对价值指数如表10-1所示。

表10-1　青海省文化服务相对价值大小

社会价值类型	N（价值点总数）	R（平均最近邻比率）	M（价值指数）
审美价值	676	0.082	9
生物多样性价值	568	0.183	8
文化价值	579	0.101	6
经济价值	503	0.279	4
物理基础价值	578	0.357	7
学习价值	585	0.188	6
娱乐价值	505	0.285	4
精神价值	581	0.182	5
疗养价值	510	0.239	3

其中N为问卷调查中得到的价值点数量；R为点之间的观测距离与点之间的预期距离之比，对点数据进行完全空间随机（CSR）假设检验，即平均最邻近比率，M为价值指数，价值指数可用于衡量和比较跨社会价值类型和调查子群体的价值差异的大小，并生成社会价值图和相关的环境指标。为了分析单个调查子组中的多种社会价值类型，社会价值类型在价值指数上获得的价值越高，该调查子组对它的评价就越高。在价值指数上达到10的一种社会价值类型对应于研究区域内的一个或多个位置，在该区域内，调查子群体对这种社会价值类型的重视程度高于其他任何位置，也高于其他任何一个社会价值类型。相对价值指数的空间分布如图10-1所示。

基于问卷调查结果模拟计算后获取到的相对价值结果为：审美价值＞生物多样性价值＞物理基础价值＞学习价值＞精神价值＞娱乐价值＞经济价值＞疗养价值。

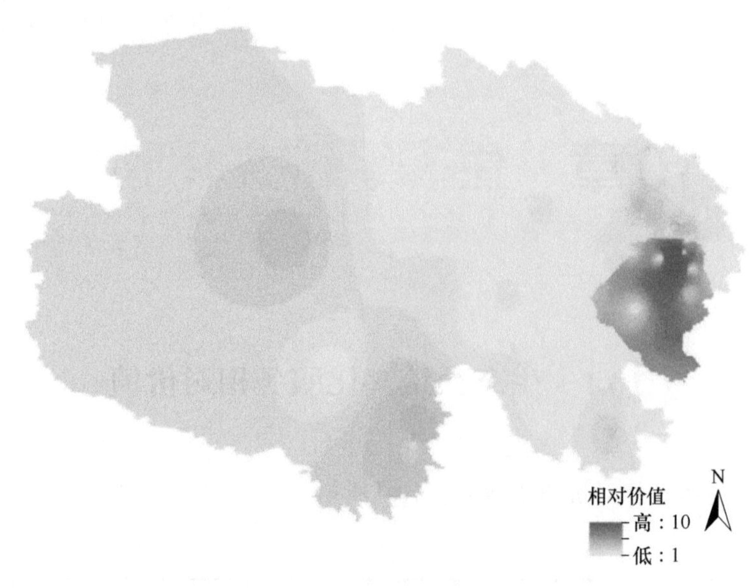

图10-1 青海省文化服务相对价值分布

10.2 生态系统文化服务绝对价值

1. 青海省各市（州）生态系统文化服务价值

将绝对价值分为两个部分即使用价值和科研投入价值，计算公式如下：

文化旅游价值＝使用价值＋科研投入价值＝（消费者支出价值＋消费者剩余价值）＋科研投入价值 （10-1）

式中，消费者支出价值＝旅游成本（TC）×2018年青海省旅游人数，为512亿元；科研投入价值来自《青海省科学技术厅2018年度部门决算》，为4.69亿元；计算消费者剩余价值可以将旅行实际费用作为一种“影子价格”，当影子价格增加时，游客将减少，这符合供给一需求曲线。根据所求出的旅游总人次（Y）与其对应的包含不同价格的旅行费用数据（X），在SPSS中回归模拟，对多个回归分析模型的拟合效果比较分析，得知二次函数模拟最优，根据TCM技术特征和原理（张帆，1998），求得曲线计算曲线下面积得到消费者剩余价值，为233亿元。

青海省文化服务价值＝512亿元＋4.69亿元＋233亿元＝749.69亿元。

根据文化服务相对价值指数，将绝对文化服务价值分配在空间上如图10-2所示。

在考虑到青海省国内游客接待量的影响和国内经济发展状况的影响后，将2018年的估值结果折算得到2000～2018年的文化服务价值。具体折算方法如下：

$$\mathrm{RV}_{n-1}=\frac{\mathrm{RV}_n}{(1+\mathrm{IR}_n)\times(1+\mathrm{GDT}_n)} \quad (10\text{-}2)$$

式中，RV_{n-1}为推算目标年青海省文化服务价值；RV_n为推算基础年青海省文化服务价

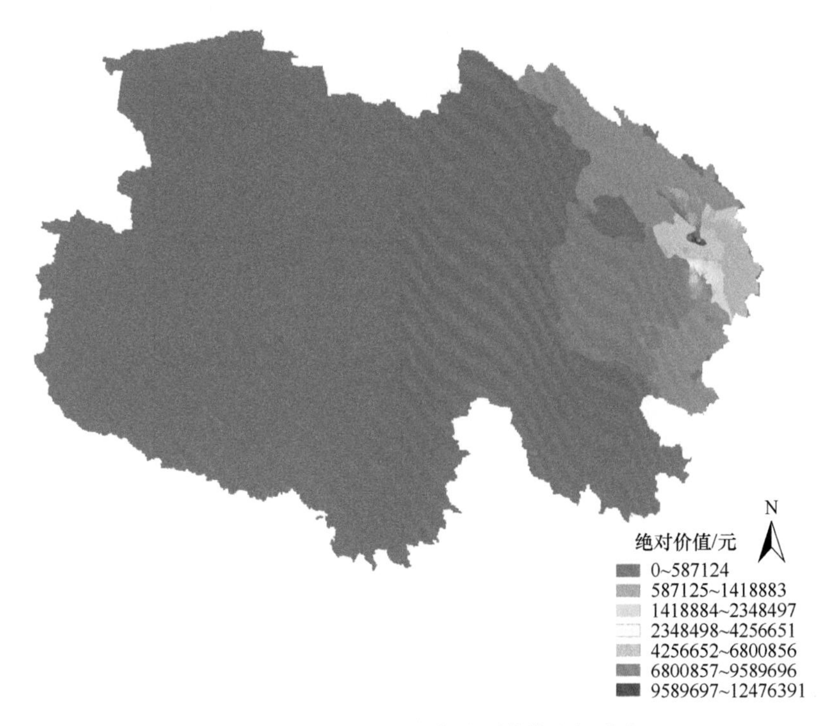

图 10-2 青海省文化服务绝对价值空间分布

值；IR_n为中国人民银行公布的推算基础年通货膨胀率；GDT_n为青海省统计部门公布的推算基础年全省国内游客同比增长率。由此可推算出青海省2000～2018年各年度文化服务价值，结果如表10-2所示。

表 10-2 青海省 2000～2018 年文化服务价值

年份	游客同比增长率/%	通货膨胀率/%	文化服务价值/亿元	年份	游客同比增长率/%	通货膨胀率/%	文化服务价值/亿元
2000	—	—	38.24	2010	10.55	3.3	180.86
2001	16.5	0.7	45.48	2011	15.17	5.4	219.56
2002	11.4	−0.8	50.26	2012	12.00	2.6	252.49
2003	−6.2	1.2	47.70	2013	12.59	2.6	291.63
2004	29.5	3.9	64.21	2014	12.64	2.0	335.37
2005	24.4	1.8	81.29	2015	15.46	1.4	392.38
2006	28.0	1.5	105.60	2016	24.23	2.0	497.15
2007	23.0	4.8	136.12	2017	21.10	1.6	611.49
2008	−9.7	5.9	130.13	2018	20.10	2.1	749.69
2009	22.54	−0.7	158.37				

2000～2018年青海省文化服务价值年际变化如图10-3所示。

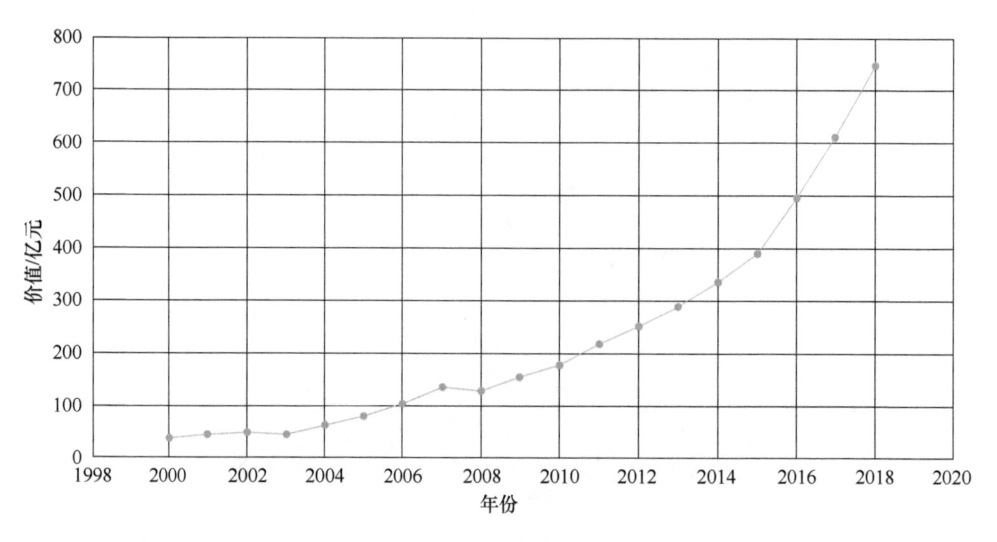

图10-3 青海省2000～2018年文化服务价值年际变化

2. 青海省各生态系统类型文化服务价值

根据表10-3，2000～2018年青海省各生态系统类型平均文化服务价值占比依次为：草地（50.72%）＞耕地（18.21%）＞灌木（16.55%）＞其他（6.41%）＞人工表面（2.80%）＞乔木（2.74%）＞湿地（2.57%）。

表10-3 青海省各生态系统类型文化服务价值 （单位：亿元）

年份	乔木	灌木	草地	湿地	耕地	人工表面	其他	全省
2000	1.36	5.90	18.04	0.93	8.46	0.81	2.68	38.19
2001	1.62	7.02	21.46	1.11	10.06	0.96	3.19	45.42
2002	1.70	7.36	22.51	1.16	10.55	1.01	3.35	47.64
2003	1.79	7.76	23.71	1.23	11.11	1.06	3.52	50.19
2004	2.29	9.91	30.30	1.57	14.20	1.36	4.50	64.13
2005	2.88	12.56	40.04	2.06	15.96	2.01	5.67	81.18
2006	3.74	16.31	52.02	2.68	20.73	2.61	7.37	105.46
2007	4.82	21.03	67.05	3.46	26.72	3.37	9.50	135.94
2008	4.61	20.10	64.10	3.31	25.54	3.22	9.08	129.96
2009	5.61	24.46	78.01	4.02	31.08	3.92	11.05	158.16
2010	6.41	27.92	89.49	4.62	34.88	4.72	12.60	180.63
2011	7.78	33.89	108.63	5.60	42.34	5.73	15.30	219.28
2012	8.95	38.97	124.93	6.44	48.69	6.59	17.59	252.16
2013	10.33	45.01	144.29	7.44	56.24	7.61	20.32	291.25
2014	11.88	51.76	165.93	8.56	64.68	8.75	23.37	334.93
2015	7.70	68.89	204.39	10.17	65.72	12.05	22.97	391.90
2016	9.76	87.28	258.97	12.88	83.27	15.27	29.10	496.54
2017	12.01	107.36	318.53	15.85	102.43	18.78	35.79	610.74
2018	14.72	131.62	390.52	19.43	125.57	23.02	43.88	748.77

注：其他类型包括苔藓/地衣、裸岩、戈壁、裸土、沙漠、盐碱地、冰川/永久积雪。

第11章　青海省生态系统支持服务

11.1　植被净初级生产力分布格局

1. 青海省各市（州）植被净初级生产力

2000～2018年，全省净初级生产力（NPP）多年平均值为300.42g C/m²，整体来看，NPP空间分布格局呈现东高西低、南高北低，由西北向东南逐渐递增趋势（图11-1）；NPP高值区集中于三江源区的东南部、环青海湖地区以及东部地区；低值区分布在柴

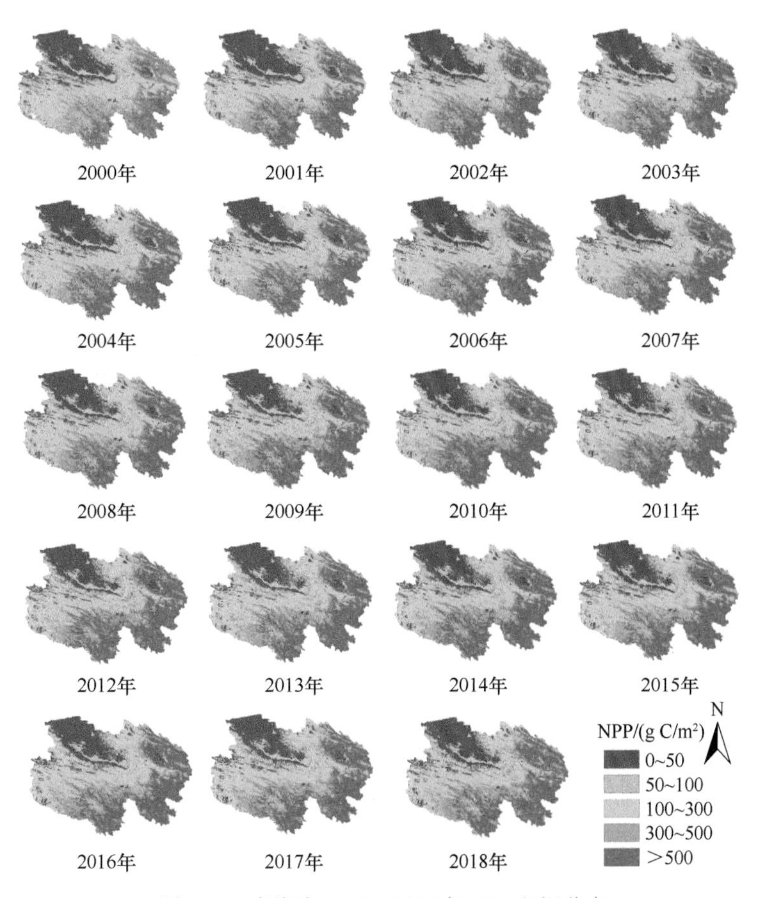

图11-1　青海省2000～2018年NPP空间分布

达木地区和三江源地区的西北部。

2000～2018年，青海省平均植被净初级生产力达300.42g C/m²，呈增加趋势（图11-2）。在市（州）尺度上（表11-1），单位面积植被净初级生产力由大到小依次为黄南州（714.97 g C/m²）＞西宁市（612.88 g C/m²）＞海东市（575.02 g C/m²）＞海北州（525.71 g C/m²）＞果洛州（522.36 g C/m²）＞海南州（464.04 g C/m²）＞玉树州（363.01 g C/m²）＞海西州（120.53 g C/m²）。2000～2018年各市州净初级生产力有小幅增加趋势。

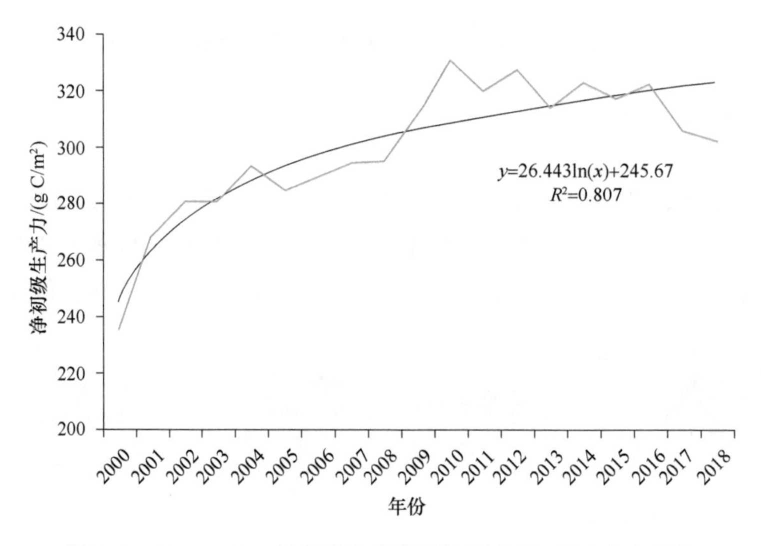

图11-2 2000～2018年青海省单位面积植被净初级生产力变化

表11-1 2000～2018年青海省各市（州）植被净初级生产力

（单位：g C/m²）

年份	西宁市	海东市	海北州	海南州	海西州	果洛州	玉树州	黄南州	青海省
2000	463.74	408.11	419.69	334.19	97.20	417.22	286.55	544.22	235.63
2001	571.08	500.00	477.34	395.69	95.38	478.10	344.03	655.18	268.74
2002	567.73	500.77	502.01	446.64	111.87	490.64	339.78	676.14	281.38
2003	624.04	561.26	507.94	417.71	111.67	482.76	344.56	669.80	281.99
2004	599.79	565.20	510.98	455.46	111.09	514.32	361.58	724.70	293.74
2005	558.76	522.28	509.94	438.33	115.82	483.60	350.87	667.34	285.58
2006	606.10	516.66	541.66	465.21	114.59	511.78	344.33	708.34	290.58
2007	599.63	566.43	522.54	447.84	115.51	522.60	356.48	713.64	295.02
2008	633.26	641.07	500.14	462.51	114.18	514.85	355.04	747.72	295.82
2009	609.19	605.92	531.69	482.28	128.22	529.05	381.42	718.33	311.88
2010	613.71	602.97	543.02	486.15	141.75	564.71	412.30	731.81	331.53

续表

年份	西宁市	海东市	海北州	海南州	海西州	果洛州	玉树州	黄南州	青海省
2011	632.30	588.53	532.27	517.28	133.87	558.08	381.01	753.32	320.15
2012	626.92	640.20	537.05	521.59	138.01	554.57	398.84	754.42	328.26
2013	651.85	653.60	542.60	482.53	128.65	552.93	369.29	767.95	314.50
2014	666.94	652.90	552.33	494.76	125.84	564.23	397.63	772.14	323.88
2015	701.15	597.54	592.47	500.68	124.87	583.07	366.03	784.22	317.90
2016	685.25	644.34	582.46	507.81	125.33	575.36	381.26	791.05	322.78
2017	637.27	587.32	554.50	477.31	126.74	510.90	368.54	713.55	306.05
2018	595.96	570.27	527.94	482.87	129.46	516.12	357.56	690.52	302.65

2. 青海省各生态系统类型净初级生产力

根据表11-2，2000～2018年青海省各生态系统类型平均净初级生产力占比依次为：草地（69.40%）＞其他（11.38%）＞湿地（7.82%）＞灌木（7.73%）＞耕地（2.48%）＞乔木（0.85%）＞人工表面（0.35%）。

表11-2　青海省各生态系统类型净初级生产力

［单位：Tg C（1Tg C=10^{12}g C）］

年份	乔木	灌木	草地	湿地	耕地	人工表面	其他	全省
2000	1.45	12.55	111.40	13.09	3.93	0.46	19.33	162.20
2001	1.66	14.72	129.00	15.02	4.87	0.54	20.35	186.17
2002	1.67	15.22	135.06	15.35	4.96	0.56	21.74	194.57
2003	1.77	15.22	134.42	15.45	5.42	0.57	22.12	194.98
2004	1.80	15.91	140.41	16.16	5.55	0.60	22.68	203.11
2005	1.66	15.07	137.58	15.63	4.71	0.63	22.21	197.49
2006	1.77	15.80	138.91	16.20	4.63	0.63	22.98	200.92
2007	1.80	16.06	140.98	16.08	4.95	0.65	23.46	203.98
2008	1.85	16.17	141.77	15.71	5.57	0.70	22.75	204.53
2009	1.82	16.22	150.12	16.64	5.41	0.70	24.77	215.68
2010	1.83	16.58	159.31	18.29	5.37	0.74	27.15	229.28
2011	1.89	17.05	153.72	17.14	5.32	0.73	25.54	221.39
2012	1.87	16.69	158.08	17.80	5.68	0.76	26.13	227.01
2013	1.93	17.01	150.40	16.81	5.58	0.73	24.98	217.44
2014	1.95	17.22	155.48	17.55	5.78	0.76	25.22	223.95
2015	1.76	17.90	152.74	16.62	5.03	1.00	24.57	219.61

续表

年份	乔木	灌木	草地	湿地	耕地	人工表面	其他	全省
2016	1.78	17.94	155.20	17.00	5.16	1.00	24.89	222.97
2017	1.64	16.31	147.29	16.02	4.94	0.97	24.30	211.46
2018	1.54	15.44	146.43	16.01	4.82	0.95	23.96	209.14

注：其他类型包括苔藓/地衣、裸岩、戈壁、裸土、沙漠、盐碱地、冰川/永久积雪。

11.2 生境质量分布格局

根据InVEST模型计算结果，青海省的生境质量空间分布如图11-3所示。由图11-3可知，生境质量较差的区域主要分布在青海省的海西州以及西宁市和海东市等城市周边地区，生境质量较优的区域分布较为零散，整体上，青海省的生境质量较好。青海省生境质量变化情况如图11-4所示，2000～2015年间青海省大部分地区生境质量保持稳定，生境质量发生变化的区域集中在东北部，质量变差的区域集中于城市周边，主要原因是城市发展和人类活动增加造成的扰动所致；生境质量变化范围较大的时间段是2000～2005年。

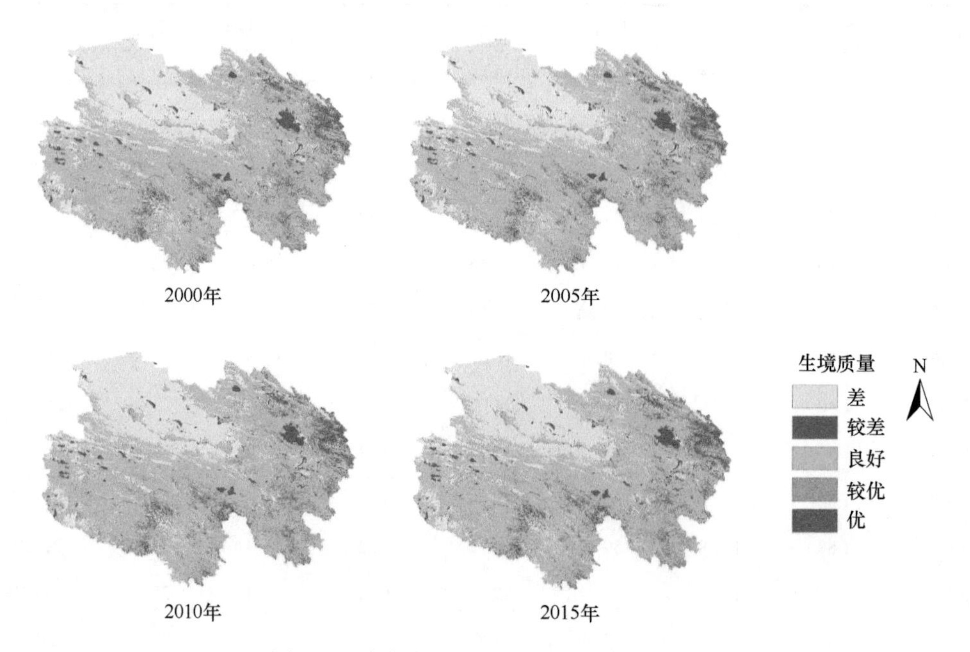

图11-3 青海省2000～2015年生境质量分布

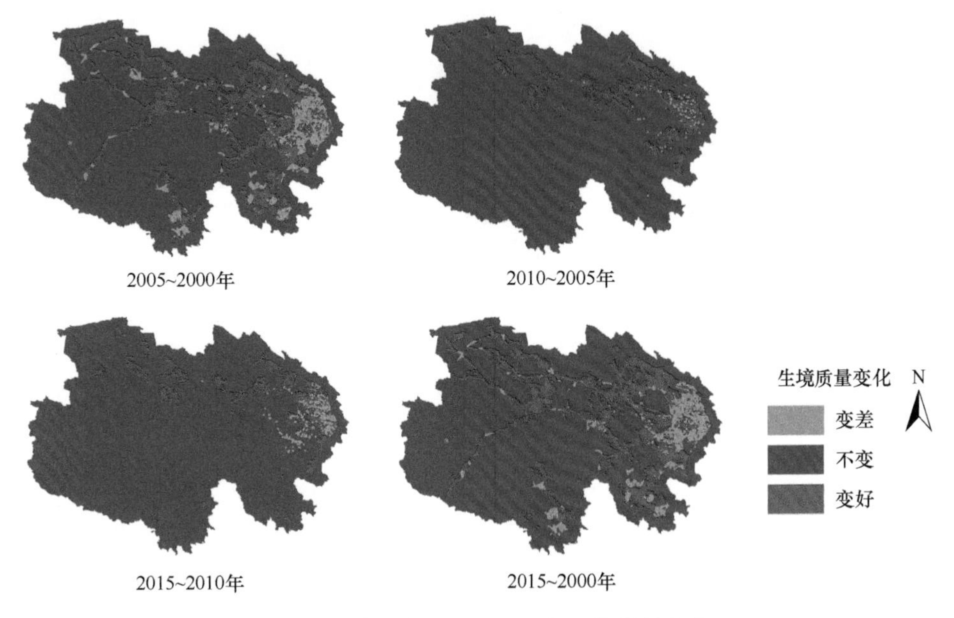

图11-4　青海省2000～2015年生境质量变化

第12章　青海省生态系统服务价值测算的结论与讨论

12.1　青海省生态系统供给服务价值

12.1.1　青海省生态系统供给服务价值总量

1. 青海省各市（州）生态系统供给服务价值总量

2000～2018年青海省生态系统供给服务平均价值空间分布如图12-1所示。2000～2018年青海省生态系统供给服务价值平均总量达23667.88亿元（表12-1），各州市生态系统服务供给价值总量排名为：海西州（10573.80亿元）＞玉树州（8110.01亿元）＞果洛州（2285.50亿元）＞海北州（1128.49亿元）＞海南州（904.95亿元）＞黄南州（328.65亿元）＞海东市（241.06亿元）＞西宁市（95.42亿元）。

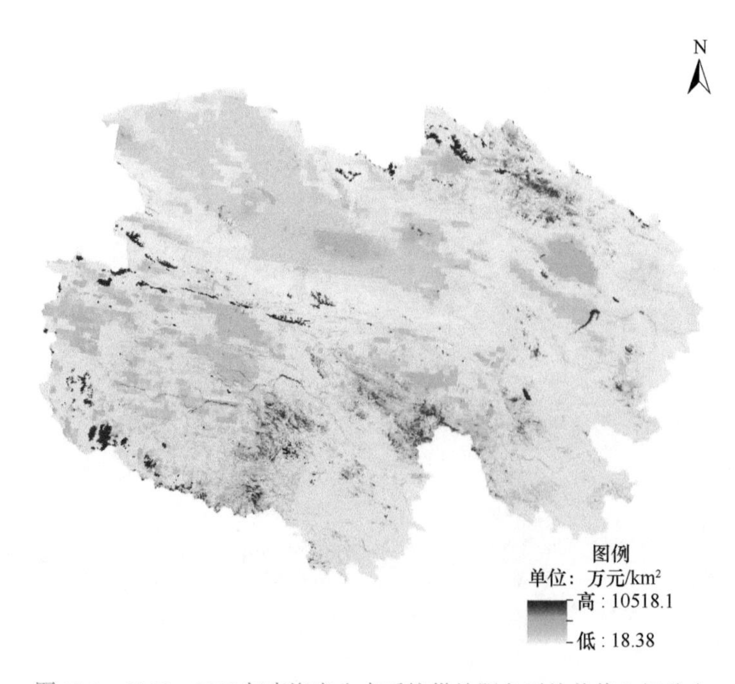

图12-1　2000～2018年青海省生态系统供给服务平均价值空间分布

表12-1　青海省及各市（州）2000～2018年生态系统供给服务价值

（单位：亿元）

年份	西宁市	海东市	海北州	黄南州	海南州	果洛州	玉树州	海西州	全省
2000	62.13	186.32	1056.07	272.85	815.77	2221.70	8071.36	9963.46	22649.65
2001	63.96	188.13	1054.30	277.48	831.30	2165.46	8040.34	9940.02	22560.99
2002	63.20	186.49	1065.20	264.33	844.52	2121.27	8002.89	10175.24	22723.14
2003	65.94	200.89	1095.74	303.97	844.91	2262.15	8119.05	10073.27	22965.92
2004	68.10	201.99	1065.10	302.96	880.37	2283.04	8022.25	10047.27	22871.08
2005	69.99	201.30	1078.27	312.64	921.23	2441.50	8235.28	10239.28	23499.49
2006	70.70	193.66	1067.06	289.38	867.37	2219.82	7909.09	10034.21	22651.29
2007	78.52	220.91	1099.84	333.04	939.99	2452.39	8160.86	10311.99	23597.54
2008	90.19	251.17	1108.21	345.05	903.67	2243.15	8202.28	10427.35	23571.07
2009	92.76	244.39	1131.45	342.30	912.03	2281.91	8226.97	10660.18	23891.99
2010	102.24	252.25	1139.42	332.85	891.64	2220.08	8013.95	10758.63	23711.06
2011	108.41	255.67	1135.69	352.65	909.64	2280.60	7979.45	10850.80	23872.91
2012	113.50	276.87	1138.64	359.09	951.83	2309.88	8022.11	10844.24	24016.16
2013	119.78	276.43	1137.03	348.27	901.95	2201.16	7787.38	10729.57	23501.57
2014	125.54	281.93	1166.34	336.90	897.90	2242.57	8051.06	10747.95	23850.19
2015	117.48	252.80	1149.17	311.81	874.70	2141.10	7664.16	10725.24	23236.46
2016	125.45	288.41	1221.73	349.87	954.49	2272.38	8057.52	11039.94	24309.79
2017	133.68	284.02	1268.67	342.74	969.12	2443.06	8590.91	11515.55	25547.75
2018	141.33	336.52	1263.47	466.19	1081.65	2621.25	8933.34	11817.98	26661.73

2. 青海省各生态系统类型供给服务价值

根据表12-2，2000～2018年青海省各生态系统类型平均供给服务价值占比依次为：其他（41.94%）＞草地（37.86%）＞湿地（17.94%）＞灌木（1.18%）＞耕地（0.70%）＞人工表面（0.28%）＞乔木（0.11%）。

表12-2　青海省各生态系统类型供给服务价值　（单位：亿元）

年份	乔木	灌木	草地	湿地	耕地	人工表面	其他	全省
2000	21.25	229.54	8517.99	4172.51	167.00	29.72	9373.75	22511.76
2001	21.00	222.46	8462.65	4167.99	167.13	29.60	9349.90	22420.74
2002	20.14	210.74	8515.74	4164.53	168.44	29.78	9464.06	22573.44
2003	22.67	244.77	8655.46	4182.58	170.59	30.30	9469.32	22775.70
2004	22.08	242.12	8611.29	4178.69	171.63	30.44	9433.61	22689.85
2005	22.93	271.04	9013.60	4245.30	155.09	40.18	9561.79	23309.93
2006	20.41	232.36	8447.54	4201.48	153.33	39.02	9353.97	22448.10
2007	24.80	277.64	9048.42	4244.97	157.18	40.62	9578.52	23372.15

续表

年份	乔木	灌木	草地	湿地	耕地	人工表面	其他	全省
2008	26.74	277.01	8884.26	4229.97	168.01	47.24	9681.67	23314.90
2009	27.42	291.00	8985.92	4233.46	166.89	50.14	9888.12	23642.95
2010	26.04	272.88	8771.82	4248.23	162.68	60.53	9868.36	23410.54
2011	27.77	285.52	8729.20	4265.00	162.45	70.53	10010.27	23550.74
2012	29.31	295.50	8816.57	4264.71	166.41	67.67	10020.43	23660.61
2013	25.98	271.51	8424.68	4240.85	162.81	70.15	9907.86	23103.85
2014	27.49	289.66	8653.62	4256.12	165.30	69.47	9998.44	23460.10
2015	21.29	260.65	8242.88	4039.31	149.37	139.64	9974.76	22827.89
2016	26.54	308.53	9001.06	4082.45	159.85	133.22	10192.50	23904.15
2017	28.05	342.65	9835.16	4127.70	157.38	136.07	10523.13	25150.13
2018	36.29	412.68	10581.91	4165.75	168.98	133.17	10699.89	26198.67

注：其他类型包括苔藓/地衣、裸岩、戈壁、裸土、沙漠、盐碱地、冰川/永久积雪；本表不包含农林牧渔业供给价值。

12.1.2　青海省人均生态系统供给服务价值

2000～2018年青海省人均生态系统供给服务价值平均达44.19万元/人（表12-3），各市（州）人均生态系统供给服务排名为：海西州（280.14万元/人）>玉树州（243.66万元/人）>果洛州（138.31万元/人）>海北州（40.13万元/人）>海南州（20.99万元/人）>黄南州（13.49万元/人）>海东市（1.50万元/人）>西宁市（0.49万元/人）。

表12-3　青海省及各市（州）2000～2018年人均生态系统供给服务总价值

（单位：万元/人）

年份	西宁市	海东市	海北州	黄南州	海南州	果洛州	玉树州	海西州	全省
2000	0.36	1.26	40.25	13.24	20.98	166.85	314.04	304.83	47.15
2001	0.36	1.26	40.09	13.37	21.36	161.51	310.79	301.16	46.66
2002	0.35	1.25	40.09	12.65	21.60	156.71	304.25	303.99	46.65
2003	0.36	1.36	40.96	14.30	21.44	163.19	295.46	296.06	46.68
2004	0.37	1.36	39.51	14.08	22.26	157.96	283.33	278.84	45.88
2005	0.38	1.35	39.67	14.17	23.16	163.41	277.28	282.47	46.63
2006	0.38	1.28	38.98	12.89	21.36	147.53	261.21	272.58	44.38
2007	0.41	1.42	39.78	14.37	22.65	157.91	262.56	275.40	45.22
2008	0.47	1.59	39.79	14.36	21.17	140.18	247.18	273.61	44.33
2009	0.48	1.51	40.39	13.85	20.70	137.34	230.28	276.24	44.00
2010	0.52	1.56	40.23	13.10	19.95	127.93	214.61	275.34	43.11
2011	0.55	1.55	39.78	13.67	20.18	128.34	207.21	274.09	42.81

续表

年份	西宁市	海东市	海北州	黄南州	海南州	果洛州	玉树州	海西州	全省
2012	0.57	1.65	39.28	13.67	20.83	122.40	204.73	269.04	42.46
2013	0.60	1.62	38.86	12.99	19.46	114.09	197.25	262.85	41.04
2014	0.62	1.64	39.32	12.32	19.07	115.82	198.97	260.58	41.11
2015	0.58	1.49	38.69	11.52	18.73	108.57	195.59	266.75	40.49
2016	0.62	1.68	41.30	12.73	20.35	111.72	199.61	273.08	41.94
2017	0.65	1.65	42.75	12.28	20.50	117.88	209.73	283.87	43.69
2018	0.68	1.95	42.74	16.74	23.00	128.62	215.53	291.88	45.44

12.1.3 青海省地均生态系统供给服务价值

2000～2018年青海省地均生态系统供给服务价值达331.79万元/km^2（表12-4），各市（州）地均生态系统供给服务排名为：玉树州（409.44万元/km^2）>海北州（344.86万元/km^2）>海西州（324.37万元/km^2）>果洛州（294.64万元/km^2）>西宁市（264.88万元/km^2）>海南州（223.61万元/km^2）>黄南州（182.32万元/km^2）>海东市（142.66万元/km^2）。

表12-4 青海省及各市（州）2000～2018年地均生态系统供给服务价值

（单位：万元/km^2）

年份	西宁市	海东市	海北州	黄南州	海南州	果洛州	玉树州	海西州	全省
2000	172.47	110.26	322.73	151.36	201.57	286.41	407.49	305.65	317.51
2001	177.56	111.33	322.19	153.93	205.41	279.16	405.92	304.93	316.27
2002	175.45	110.36	325.52	146.64	208.68	273.47	404.03	312.14	318.54
2003	183.05	118.88	334.85	168.63	208.77	291.63	409.90	309.01	321.95
2004	189.05	119.53	325.49	168.07	217.54	294.32	405.01	308.22	320.62
2005	194.30	119.13	329.52	173.44	227.63	314.75	415.76	314.11	329.43
2006	196.27	114.61	326.09	160.54	214.32	286.17	399.30	307.82	317.54
2007	217.98	130.73	336.11	184.76	232.27	316.15	412.01	316.34	330.80
2008	250.37	148.64	338.66	191.42	223.29	289.18	414.10	319.88	330.43
2009	257.51	144.63	345.77	189.89	225.36	294.18	415.34	327.02	334.93
2010	283.83	149.28	348.20	184.65	220.32	286.20	404.59	330.04	332.39
2011	300.95	151.30	347.06	195.64	224.77	294.01	402.85	332.87	334.66
2012	315.09	163.85	347.96	199.21	235.19	297.78	405.00	332.67	336.67
2013	332.52	163.59	347.47	193.21	222.87	283.77	393.15	329.15	329.46
2014	348.51	166.84	356.43	186.90	221.87	289.10	406.46	329.71	334.34
2015	326.13	149.60	351.18	172.98	216.13	276.02	386.93	329.01	325.74

续表

年份	西宁市	海东市	海北州	黄南州	海南州	果洛州	玉树州	海西州	全省
2016	348.26	170.68	373.36	194.09	235.85	292.95	406.79	338.67	340.79
2017	371.11	168.08	387.70	190.14	239.47	314.95	433.72	353.26	358.14
2018	392.34	199.15	386.11	258.62	267.27	337.92	451.01	362.54	373.76

12.2 青海省生态系统调节服务价值

12.2.1 青海省生态系统调节服务价值总量

1. 青海省各市（州）生态系统调节服务价值总量

2000～2018年青海省生态系统调节服务价值空间分布如图12-2所示。2000～2018年青海省生态调节服务价值平均总量达13665.68亿元（表12-5），各市（州）生态系统供给服务排名为：海西州（5057.95亿元）＞玉树州（4140.98亿元）＞果洛州（1900.01亿元）＞海南州（963.83亿元）＞海北州（742.68亿元）＞黄南州（384.92亿元）＞海东市（376.23亿元）＞西宁市（98.81亿元）。

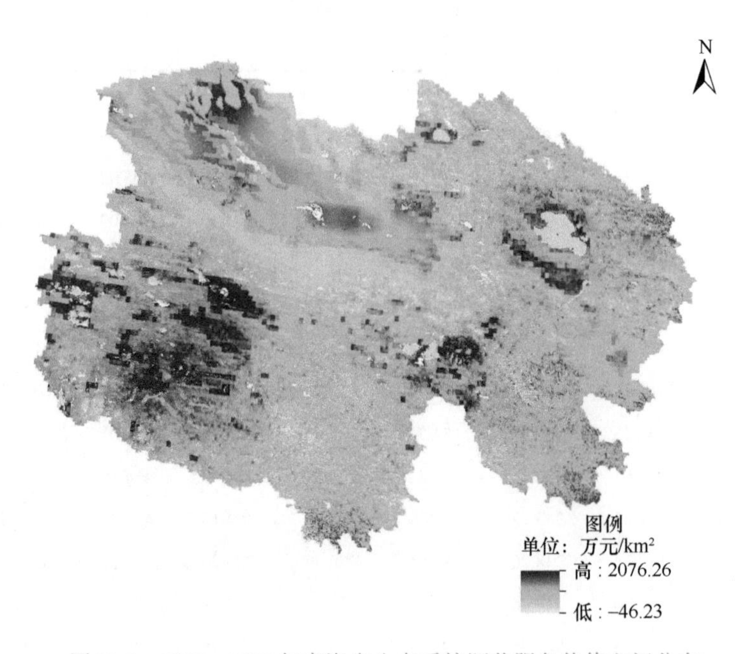

图12-2 2000～2018年青海省生态系统调节服务价值空间分布

表12-5　青海省及各市（州）2000～2018年生态系统调节服务总价值

（单位：亿元）

年份	西宁市	海东市	海北州	黄南州	海南州	果洛州	玉树州	海西州	全省
2000	61.70	255.66	599.48	288.36	791.73	1613.30	4021.69	4939.81	12572.81
2001	85.41	346.16	567.41	310.86	595.71	1268.62	4244.19	4626.34	12045.74
2002	88.44	253.65	620.07	357.80	722.64	1792.24	4546.76	5988.43	14371.09
2003	114.62	526.80	734.19	393.20	825.35	1658.83	4550.88	5241.52	14046.44
2004	111.52	395.34	708.89	411.27	952.23	2277.08	4659.69	5288.64	14805.72
2005	109.84	464.65	706.82	434.21	1073.84	1972.64	4628.50	5150.35	14540.79
2006	96.15	340.05	644.00	400.41	853.41	1881.90	4414.25	5122.36	13752.47
2007	116.57	435.53	832.57	398.68	1132.65	1582.64	4027.78	5624.81	14151.16
2008	105.73	399.86	721.02	399.78	990.32	1917.53	4018.21	4806.45	13358.85
2009	102.79	362.60	814.08	409.19	1104.11	2236.46	4605.82	5033.40	14668.38
2010	109.89	359.93	999.77	417.47	1227.10	2088.76	4611.52	5914.13	15728.66
2011	93.42	397.55	836.39	402.43	1155.57	2200.88	4357.59	5578.56	15022.50
2012	101.71	501.19	885.05	415.39	1321.36	2605.33	4451.56	5548.90	15830.60
2013	97.85	371.19	767.94	430.28	885.85	2127.16	4100.72	4732.65	13513.76
2014	96.61	386.10	834.63	283.63	1039.11	1462.30	4439.60	4905.02	13447.12
2015	95.49	274.92	611.97	360.45	744.27	2006.38	3270.55	4033.66	11397.66
2016	79.91	261.31	624.28	333.20	736.87	1639.24	2480.71	3706.57	9862.03
2017	94.04	334.88	745.50	391.78	977.23	1726.66	3424.31	4457.20	12151.57
2018	115.62	481.05	856.87	475.03	1183.38	2042.18	3824.26	5402.26	14380.61

2. 青海省各生态系统类型调节服务价值

根据表12-6，2000～2018年青海省各生态系统类型平均调节服务价值占比依次为：草地（59.32%）>其他（27.16%）>湿地（6.32%）>灌木（4.69%）>耕地（1.59%）>乔木（0.58%）>人工表面（0.33%）。

表12-6　青海省各生态系统类型调节服务价值　（单位：亿元）

年份	乔木	灌木	草地	湿地	耕地	人工表面	其他	全省
2000	64.78	523.06	7312.37	741.02	180.59	24.51	3503.14	12349.46
2001	73.15	465.27	7131.30	714.26	202.50	23.88	3245.85	11856.21
2002	67.35	602.17	8536.64	791.47	191.01	27.15	3906.68	14122.47
2003	93.80	570.71	8164.27	854.89	277.41	29.86	3788.24	13779.18
2004	105.93	731.36	8671.35	877.42	239.90	30.57	3899.01	14555.54
2005	86.50	673.14	8646.20	869.14	250.67	37.34	3743.42	14306.41
2006	72.08	598.41	7936.04	876.03	198.30	33.14	3780.35	13494.35
2007	82.00	588.81	8297.71	810.37	250.57	37.02	3812.76	13879.24
2008	81.62	629.90	7956.33	874.01	222.29	36.24	3391.37	13191.77

续表

年份	乔木	灌木	草地	湿地	耕地	人工表面	其他	全省
2009	79.09	692.48	8798.87	995.58	229.36	39.84	3658.41	14493.64
2010	82.95	712.55	9256.81	987.06	222.82	46.61	4157.96	15466.76
2011	82.25	646.61	8670.20	1005.86	225.59	45.08	4084.55	14760.14
2012	98.28	790.93	9282.36	1005.57	268.86	49.71	4071.49	15567.20
2013	82.72	697.29	7841.99	866.56	205.16	44.21	3538.71	13276.65
2014	75.86	559.38	7942.68	870.61	223.03	42.08	3567.57	13281.20
2015	59.65	592.03	6422.94	744.36	144.47	69.97	3119.11	11152.51
2016	55.51	525.33	5445.67	610.45	133.24	63.64	2809.14	9642.98
2017	63.21	617.17	6871.41	802.22	168.91	71.06	3330.89	11924.88
2018	76.23	753.81	8194.13	837.29	229.52	82.10	3896.07	14069.16

注：其他类型包括苔藓/地衣、裸岩、戈壁、裸土、沙漠、盐碱地、冰川/永久积雪。

12.2.2 青海省人均生态系统调节服务价值

2000～2018年青海省人均生态系统调节服务价值达25.6万元/人（表12-7），各市（州）人均生态系统调节服务价值排名为：海西州（134.69万元/人）>玉树州（125.76万元/人）>果洛州（114.35万元/人）>海北州（26.39万元/人）>海南州（22.29万元/人）>黄南州（15.92万元/人）>海东市（2.36万元/人）>西宁市（0.51万元/人）。

表12-7 青海省及各市（州）2000～2018年人均生态系统调节服务价值

（单位：万元/人）

年份	西宁市	海东市	海北州	黄南州	海南州	果洛州	玉树州	海西州	全省
2000	0.35	1.72	22.85	13.99	20.36	121.16	156.48	151.13	26.17
2001	0.48	2.33	21.58	14.98	15.30	94.62	164.05	140.17	24.91
2002	0.50	1.70	23.33	17.12	18.48	132.40	172.85	178.91	29.50
2003	0.63	3.55	27.44	18.50	20.94	119.66	165.61	154.05	28.55
2004	0.61	2.66	26.30	19.12	24.08	157.55	164.57	146.77	29.70
2005	0.59	3.11	26.01	19.68	27.00	132.03	155.84	142.08	28.86
2006	0.51	2.25	23.52	17.83	21.02	125.07	145.79	139.15	26.95
2007	0.61	2.80	30.11	17.21	27.29	101.90	129.59	150.22	27.12
2008	0.55	2.54	25.89	16.64	23.20	119.83	121.09	126.12	25.12
2009	0.53	2.25	29.06	16.55	25.07	134.60	128.92	130.43	27.01
2010	0.56	2.22	35.30	16.43	27.46	120.36	123.49	151.36	28.60
2011	0.47	2.41	29.30	15.60	25.64	123.85	113.16	140.91	26.94
2012	0.51	2.99	30.53	15.81	28.91	138.06	113.61	137.67	27.99

续表

年份	西宁市	海东市	海北州	黄南州	海南州	果洛州	玉树州	海西州	全省
2013	0.49	2.18	26.24	16.05	19.11	110.26	103.87	115.94	23.60
2014	0.48	2.24	28.14	10.37	22.07	75.52	109.72	118.92	23.18
2015	0.47	1.62	20.60	13.32	15.94	101.74	83.46	100.32	19.86
2016	0.39	1.53	21.10	12.13	15.71	80.59	61.46	91.68	17.01
2017	0.46	1.95	25.12	14.04	20.67	83.31	83.60	109.88	20.78
2018	0.56	2.79	28.99	17.06	25.16	100.21	92.27	133.42	24.51

12.2.3　青海省地均生态系统调节服务价值

2000～2018年青海省地均生态系统调节服务价值达191.57万元/km^2（表12-8），各市（州）地均生态系统调节服务排名为：西宁市（274.29万元/km^2）＞果洛州（244.94万元/km^2）＞海南州（238.16万元/km^2）＞海北州（226.96万元/km^2）＞海东市（222.65万元/km^2）＞黄南州（213.54万元/km^2）＞玉树州（209.06万元/km^2）＞海西州（155.16万元/km^2）。

表12-8　青海省及各市（州）2000～2018年地均生态系统调节服务价值

（单位：万元/km^2）

年份	西宁市	海东市	海北州	黄南州	海南州	果洛州	玉树州	海西州	全省
2000	171.30	151.30	183.20	159.97	195.63	207.98	203.04	151.54	176.25
2001	237.11	204.85	173.40	172.45	147.20	163.55	214.27	141.92	168.86
2002	245.52	150.11	189.49	198.49	178.56	231.05	229.55	183.71	201.46
2003	318.19	311.75	224.37	218.13	203.94	213.85	229.75	160.79	196.91
2004	309.59	233.96	216.63	228.15	235.29	293.55	235.25	162.24	207.55
2005	304.92	274.97	216.00	240.88	265.34	254.31	233.67	158.00	203.84
2006	266.92	201.24	196.80	222.13	210.87	242.61	222.86	157.14	192.79
2007	323.61	257.74	254.43	221.17	279.87	204.03	203.35	172.55	198.38
2008	293.52	236.63	220.34	221.78	244.70	247.20	202.86	147.45	187.27
2009	285.34	214.58	248.78	227.00	272.82	288.32	232.53	154.41	205.63
2010	305.05	213.00	305.53	231.59	303.21	269.28	232.82	181.43	220.49
2011	259.34	235.27	255.60	223.25	285.54	283.73	220.00	171.13	210.59
2012	282.36	296.60	270.47	230.44	326.50	335.87	224.74	170.22	221.92
2013	271.65	219.66	234.68	238.70	218.89	274.23	207.03	145.18	189.44
2014	268.21	228.49	255.06	157.35	256.76	188.51	224.14	150.47	188.51
2015	265.09	162.69	187.02	199.97	183.91	258.66	165.12	123.74	159.78
2016	221.82	154.64	190.78	184.84	182.08	211.33	125.24	113.71	138.25
2017	261.05	198.18	227.82	217.35	241.47	222.59	172.88	136.73	170.35
2018	320.96	284.68	261.86	263.53	292.41	263.27	193.07	165.72	201.59

12.3 青海省生态系统文化服务价值

12.3.1 青海省生态系统文化服务价值总量

2000～2018年青海省文化服务平均价值空间分布如图12-3所示。2000～2018年青海省生态系统文化服务价值平均总量达230.95亿元（表12-9），各市（州）生态系统文化服务排名为：西宁市（98.18亿元）>海东市（66.48亿元）>海北州（24.18亿元）>黄南州（15.21亿元）>海南州（10.53亿元）>果洛州（9.26亿元）>玉树州（5.89亿元）>海西州（1.21亿元）。

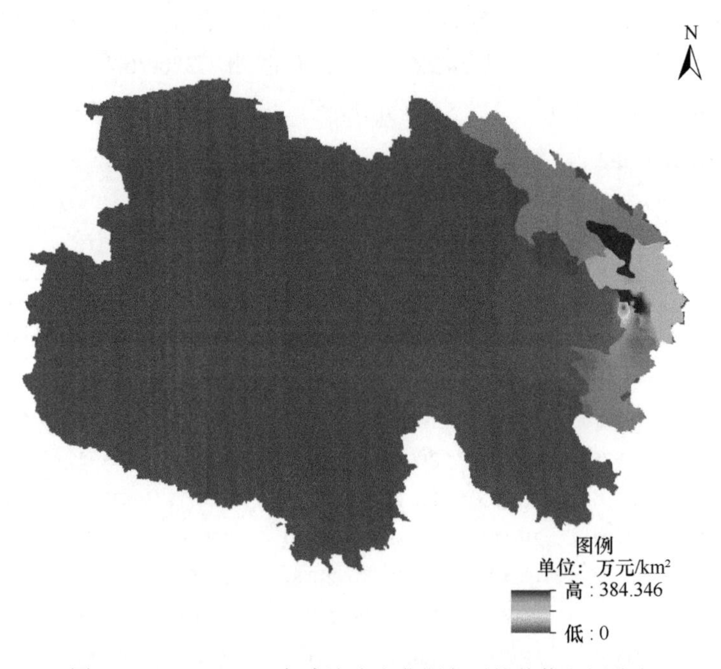

图12-3 2000～2018年青海省文化服务平均价值空间分布

表12-9 青海省及各市（州）2000～2018年生态系统文化服务价值

（单位：亿元）

年份	西宁市	海东市	海北州	黄南州	海南州	果洛州	玉树州	海西州	全省
2000	16.26	11.01	4.00	2.52	1.74	1.53	0.97	0.20	38.23
2001	19.33	13.09	4.76	3.00	2.07	1.82	1.16	0.24	45.47
2002	21.37	14.47	5.26	3.31	2.29	2.01	1.28	0.26	50.25
2003	20.28	13.73	4.99	3.14	2.18	1.91	1.22	0.25	47.70
2004	27.30	18.48	6.72	4.23	2.93	2.57	1.64	0.34	64.21

续表

年份	西宁市	海东市	海北州	黄南州	海南州	果洛州	玉树州	海西州	全省
2005	34.56	23.40	8.51	5.36	3.71	3.26	2.07	0.43	81.30
2006	44.89	30.40	11.06	6.96	4.82	4.23	2.69	0.55	105.60
2007	57.87	39.19	14.25	8.97	6.21	5.46	3.47	0.71	136.13
2008	55.32	37.46	13.62	8.57	5.94	5.22	3.32	0.68	130.13
2009	67.33	45.59	16.58	10.43	7.22	6.35	4.04	0.83	158.37
2010	76.89	52.06	18.94	11.92	8.25	7.25	4.61	0.95	180.87
2011	93.34	63.21	22.99	14.46	10.01	8.80	5.60	1.15	219.56
2012	107.34	72.69	26.44	16.63	11.52	10.12	6.43	1.32	252.49
2013	123.98	83.95	30.53	19.21	13.30	11.69	7.43	1.53	291.62
2014	142.57	96.54	35.11	22.09	15.30	13.44	8.55	1.76	335.36
2015	166.81	112.96	41.08	25.85	17.90	15.73	10.00	2.06	392.39
2016	211.35	143.12	52.05	32.75	22.68	19.93	12.67	2.60	497.15
2017	259.96	176.03	64.02	40.28	27.89	24.51	15.58	3.20	611.47
2018	318.71	215.82	78.49	49.39	34.19	30.05	19.10	3.93	749.68

12.3.2 青海省人均生态系统文化服务价值

2000～2018年青海省人均生态系统文化服务价值达0.41万元/人（表12-10），各市（州）人均生态系统文化服务价值排名为：海北州（0.83万元/人）＞黄南州（0.58万元/人）＞果洛州（0.50万元/人）＞西宁市（0.49万元/人）＞海东市（0.40万元/人）＞海南州（0.23万元/人）＞玉树州（0.16万元/人）＞海西州（0.03万元/人）。

表12-10 青海省及各市（州）2000～2018年人均生态系统文化服务价值

（单位：万元/人）

年份	西宁市	海东市	海北州	黄南州	海南州	果洛州	玉树州	海西州	全省
2000	0.09	0.07	0.15	0.12	0.04	0.11	0.04	0.01	0.08
2001	0.11	0.09	0.18	0.14	0.05	0.14	0.04	0.01	0.09
2002	0.12	0.10	0.20	0.16	0.06	0.15	0.05	0.01	0.10
2003	0.11	0.09	0.19	0.15	0.06	0.14	0.04	0.01	0.10
2004	0.15	0.12	0.25	0.20	0.07	0.18	0.06	0.01	0.13
2005	0.19	0.16	0.31	0.24	0.09	0.22	0.07	0.01	0.16
2006	0.24	0.20	0.40	0.31	0.12	0.28	0.09	0.01	0.21
2007	0.30	0.25	0.52	0.39	0.15	0.35	0.11	0.02	0.26
2008	0.29	0.24	0.49	0.36	0.14	0.33	0.10	0.02	0.24
2009	0.35	0.28	0.59	0.42	0.16	0.38	0.11	0.02	0.29

续表

年份	西宁市	海东市	海北州	黄南州	海南州	果洛州	玉树州	海西州	全省
2010	0.39	0.32	0.67	0.47	0.18	0.42	0.12	0.02	0.33
2011	0.47	0.38	0.81	0.56	0.22	0.50	0.15	0.03	0.39
2012	0.54	0.43	0.91	0.63	0.25	0.54	0.16	0.03	0.45
2013	0.62	0.49	1.04	0.72	0.29	0.61	0.19	0.04	0.51
2014	0.70	0.56	1.18	0.81	0.32	0.69	0.21	0.04	0.58
2015	0.83	0.66	1.38	0.96	0.38	0.80	0.26	0.05	0.68
2016	1.04	0.84	1.76	1.19	0.48	0.98	0.31	0.06	0.86
2017	1.26	1.02	2.16	1.44	0.59	1.18	0.38	0.08	1.05
2018	1.54	1.25	2.66	1.77	0.73	1.47	0.46	0.10	1.28

12.3.3 青海省地均生态系统文化服务价值

2000～2018年青海省地均生态系统文化服务价值达3.24万元/km^2（表12-11），各市（州）地均生态系统文化服务排名为：西宁市（272.56万元/km^2）>海东市（39.35万元/km^2）>黄南州（8.44万元/km^2）>海北州（7.39万元/km^2）>海南州（2.60万元/km^2）>果洛州（1.19万元/km^2）>玉树州（0.30万元/km^2）>海西州（0.04万元/km^2）。

表12-11 青海省及各市（州）2000～2018年地均生态系统文化服务价值

（单位：万元/km^2）

年份	西宁市	海东市	海北州	黄南州	海南州	果洛州	玉树州	海西州	全省
2000	45.14	6.52	1.22	1.40	0.43	0.20	0.05	0.01	0.54
2001	53.66	7.75	1.45	1.66	0.51	0.23	0.06	0.01	0.64
2002	59.32	8.56	1.61	1.84	0.57	0.26	0.06	0.01	0.70
2003	56.30	8.13	1.52	1.74	0.54	0.25	0.06	0.01	0.67
2004	75.79	10.94	2.05	2.35	0.72	0.33	0.08	0.01	0.90
2005	95.94	13.85	2.60	2.97	0.92	0.42	0.10	0.01	1.14
2006	124.62	17.99	3.38	3.86	1.19	0.55	0.14	0.02	1.48
2007	160.65	23.19	4.35	4.98	1.53	0.70	0.18	0.02	1.91
2008	153.57	22.17	4.16	4.75	1.47	0.67	0.17	0.02	1.82
2009	186.91	26.98	5.07	5.79	1.78	0.82	0.20	0.03	2.22
2010	213.45	30.81	5.79	6.61	2.04	0.93	0.23	0.03	2.54
2011	259.12	37.41	7.03	8.02	2.47	1.13	0.28	0.04	3.08
2012	297.98	43.02	8.08	9.23	2.85	1.30	0.32	0.04	3.54
2013	344.18	49.68	9.33	10.66	3.29	1.51	0.38	0.05	4.09
2014	395.79	57.13	10.73	12.25	3.78	1.73	0.43	0.05	4.70

续表

年份	西宁市	海东市	海北州	黄南州	海南州	果洛州	玉树州	海西州	全省
2015	463.08	66.85	12.55	14.34	4.42	2.03	0.50	0.06	5.50
2016	586.72	84.70	15.91	18.17	5.60	2.57	0.64	0.08	6.97
2017	721.67	104.17	19.56	22.35	6.89	3.16	0.79	0.10	8.57
2018	884.76	127.72	23.99	27.40	8.45	3.87	0.96	0.12	10.51

12.4　青海省生态系统服务总价值

12.4.1　青海省生态系统服务价值总量

1. 青海省各市（州）生态系统服务总价值

2000～2018年青海省生态系统服务平均价值空间分布如图12-4所示。2000～2018年青海省生态系统价值总量平均达37564.51亿元（表12-12），各市（州）生态系统服务价值平均总量排名为：海西州（15632.96亿元）>玉树州（12256.88亿元）>果洛州（4194.76亿元）>海北州（1895.35亿元）>海南州（1879.31亿元）>黄南州（728.78亿元）>海东市（683.78亿元）>西宁市（292.40亿元）。

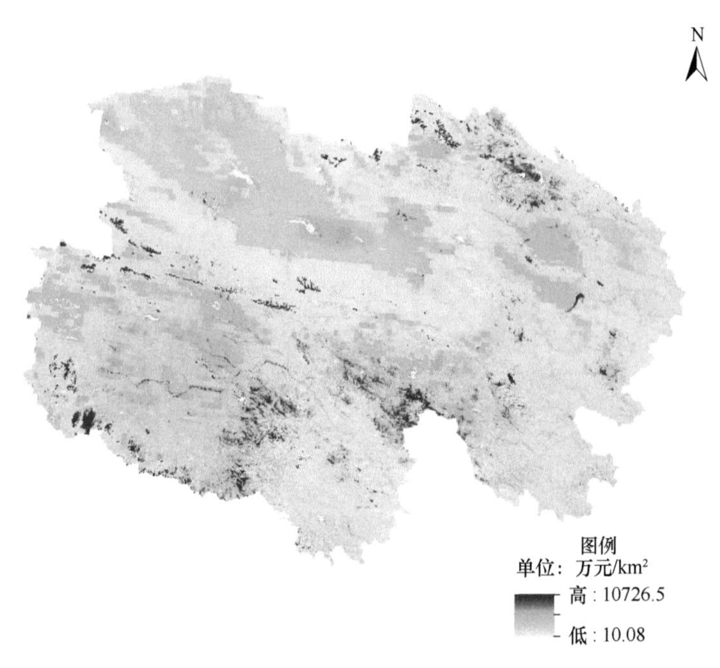

图12-4　2000～2018年青海省生态系统服务平均价值空间分布

表12-12 青海省及各市（州）2000～2018年生态系统服务价值

（单位：亿元）

年份	西宁市	海东市	海北州	黄南州	海南州	果洛州	玉树州	海西州	全省
2000	140.09	452.99	1659.55	563.73	1609.24	3836.53	12094.02	14903.47	35260.69
2001	168.70	547.38	1626.47	591.34	1429.08	3435.90	12285.69	14566.60	34652.20
2002	173.01	454.61	1690.53	625.44	1569.45	3915.52	12550.93	16163.93	37144.48
2003	200.84	741.42	1834.92	700.31	1672.44	3922.89	12671.15	15315.04	37060.06
2004	206.92	615.81	1780.71	718.46	1835.53	4562.69	12683.58	15336.25	37741.01
2005	214.39	689.35	1793.60	752.21	1998.78	4417.40	12865.85	15390.06	38121.58
2006	211.74	564.11	1722.12	696.75	1725.60	4105.95	12326.03	15157.12	36509.36
2007	252.96	695.63	1946.66	740.69	2078.85	4040.49	12192.11	15937.51	37884.83
2008	251.24	688.49	1842.85	753.40	1899.93	4165.90	12223.81	15234.48	37060.05
2009	262.88	652.58	1962.11	761.92	2023.36	4524.72	12836.83	15694.41	38718.74
2010	289.02	664.24	2158.13	762.24	2126.99	4316.09	12630.08	16673.71	39620.59
2011	295.17	716.43	1995.07	769.54	2075.22	4490.28	12342.64	16430.51	39114.97
2012	322.55	850.75	2050.13	791.11	2284.71	4925.33	12480.10	16394.46	40099.25
2013	341.61	731.57	1935.50	797.76	1801.10	4340.01	11895.53	15463.75	37306.95
2014	364.72	764.57	2036.08	642.62	1952.31	3718.31	12499.21	15654.73	37632.67
2015	379.78	640.68	1802.22	698.11	1636.87	4163.21	10944.71	14760.96	35026.51
2016	416.71	692.84	1898.06	715.82	1714.04	3931.55	10550.90	14749.11	34668.97
2017	487.68	794.93	2078.19	774.80	1974.24	4194.23	12030.80	15975.95	38310.79
2018	575.66	1033.39	2198.83	990.61	2299.22	4693.48	12776.70	17224.17	41792.02

2. 青海省各生态系统类型生态系统服务价值

根据表12-13，2000～2018年青海省各生态系统类型平均生态系统服务价值占比依次为：草地（45.72%）>其他（36.36%）>湿地（13.63%）>灌木（2.55%）>耕地（1.13%）>人工表面（0.31%）>乔木（0.30%）。

表12-13 青海省各生态系统类型生态系统服务总价值 （单位：亿元）

年份	乔木	灌木	草地	湿地	耕地	人工表面	其他	全省
2000	87.39	758.50	15848.40	4914.46	356.05	55.04	12879.58	34899.41
2001	95.77	694.75	15615.41	4883.37	379.68	54.45	12598.94	34322.37
2002	89.19	820.28	17074.89	4957.16	370.00	57.94	13374.08	36743.55
2003	118.27	823.23	16843.45	5038.71	459.11	61.23	13261.09	36605.08
2004	130.30	983.39	17312.93	5057.67	425.72	62.38	13337.13	37309.52
2005	112.31	956.73	17699.84	5116.51	421.71	79.53	13310.88	37697.52
2006	96.23	847.08	16435.60	5080.19	372.36	74.77	13141.69	36047.91
2007	111.63	887.47	17413.17	5058.80	434.47	81.00	13400.78	37387.33

续表

年份	乔木	灌木	草地	湿地	耕地	人工表面	其他	全省
2008	112.97	927.01	16904.69	5107.29	415.84	86.70	13082.12	36636.63
2009	112.13	1007.94	17862.81	5233.06	427.34	93.90	13557.58	38294.75
2010	115.40	1013.34	18118.12	5239.91	420.38	111.86	14038.92	39057.92
2011	117.79	966.02	17508.03	5276.47	430.39	121.33	14110.13	38530.16
2012	136.54	1125.40	18223.86	5276.73	483.96	123.97	14109.51	39479.97
2013	119.03	1013.81	16410.96	5114.85	424.21	121.98	13466.90	36671.75
2014	115.23	900.80	16762.24	5135.28	453.01	120.30	13589.37	37076.23
2015	88.64	921.57	14870.21	4793.83	359.56	221.65	13116.83	34372.30
2016	91.81	921.14	14705.70	4705.78	376.36	212.13	13030.74	34043.67
2017	103.27	1067.17	17025.10	4945.77	428.72	225.91	13889.80	37685.75
2018	127.24	1298.11	19166.56	5022.47	524.07	238.30	14639.84	41016.60

注：（1）其他类型包括苔藓/地衣、裸岩、戈壁、裸土、沙漠、盐碱地、冰川/永久积雪；

（2）由于农林牧渔业供给价值按行政区计量，本表不包含这些产业供给价值。

12.4.2　青海省人均生态系统服务价值

2000～2018年青海省人均生态系统服务价值达70.2万元/人（表12-14），各市（州）人均生态系统服务价值排名为：海西州（414.86万元/人）>玉树州（369.58万元/人）>果洛州（253.16万元/人）>海北州（67.35万元/人）>海南州（43.50万元/人）>黄南州（29.99万元/人）>海东市（4.26万元/人）>西宁市（1.50万元/人）。

表12-14　青海省及各市（州）2000～2018年人均生态系统服务价值

（单位：万元/人）

年份	西宁市	海东市	海北州	黄南州	海南州	果洛州	玉树州	海西州	全省
2000	0.80	3.05	63.25	27.36	41.38	288.13	470.55	455.96	73.40
2001	0.96	3.68	61.85	28.49	36.71	256.27	474.88	441.34	71.67
2002	0.97	3.05	63.62	29.92	40.13	289.26	477.15	482.91	76.26
2003	1.11	5.00	68.59	32.94	42.44	282.99	461.12	450.12	75.33
2004	1.13	4.15	66.05	33.40	46.41	315.69	447.95	425.62	75.70
2005	1.16	4.62	65.99	34.09	50.26	295.65	433.19	424.56	75.65
2006	1.13	3.74	62.90	31.03	42.50	272.88	407.09	411.75	71.54
2007	1.33	4.48	70.41	31.97	50.09	260.16	392.26	425.64	72.60
2008	1.31	4.37	66.17	31.36	44.52	260.33	368.37	399.75	69.69
2009	1.36	4.04	70.04	30.82	45.93	272.32	359.31	406.70	71.30
2010	1.47	4.11	76.20	30.01	47.60	248.71	338.22	426.72	72.04
2011	1.50	4.34	69.89	29.83	46.05	252.68	320.52	415.03	70.15

续表

年份	西宁市	海东市	海北州	黄南州	海南州	果洛州	玉树州	海西州	全省
2012	1.63	5.07	70.72	30.11	49.99	261.00	318.51	406.74	70.90
2013	1.71	4.29	66.14	29.76	38.86	224.96	301.30	378.83	65.15
2014	1.80	4.44	68.64	23.50	41.47	192.03	308.90	379.54	64.87
2015	1.89	3.77	60.68	25.80	35.06	211.10	279.31	367.13	61.03
2016	2.05	4.04	64.17	26.05	36.55	193.29	261.38	364.83	59.81
2017	2.37	4.62	70.03	27.76	41.75	202.37	293.71	393.83	65.52
2018	2.78	5.99	74.38	35.57	48.89	230.31	308.26	425.40	71.22

12.4.3 青海省地均生态系统服务价值

2000～2018年青海省地均生态系统服务价值达526.60万元/km^2（表12-15），各市（州）地均生态系统服务价值排名为：西宁市（811.74万元/km^2）＞玉树州（618.80万元/km^2）＞海北州（579.21万元/km^2）＞果洛州（540.77万元/km^2）＞海西州（479.57万元/km^2）＞海南州（464.37万元/km^2）＞海东市（404.65万元/km^2）＞黄南州（404.30万元/km^2）。

表12-15 青海省及各市（州）2000～2018年地均生态系统服务价值

（单位：万元/km^2）

年份	西宁市	海东市	海北州	黄南州	海南州	果洛州	玉树州	海西州	全省
2000	388.91	268.07	507.15	312.73	397.64	494.59	610.57	457.19	494.30
2001	468.33	323.93	497.04	328.05	353.12	442.94	620.25	446.86	485.77
2002	480.30	269.03	516.62	346.97	387.81	504.78	633.64	495.86	520.71
2003	557.55	438.76	560.74	388.50	413.25	505.73	639.71	469.81	519.53
2004	574.43	364.43	544.18	398.57	453.55	588.21	640.34	470.47	529.07
2005	595.16	407.95	548.12	417.30	493.89	569.48	649.54	472.12	534.41
2006	587.81	333.83	526.27	386.53	426.39	529.32	622.29	464.97	511.81
2007	702.24	411.66	594.89	410.90	513.68	520.89	615.53	488.91	531.09
2008	697.46	407.44	563.17	417.96	469.46	537.05	617.13	467.34	519.52
2009	729.76	386.19	599.61	422.68	499.97	583.31	648.08	481.45	542.78
2010	802.33	393.09	659.52	422.86	525.57	556.41	637.64	511.49	555.42
2011	819.41	423.98	609.69	426.91	512.78	578.87	623.13	504.03	548.33
2012	895.43	503.46	626.51	438.87	564.54	634.96	630.07	502.93	562.13
2013	948.34	432.93	591.48	442.57	445.04	559.50	600.55	474.38	522.99
2014	1012.50	452.46	622.22	356.50	482.41	479.35	631.03	480.24	527.55
2015	1054.31	379.14	550.75	387.29	404.46	536.71	552.55	452.82	491.02

续表

年份	西宁市	海东市	海北州	黄南州	海南州	果洛州	玉树州	海西州	全省
2016	1156.81	410.01	580.04	397.11	423.53	506.84	532.67	452.45	486.01
2017	1353.83	470.43	635.09	429.83	487.83	540.71	607.38	490.09	537.06
2018	1598.07	611.54	671.96	549.55	568.13	605.07	645.04	528.38	585.86

12.5 青海省生态系统服务价值评估方法的对比

12.5.1 生态系统服务核算指标与方法的对比

目前青海省生态系统服务研究工作基本可以分为三类：

第一类，基于Costanza等（1997）的研究所确定的不同生态系统类型单位面积价值推算青海省相应类型生态系统服务价值，是静态的测量。

第二类，根据中国生态系统的质量状况对Costanza等（1997）确定的不同生态系统类型单位面积价值进行校正，使之更符合中国的实际情况，但仍然是静态的测量。

第三类，基于生态系统模型测量生态系统服务的物质量，在此基础上利用价值化方法量化生态系统服务价值，是动态的测量。

第一类和第二类研究确定了生态系统服务价值化定量测量方法，即价值当量法，具有进步性，但由于是静态的生态系统服务测量，难以精确刻画生态系统质量的异质性及其时空动态变化特征及驱动因子，具有局限性；第三类研究可以克服第一类和第二类研究存在的不足，成为当前生态系统服务核算的主流研究方法，但生态系统模型的精确参数化和验证成为生态系统服务测量工作的关键。当前的研究中仅有唐小平等（2016）、本书对关键性的水文模型、碳循环过程模型进行了验证，体现了青海省生态系统的质量状况和时空异质性，是动态的测量。

由表12-16可知，不同研究者计算的青海省生态系统服务价值差别很大。基于静态方法的青海省生态系统服务测量工作主要有：

（1）陈仲新和张新时（2000）基于Costanza等（1997）确定的价值当量计算青海省生态系统服务价值为3456.40亿元；

（2）潘耀忠等（2004）利用植被覆盖度和NPP对Costanza等（1997）确定的价值当量进行了空间化，计算得出的青海省生态系统服务价值为4507.4亿元；

（3）谢高地等（2015）利用中国的经验数据对Costanza等（1997）确定的价值当量进行了修正，得出全国生态系统服务价值为381034.22亿元，其中青海省生态系统为13706.83亿元，占全国的3.6%；

（4）李勇和刘亚州（2010）等参考他人确定的价值当量计算得到青海省生态系统

服务价值为13450亿元。

表12-16 全国及青海省部分生态系统服务研究工作

研究者	测量指标	测量方法	全国价值/亿元	青海省价值/亿元	青海省占全国比例/%
欧阳志云等（1999）	6项指标	物质量+价值指标	30488.00	—	—
陈仲新等（2000）	17项指标	Costanza等（1997）单位面积价值×生态系统类型面积	56098.46	3456.40	6.16
潘耀忠等（2004）	10个生态系统类型	Costanza等（1997）单位面积价值×生态系统类型面积（用NPP和植被覆盖度调整）	64441.78	4507.40	7
谢高地等（2015）	四类生态系统服务11项指标	单位面积价值当量×生态系统类型面积	381034.22	13706.83	3.6
李勇和刘亚州（2010）	不同生态系统类型采用不同指标	参考他人研究文献赋值	—	13450.00	—
唐小平等（2016）	四类生态系统服务20项指标	1）统计数据 2）基于BGC等模型	—	2012年：7300.77	—
本书	四类生态系统服务29项指标	1）统计数据 2）基于CLM等生物物理模型等	—	2000～2018年：37564.51 2018年：41792.02	—

基于动态方法的青海省生态系统服务测量工作主要有（表12-17）：

（1）唐小平等（2016）将青海省生态系统服务划分为供给服务、调节服务、文化服务和支持服务，基于生物物理模型计算得出青海省2012年生态系统服务价值为7300.77亿元。

表12-17 青海省环保厅、唐小平等（2016）、本书生态系统服务核算工作对比

生态系统服务类别	青海省环保厅（2014）	唐小平等（2016）	本书
	核算时间：2000～2010年	核算时间：1998～2012年	核算时间：2000～2018年
供给服务	农畜产品	经济产品	农业产品
	清新空气		林业产品
	—		畜牧业产品
	—		渔业产品
	—		生物医药
	干净水源	淡水（域内水资源）	水资源供给（域内水资源+区域外溢出水资源）
	—	水电	水电势能发电潜力
	—	—	太阳能发电潜力
	—	—	风能发电潜力

续表

生态系统服务类别	青海省环保厅（2014）	唐小平等（2016）	本书
	核算时间：2000～2010年	核算时间：1998～2012年	核算时间：2000～2018年
调节服务	生态固碳	固碳	生态系统碳汇
	—	释放氧气	释放氧气
	—	—	空气净化
	—	—	水电势能碳减排
	—	—	太阳能发电碳减排
	—	—	风能发电碳减排
	土壤保持	土壤水蚀控制	土壤水蚀控制
	—	土壤风蚀控制	土壤风蚀控制
		—	洪峰调节
	水文调节	水文调节	水文调节
	—	水质净化	水质净化
文化服务	—	文化多样性	美学价值
	—	精神与宗教	教育价值
	—	娱乐和旅游	文化遗产价值
	—	审美价值	消遣娱乐
	—	知识系统	康养价值
	—	教育价值	宗教与精神
	—	—	科研服务
支持服务	物种保育	植被净初级生产力	植被净初级生产力
	—	珍稀濒危物种保护	生境质量
生态系统服务价值	2010年三江源地区：4705.1亿元	2012年三江源地区：4947亿元 2012年青海省：7300.77亿元	三江源地区： 2000～2018年为23616.75亿元/a； 2018年为25487.79亿元 青海省： 2000～2018年为37564.51亿元/a； 2018年为41792.02亿元

—表示不涉及该项指标。

（2）本书根据联合国新千年生态系统评估确定的生态系统服务核算框架，将青海省生态系统服务划分为供给服务、调节服务、文化服务和支持服务，在继承前人研究工作的基础上进行了创新，利用遥感、气象、基础地理信息等高时空分辨率数据以及野外观测数据等驱动CLM等生物物理模型，并对模型部分参数化方案进行了改进，使得高寒生态系统关键水文过程、碳循环过程、地-气耦合作用过程模拟的精度得到了较大幅度的提高，更加符合青海省高寒生态系统的特点，生态系统服务测量的指标更为齐全，测量的生态系统服务价值量因此更大。本书测量的生态系统服务价值最多，陈仲新等（2000）的测量结果最小，前者是后者的12.09倍。

综合来看，本书研究工作是在继承唐小平等（2016）研究工作的基础上，并在生态系统服务核算指标和方法方面进行了系统性创新，采用了当前最先进的生物物理模型，并结合野外观测数据对这些模型进行了验证和订正，在此基础上对生态系统服务价值进行了核算，更符合青海省高寒生态系统的特点，测算的指标更为齐全，所核算的生态系统服务价值量更大（表12-16）。

12.5.2 高寒生态系统水文过程估算方法的对比

唐小平等（2016）采用BGC模型，耦合冻土模块，利用北美加拿大地区的冻土观测数据对模型进行了初始化和验证，在青海地区进行了应用，但青海地区的精度尚未得到验证。

本书采用CLM模式，并利用长江、黄河、澜沧江流域水文数据对模型进行了订正和验证，可以准确模拟固态水液化和核算水资源区域外的溢出量等关键水文过程，精度更高。根据核算结果显示唐小平等（2016）相关研究工作低估了青海省水相关生态系统服务价值量（表12-18），尤其没有考虑水资源区域外溢出量。其他研究工作主要采用InVEST模型估算产水或水源涵养等关键生态系统服务。由于青海省属于高寒生态系统，InVEST模型缺乏对固态水液化及植被-水文的相互作用的精确表征，因此其精度并不能满足生态系统服务核算工作的需求。本书测算的水资源及相关生态系统服务价值达31894.62亿元，是唐小平等（2016）等测算价值的11.68倍。

表12-18 唐小平等（2016）和本书测算的水相关生态系统服务对比

实施单位	水相关生态系统服务	指标	物质量评估方法	物质量	价值化方法	价值/亿元
唐小平等（2016）	水资源	地表径流	Biome-BGC模型	665.83亿m^3	水量×全国平均水价	632.54
	水电势能	水势能	水资源量×上下断面水位差×重力加速度	2834.46亿kW·h	发电量×（全国上网电价-水电投资成本-水电运行成本）	595.24
	水文调节	年均蒸散量	Biome-BGC模型	2031.9亿m^3	降雨保持量×防洪成本	1503.6
	合计					2731.38
本书	水资源	地表径流、土壤水、地下水	CLM模式	11022.79亿m^3	水量×全国平均水价	24880.7
	水电势能	水势能	CLM模式	3397.55亿kW·h	发电量×全国上网电价	1189.15
	水文调节	蒸散发量、土壤液态水量、土壤固态水量三者之和	CLM模式	6242.54亿m^3	调节保持量×防洪成本	5356.1
	洪峰调节	即时降雨形成的地下径流	CLM模式	453.68亿m^3	调节保持量×防洪成本	389.25
	水电减排	水电势能	CLM模式	折合减排CO_2量	碳市场交易价值	79.42
	合计					31894.62

12.6　青海省生态系统服务价值评估工作的主要结论

本书基于野外观测、遥感等对地观测数据，对部分生物物理模型进行了改进，基于经过验证和订正的生物物理模型，能够精确测量青海省生态系统水、土、气、生等资源要素的动态质量特征，继承和创新了已有生态系统服务的测量方法，建立的生态系统服务测量指标更为齐全，克服了以往研究采用静态方法测量生态系统服务的不足。

（1）2000～2018年青海省生态系统服务平均价值达37564.51亿元，此期间呈增加趋势，尤其是2015～2018年生态系统服务价值增加趋势明显（图12-5）；2000～2018年青海省生产总值呈增加趋势，青海省生态系统服务价值与生产总值的比值由2000年的133.56倍减小到2018年的14.59倍（图12-5）。

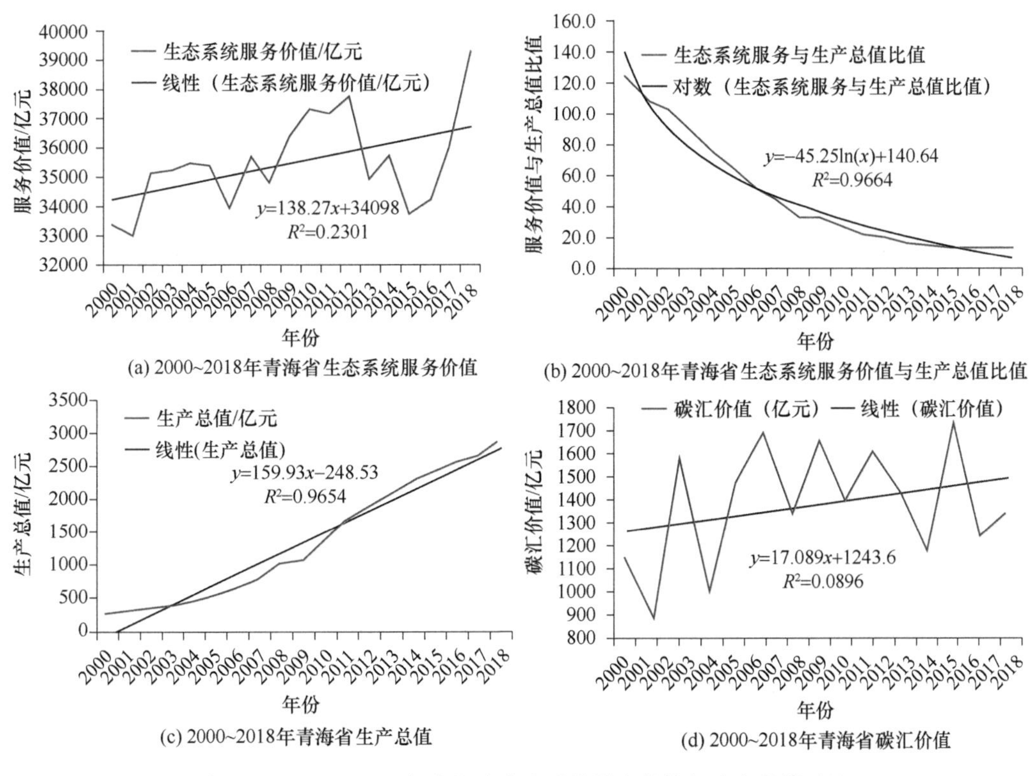

图12-5　2000～2018年青海省生态系统服务价值与生产总值对比

（2）2018年青海省水相关生态系统服务价值高达31894.62亿元（其中：水资源价值24880.7亿元、水电势能发电潜力价值1189.15亿元、水电势能碳减排价值79.42亿元、水文调节价值5356.1亿元、洪峰调节价值389.25亿元），占全部生态系统服务的76.32%。2000～2018年青海省生态系统区域外溢出的水资源达674.04亿m^3/a，价值达1698.58亿元/a。青海省作为亚洲水塔的地位非常突出，对中下游水安全具有重要作用。

（3）本书测算了2000～2018年青海省生态系统碳汇价值。2000～2018年青海省碳汇平均价值达960.08亿元，2018年扣除青海省碳排放量后剩余净碳汇量达7313.61万t（图12-6），碳汇价值达886.77亿元，青海省对减缓和适应全球气候变化具有突出地位。青海省碳汇市场交易和碳汇产业具有十分广阔的前景，可以为践行中国提出的人类命运共同体理念，2060年前中国政府实现碳中和的目标做出巨大贡献。

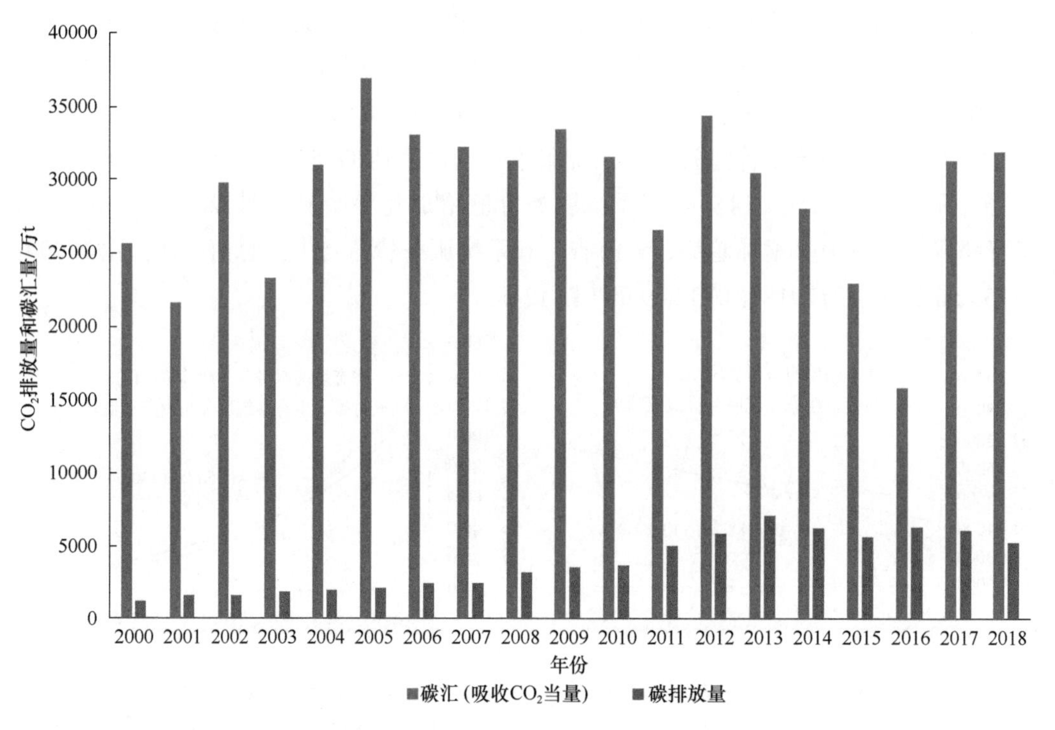

图12-6　2000～2018年青海省CO_2排放量与碳汇量

（4）目前青海省已有生态系统服务评估工作低估了青海省生态系统服务价值，本书测量的2018年青海省生态系统服务价值达41016.60亿元，是已有研究的3.05～12.09倍，青海省最大的价值在生态名副其实，青海省生态系统服务价值账户的建立进一步明确了青海省生态资源价值的流量，为建立生态补偿制度和生态审计制度提供了依据和科学支撑。

（5）气候变化和人类活动是生态系统服务变化的影响因素，近年来降水增加和生态工程的实施是生态系统服务提高的主要因素，气候变化和人类活动使植被-水文存在复杂的相互作用，其引起的生态效应值得进一步深入研究。

第13章 青海省生态系统服务的维持机制

13.1 青海省水资源动态及影响因子

13.1.1 青海省水资源年际及季节变化趋势

Mann-Kendall（MK）检验是一种用于量化时间序列数据趋势的非参数检验，通常用于评估环境变量的趋势（Kendall，1955；Menzel and Fabian，1999）。本研究利用MK检验计算青海省2000～2018年期间年和季节尺度各水文过程变量的变化趋势，包括：域外淡水资源（即总径流）（W_{out}）、域内淡水资源（W_{in}）、总淡水资源（W_{tot}）、蒸散发（E_{tot}）、植被蒸腾（E_{vegt}）、植被截留（E_{vege}）、土壤蒸发（E_{soil}）、总土壤水（S_{tot}）、土壤液态水（S_{liq}）以及土壤冰（S_{ice}）。

1. 青海省域内、域外以及总淡水资源变化趋势

2000～2018年青海省域内（W_{in}）、域外（W_{out}）以及总淡水资源（W_{tot}）年际及季节变化趋势如图13-1所示。青海省西南地区分布着大片的多年冻土，中部和东部地区

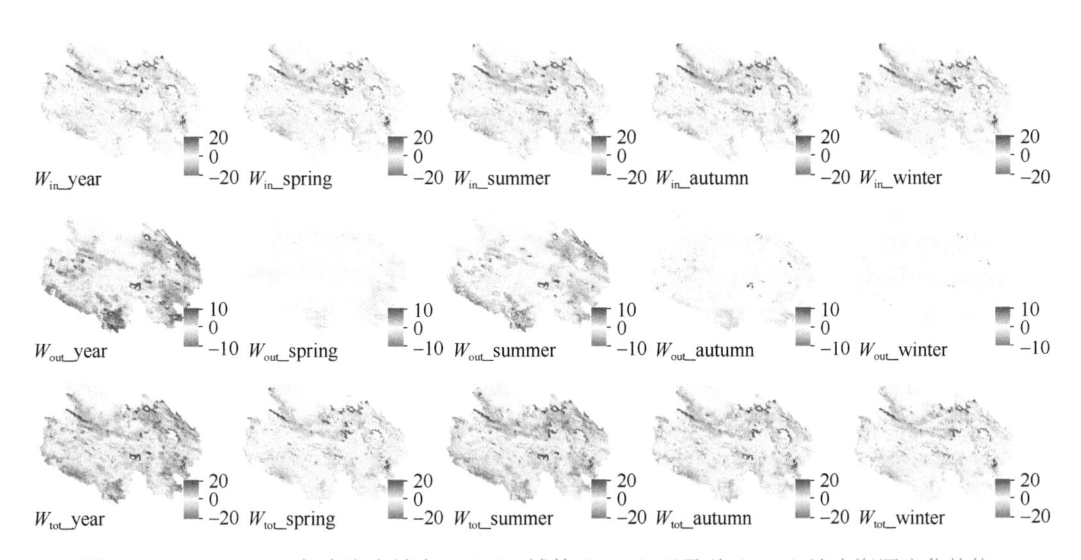

图13-1 2000～2018年青海省域内（W_{in}）、域外（W_{out}）以及总（W_{tot}）淡水资源变化趋势

主要是季节性冻土区，而东北部地区为高山多年冻土区。从图中可以看出青海省域内及总淡水资源量在不同时空尺度上的变化趋势相似。2000～2018年，青海省域内及总淡水资源量在西南多年冻土区域有所减少，而在季节性冻土以及高山多年冻土区域有所增加。域外溢出淡水资源量的变化趋势在不同时间尺度上略有不同。在年尺度上，域外溢出淡水资源量在西南边界地区有所减少，在东部及南部地区有明显增加。在夏季，东部地区域外溢出淡水资源量的增加趋势最大。

2. 青海省蒸散发、土壤蒸发、植被截留以及植被蒸腾量变化

2000～2018年青海省蒸散发（E_{tot}）、土壤蒸发（E_{soil}）、植被截留（E_{vege}）以及植被蒸腾量（E_{vegt}）年际和季节变化趋势如图13-2所示。总体上看，青海省的蒸散发总量和土壤蒸发量（包括冰川地区的蒸发）呈增长趋势。蒸散发总量增长的热点区域主要分布在东部及东北部地区。而冰川地区是蒸散发总量和土壤蒸发量减少的热点地区。土壤蒸发量的增加趋势在夏季最为显著。

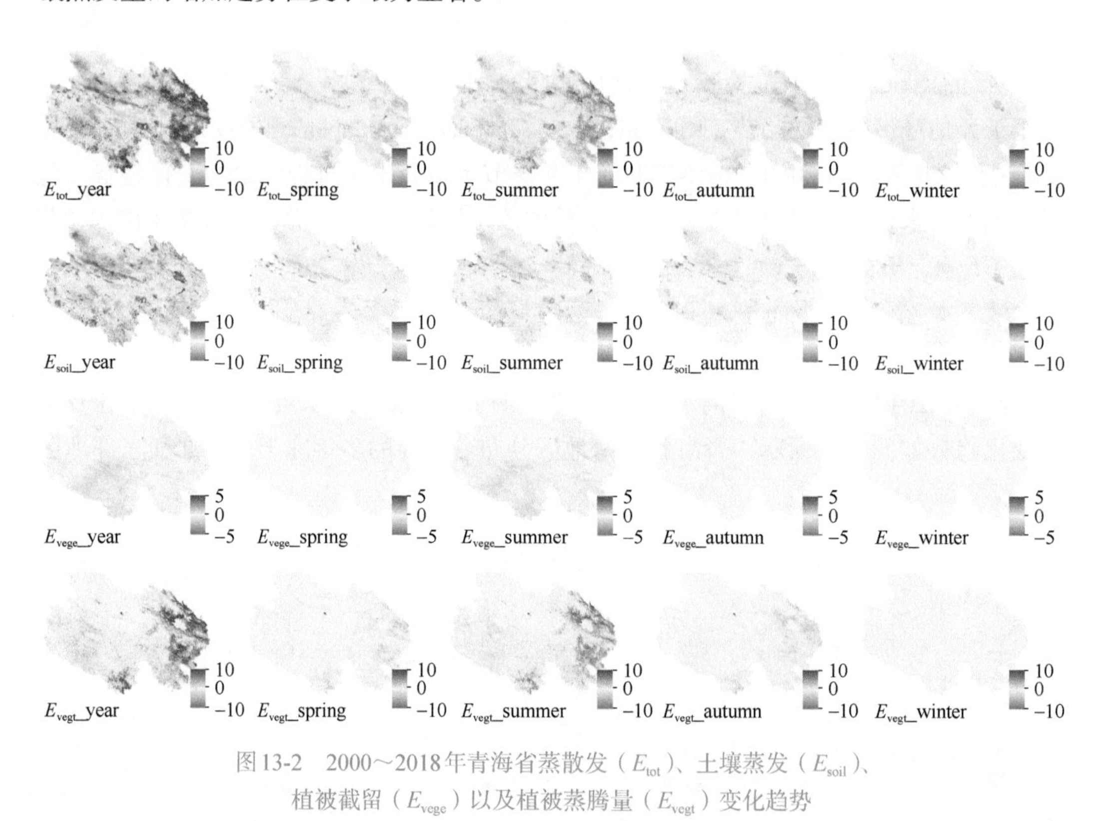

图13-2 2000～2018年青海省蒸散发（E_{tot}）、土壤蒸发（E_{soil}）、植被截留（E_{vege}）以及植被蒸腾量（E_{vegt}）变化趋势

在夏季，青海省南部地区的植被蒸发呈减少趋势。青海省植被蒸腾量呈增加趋势，增加的热点区域为东部地区，夏天植被蒸腾量的增加最为显著。

3. 青海省土壤水、土壤液态水以及土壤冰变化

2000～2018年青海省土壤水（$S_{tot}=S_{liq}+S_{ice}$）、土壤液态水（S_{liq}）以及土壤冰（S_{ice}）年际及季节变化趋势如图13-3所示。从图中可以看出，青海省土壤水动态在不同季节

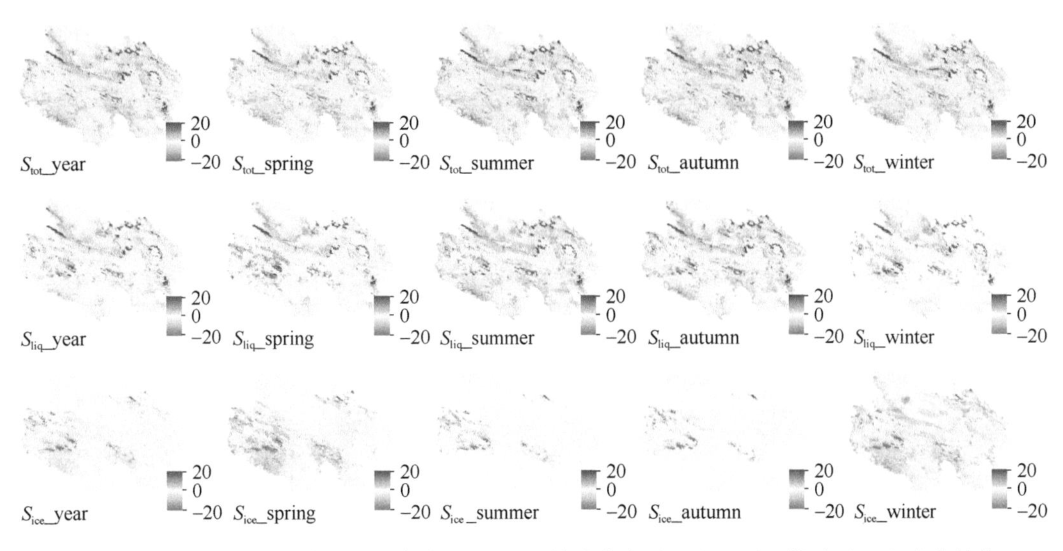

图13-3 2000～2018年青海省土壤水（S_{tot}）、土壤液态水（S_{liq}）以及土壤冰（S_{ice}）变化趋势

的空间分布相似，在青海省南部呈减小趋势，在北部呈增加趋势。青海省土壤液态水在春季和冬季主要呈增加趋势，在夏季和秋季，青海省西南多年冻土区域土壤液态水呈减少趋势。青海省西南多年冻土区域土壤冰总量在各个季节均呈减少趋势，春季和冬季减少趋势最为显著。冬季，青海省中部冰川区域以及东北部的高山多年冻土区域，土壤冰总量呈增加趋势。

13.1.2 青海省水资源动态变化的影响因子分析

1. 增强回归树模型

增强回归树（boosted regression trees，BRT）是基于分类回归树算法（classification and regression tree，CART）的一种机器学习计算方法，该方法通过随机选择和自学习方法产生多重回归树，能够提高模型的稳定性和预测精度。在运算过程中，多次随机抽取一定量的数据，分析自变量对因变量的影响程度，剩余数据用来对拟合结果进行交叉验证，最后对生成的多重回归树取均值并输出。其可以在其他自变量取均值或不变的情况下，计算该自变量与因变量的相互关系。BRT方法最大的优势在于不必要考虑自变量之间的交互作用，数据可以存在缺省值且数据类型灵活多样，输出的自变量贡献度和反应曲线比较直观，易于解释，还可以作为预测模型，而传统的线性或非线性回归模型在预测方面相对较差。

本书利用R语言软件中开源的GBM程序包来运行BRT模型，通过对学习率、树复杂度、抽样比率等参数进行调参，确定最佳拟合所需的树数。在多个时空尺度上，分析青海省水文要素的主要驱动因子。本研究考虑水文过程驱动因子作为增强回归树分析的自变量（表13-1），包括降水、气温、风速、相对湿度、短波辐射、净辐射、叶面积指数、草地面积比例、林地面积比例、农田面积比例、湿地面积比例、海拔、坡度、土壤厚度、土壤颜色（反照率）、表层砂粒含量、表层黏粒含量。通过分析以上驱动因子对青海省关键水文过程变量（表13-1）的影响，更好地理解青海省水资源空间分布及动态变化的驱动机制。

表13-1 青海省水文过程要素及其影响因子分析

自变量（x）	气象因子	气温、降水、风速、相对湿度、短波辐射、净辐射
	地形因子	海拔、坡度
	土壤因子	表层砂粒含量、表层黏粒含量、土壤颜色、土壤厚度
	土地利用因子	草地面积比例、林地面积比例、农田面积比例、湿地面积比例
	植被因子	叶面积指数
因变量（y）	蒸散发量（气态）	植被蒸腾、植被截留、土壤蒸发（包含冰川区域）、总蒸散发
	径流（液态）	总径流、地表径流、地下径流
	土壤水量（液态+固态）	土壤液态水、土壤冰、总土壤水、土壤冰/土壤水
	域内水资源量（液态+固态）	总储水量（即域内水资源量=土壤水+地表水）

2. 青海省关键水文要素空间分布影响因子分析

2000～2018年青海省关键水文要素空间分布主要影响因子的贡献率如图13-4所示。从图中可以看出叶面积指数是影响植被蒸腾及截留作用最重要的因子，叶面积指数增加会显著增加植被蒸腾与截留，从而增加总蒸散发。湿地面积比例是影响土壤蒸发最重要的因子，湿地面积比例越大，土壤蒸发越大。

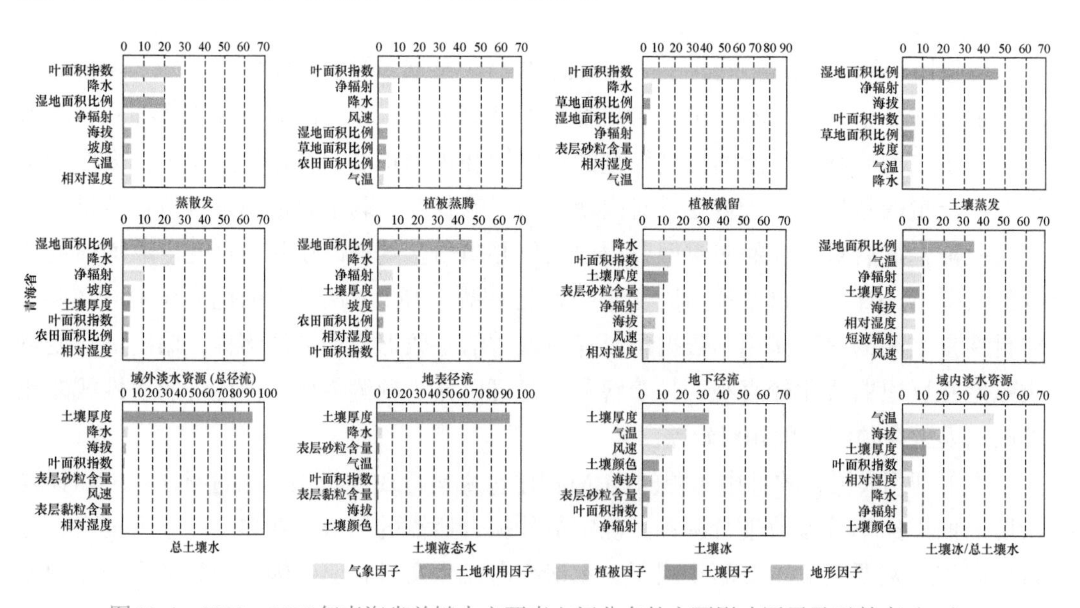

图13-4 2000～2018年青海省关键水文要素空间分布的主要影响因子及贡献率（%）

湿地面积比例是影响地表径流最重要的因子，其次是降水和净辐射。湿地面积大的地区，地表径流更小；降水量多的地区，地表径流更大；净辐射增大会减小地表径流。

降水是地下径流最重要的影响因子，其次是叶面积指数、土壤厚度以及地表砂粒含量。降水量越大，土壤厚度越厚，地表砂粒含量越大的区域，地下径流更大。

土壤厚度是影响土壤水总量最重要的因子。随着土壤厚度增加，土壤液态水总量增加。除此之外，降水对土壤液态水的影响较大，而气温、风速以及土壤颜色（反照率）对土壤冰的分布影响较大。气温越高，土壤冰/总土壤水越小。

3. 青海省五大生态区关键水文要素空间分布的影响因子分析

2000～2018年青海省五大生态区蒸散发、土壤蒸发、植被截留以及植被蒸腾量空间分布的影响因子及贡献率（%）如图13-5所示。从图中可以看出，植被叶面积指数对三江源地区蒸散发的影响最大，其次是湿地面积比例。叶面积指数通过影响植被蒸腾和蒸发作用，导致蒸散发的动态变化。湿地面积比例对土壤蒸发有显著影响。

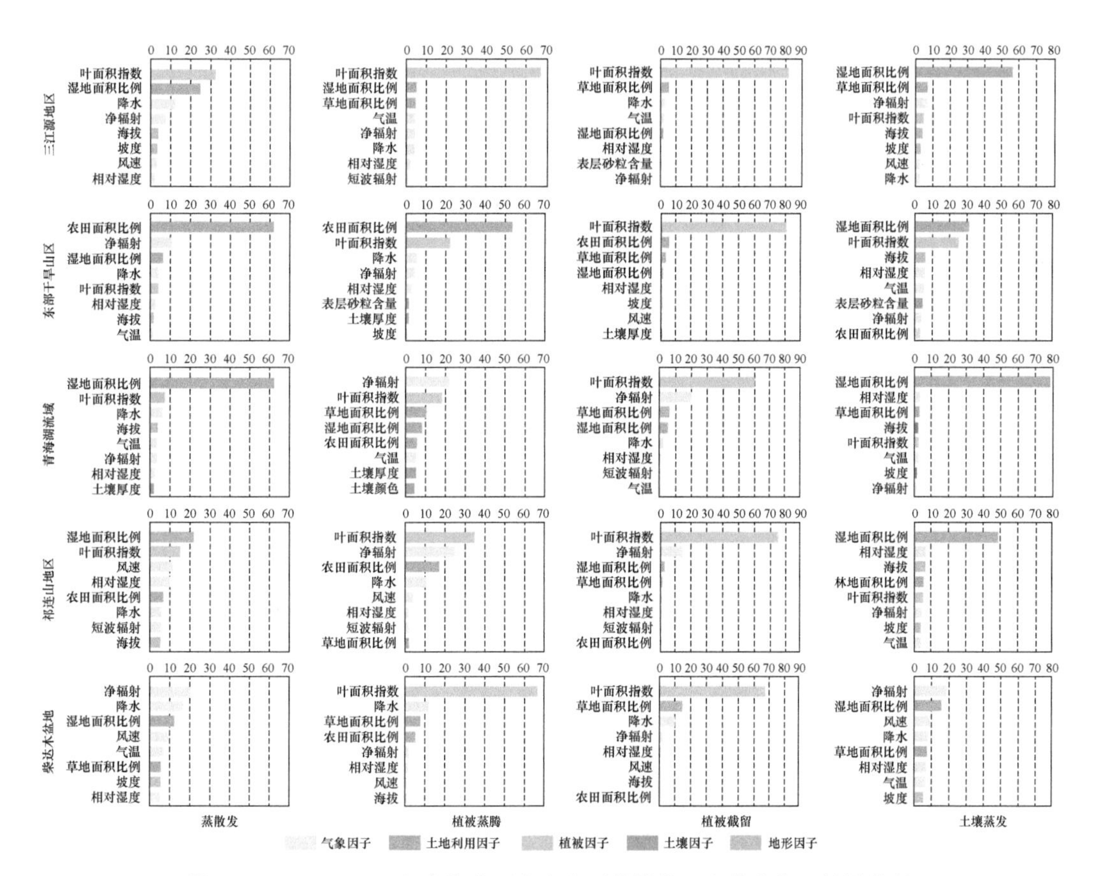

图13-5 2000～2018年青海省五大生态区蒸散发、土壤蒸发、植被截留以及植被蒸腾量平均值空间分布的影响因子及贡献率（%）

农田面积比例对东部干旱区蒸散发影响最大，这是由于东部干旱区相对其他区域农田面积较大，农田面积增大会增加植被蒸腾量。

湿地面积比例对青海湖流域以及祁连山地区的影响最大，其次是叶面积指数。

净辐射和降水对柴达木盆地蒸散发的影响最大。柴达木盆地湿地面积相对较少，净辐射对土壤蒸发空间分布的贡献率大于湿地面积比例。

植被蒸腾最重要的影响因子在东部干旱山区为农田面积比例，在青海湖流域为净辐射，在其他生态区均为植被叶面积指数。

2000～2018年青海省五大生态区域外溢出淡水资源（总径流）、地表径流、地下径流以及域内淡水资源空间分布的影响因子及贡献率（%）如图13-6所示。从图中可以看出，在三江源地区、青海湖流域、祁连山地区以及柴达木盆地，湿地面积比例是影响地表径流和总径流最重要的因子。湿地面积增加会增大蒸散发量和持留量减少地表径流的形成。在东部干旱山区，坡度和农田面积比例是影响地表径流和总径流最重要的因子。东部干旱山区坡度差异较大，农田面积较大。

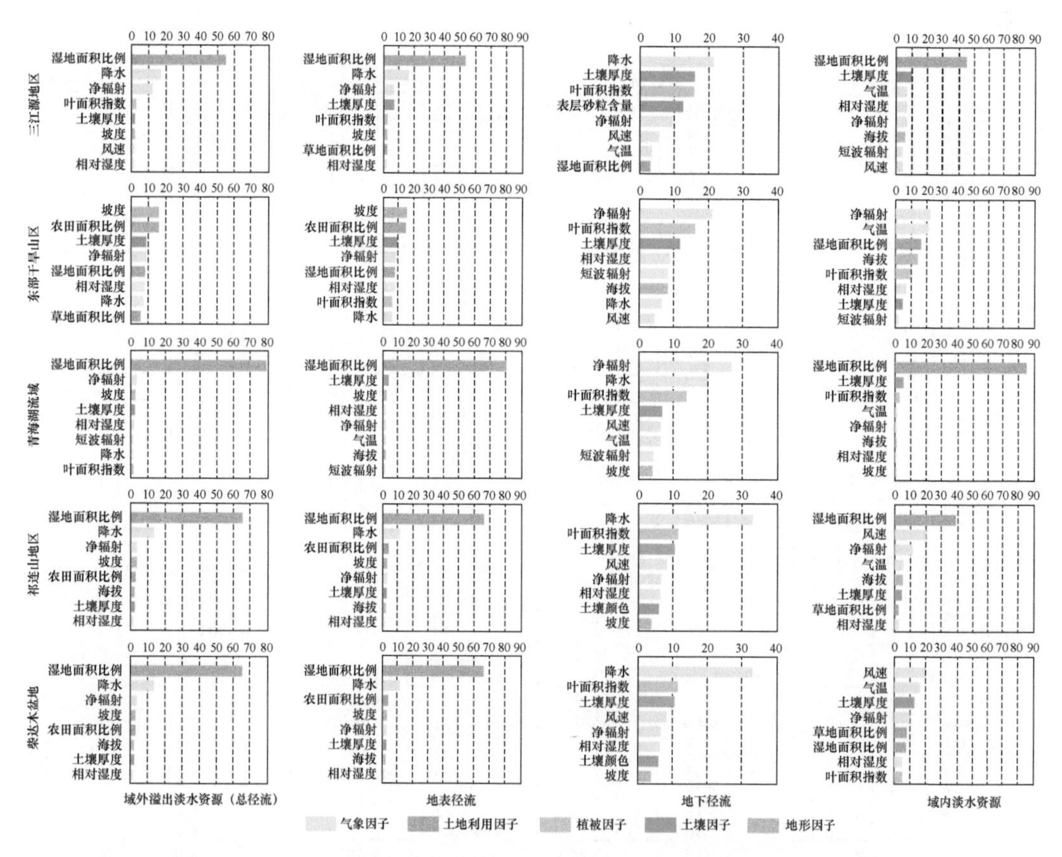

图13-6 2000～2018年青海省五大生态区域外溢出淡水资源（总径流）、地表径流、地下径流以及域内淡水资源平均值空间分布的影响因子及贡献率（%）

降水是影响三江源地区、祁连山地区以及柴达木盆地地下径流最重要的因子；净辐射是影响东部干旱山区和青海湖流域地下径流最重要的因子。另外，叶面积指数和土壤厚度对五大生态区地下径流的影响很大。

湿地面积比例是影响三江源地区、青海湖流域以及祁连山地区域内淡水资源最重要的因子，湿地面积大的区域，淡水资源量更多。东部干旱山区域内淡水资源受净辐射和气温的影响较大。风速和气温是影响柴达木盆地域内淡水资源的重要因子。

2000～2018年，青海省五大生态区总土壤水、土壤液态水、土壤冰以及土壤冰/总土壤水空间变化的影响因子及贡献率（%）如图13-7所示。从图中可以看出，土壤厚度对青海省五大生态区土壤液态水以及总土壤水空间分布的影响最大，贡献率均超过90%。

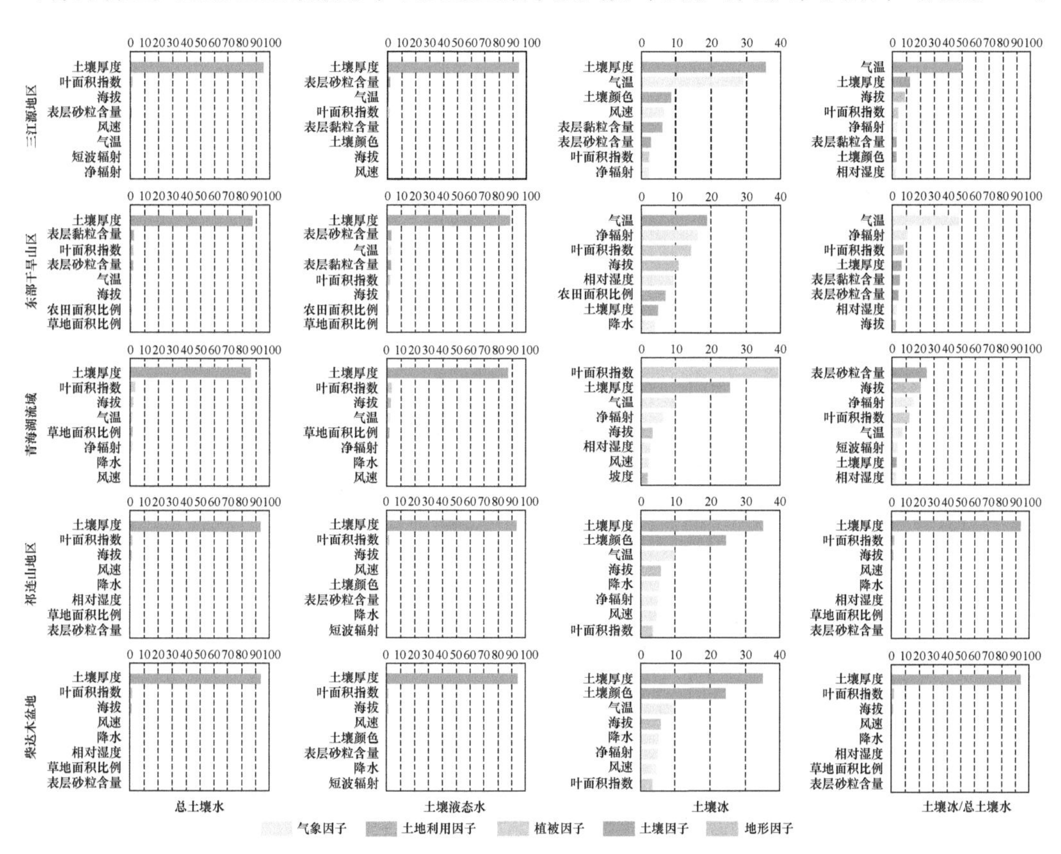

图13-7　2000～2018年青海省五大生态区总土壤水、土壤液态水、土壤冰以及土壤冰/总土壤水平均值空间变化的影响因子及贡献率（%）

土壤厚度对土壤冰空间分布的影响也很大。在东部干旱山区，影响土壤冰最重要的因子依次是气温、净辐射和叶面积指数。在其他生态区，土壤厚度是土壤冰空间分布的关键影响因子，贡献率达30%左右；除了土壤厚度，气温是影响三江源地区最重要的因子，叶面积指数是影响青海湖流域最重要的因子，而土壤颜色（反照率）是影响祁连山地区和柴达木盆地最重要的因子。

在三江源以及东部干旱山区，气温是影响土壤冰/总土壤水最重要的因子，贡献率约为50%；在青海湖流域，表层砂粒含量以及海拔是影响土壤冰/总土壤水最重要的因子，贡献率约为20%左右；在祁连山地区和柴达木盆地，土壤厚度对土壤冰/总土壤水动态的影响最大，贡献率超过90%。

4. 青海省三江源生态区主要流域关键水文要素空间变化及影响因子分析

2000～2018年，青海省三江源生态区主要流域蒸散发、域外溢出淡水资源（总径流）、土壤液态水以及土壤冰空间变化的主要影响因子及贡献率如图13-8所示。从图中可以看出，三江源生态区长江流域、黄河流域、澜沧江流域水文要素变化的重要影响因子均为湿地面积比例和土壤厚度。另外，叶面积指数对长江和澜沧江流域蒸散发和土壤冰变化影响的贡献率大于其对黄河流域蒸散发的贡献率。除土壤厚度外，海拔和气温对黄河流域土壤冰影响较大。气温对长江流域和澜沧江流域土壤冰的影响大于其对黄河流域土壤冰的影响。

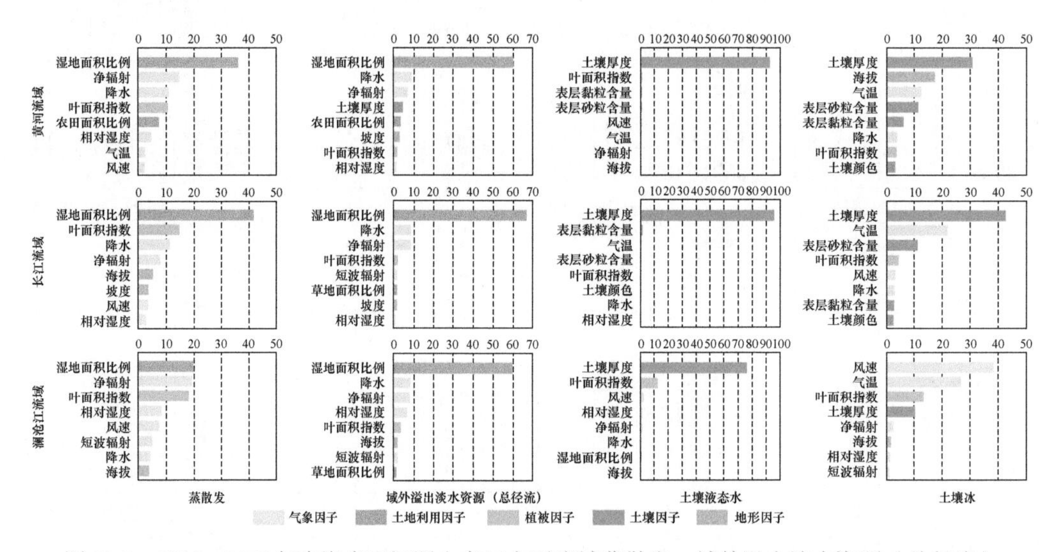

图13-8 2000～2018年青海省三江源生态区主要流域蒸散发、域外溢出淡水资源（总径流）、土壤液态水以及土壤冰平均值空间变化的主要影响因子及贡献率（%）

由于三江源地区2000～2018年期间的土地利用及植被变化较小，土地利用变化和植被变化对三江源地区水文要素变化的影响不显著。气候变化是影响三江源地区关键水文要素变化最重要的影响因子。三江源地区水文要素增大和减小趋势的关键影响因子略有不同。

2000～2018年期间，青海省三江源生态区主要流域蒸散发、域外淡水资源（总径流）、土壤液态水以及土壤冰增加趋势的主要影响因子及贡献率（%）如图13-9所示。降水变化是黄河和澜沧江流域蒸散发增加的主要驱动力，净辐射变化是长江流域蒸散发增加的主要驱动力。净辐射增加，一方面促进潜在蒸散发，另一方面，使得长江流域部分冻土融化，促进了土壤水蒸发以及土壤冰升华。净辐射和短波辐射变化是三江源地区蒸散发减少的主要驱动因子。

降水变化对总径流的增加或减少趋势均具有重要影响（图13-9、图13-10）。净辐射变化是三江源地区径流减小的重要影响因子（图13-10），而对径流的增加趋势影响较小（图13-9）。

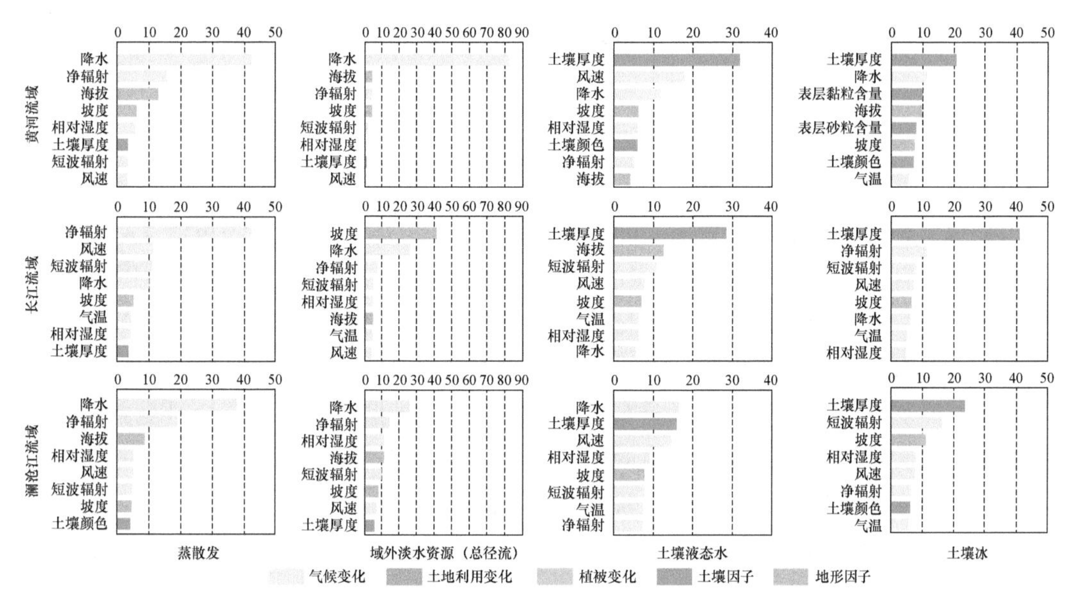

图13-9 2000～2018年青海省三江源生态区主要流域蒸散发、域外溢出淡水资源（总径流）、土壤液态水以及土壤冰增加趋势的主要影响因子及贡献率（%）

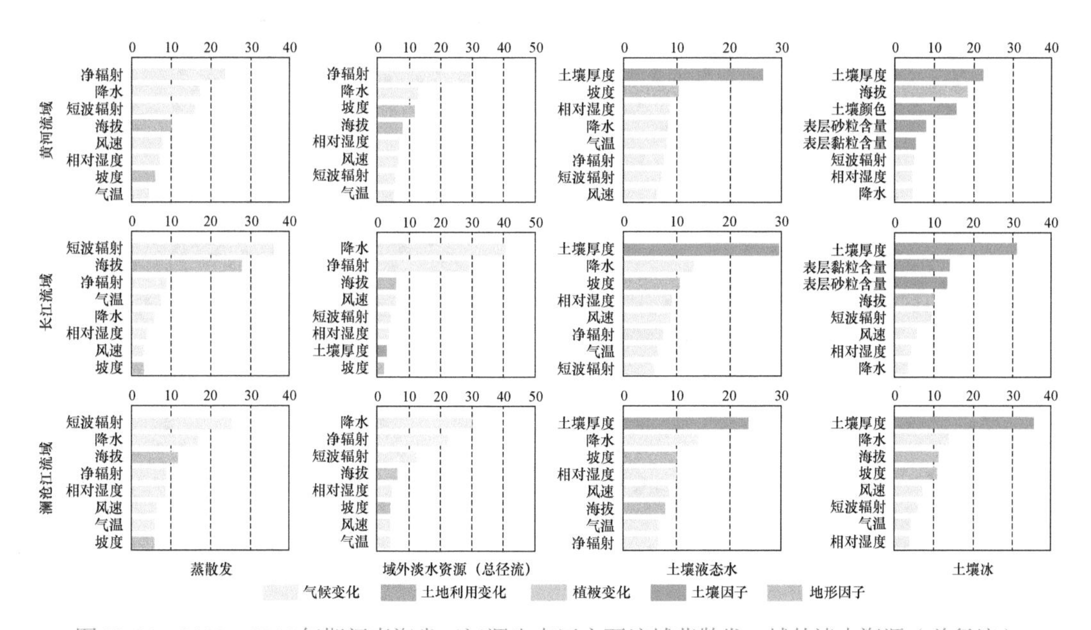

图13-10 2000～2018年期间青海省三江源生态区主要流域蒸散发、域外淡水资源（总径流）、土壤液态水以及土壤冰减少趋势的主要影响因子及贡献率（%）

各驱动因素对土壤液态水变化的影响均较大，包括降水、风速和相对湿度变化（图13-9、图13-10）。黄河流域土壤冰增加，主要是由于降水增加所致（图13-9）；长江流域和澜沧江流域土壤冰减少主要是由于净辐射和短波辐射变化所致（图13-10）。

13.2 青海省关键生态系统服务的约束关系

13.2.1 生态系统服务约束关系的概念

参与生态过程中的两个变量之间往往伴随着复杂的相互作用，还可能受到许多其他因子的影响，从而使得这两个变量的关系表现出与散点云相似的分布形态（图13-11）。在生态学中，当两个变量的散点云呈现出一条边界时，这条边界蕴含着丰富的生态学含义，这条有信息的边界称为约束线。约束线的含义是：响应变量在限制变量的约束作用下，能够得到的最大值或者分布界限。约束线上的散点代表响应变量受到限制变量的影响较大或者只受到限制变量的影响，而受到其他因子的影响较小或者基本无影响。如果两变量的散点数据呈现云状分布形态时，采用约束线方法能较好地表征两个变量之间的相互作用关系。本研究采用约束线方法分析呈现散点云形态分布的生态系统服务之间的相互关系。

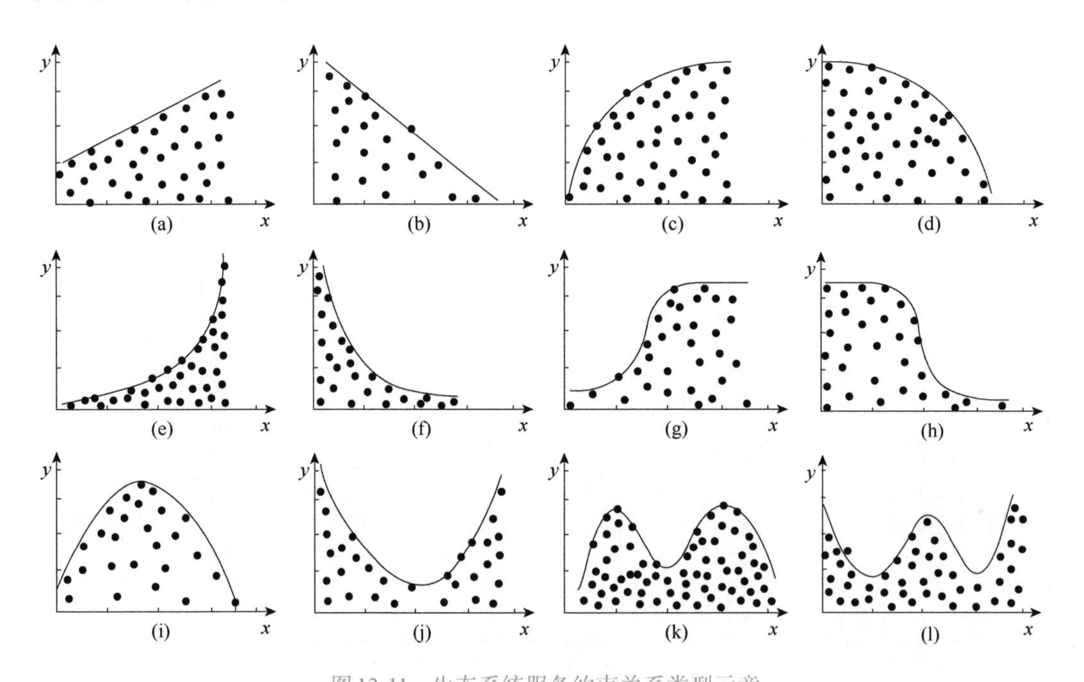

图13-11 生态系统服务约束关系类型示意

（a）、（b）直线形；（c）、（d）二次函数形；（e）指数曲线形；（f）对数曲线形；（g）S形曲线；（h）倒S形曲线；（i）驼峰形曲线；（j）U形曲线；（k）（l）波动曲线

13.2.2　生态系统服务约束关系的类型

影响生态系统服务的因子很多，包括气候、地表覆盖状态、土壤、地形以及其他生态系统服务的作用等，而这些因子之间又相互影响，可以采用描述散点云数据变化格局的约束线方法来表征。

生态系统服务之间的约束关系指一种生态系统服务（限制变量）约束另一种生态系统服务（响应变量）。当采样点逐渐增多时，生态系统服务之间的二维散点图逐渐呈现出散点云形态，在此类散点云中，通过提取边界点拟合得到相应约束线。约束线表征一种生态系统服务（响应变量）在另一种生态系统服务（限制变量）约束作用下的潜在分布范围。相比较而言，约束线下面的散点意味着生态系统服务之间的关系受到其他变量的影响，不能直接反映限制变量和响应变量之间的关系。

图13-11展示了理论上生态系统服务之间可能存在的12种约束关系类型：（a）为斜率大于0的直线形，表示x变量对y变量的约束作用成比例减小，且为正向约束作用，随着x变量的增大，能够得到的y变量的最大值也越来越大；（b）为斜率小于0的直线形，表示x变量对y变量的约束作用成比例增大，且为负向约束作用，当x为0时，能够得到y变量的最大值；（c）为二次函数形，随着x变量的增大，x变量对y变量的约束作用逐渐减小，且约束作用的变化速率逐渐减小；（d）为抛物线形，表示x变量对y变量的约束作用逐渐增强，当x变量很小时，可以得到y变量的最大值；（e）为指数曲线形，随着x变量的增大，x变量对y变量的约束作用逐渐减小，且约束作用的变化速率逐渐增大；（f）为对数曲线形，表示x变量对y变量的约束作用逐渐减弱，且变化速率逐渐减小，当x变量很小时，可以得到y变量的最大值；（g）为S形曲线，在某一范围内，随着x变量的增大，它对y变量的约束作用骤然减小；（h）为倒S形曲线，表示x变量从0增加到阈值内的过程中对y变量没有约束作用，在此范围内，均可得到y变量的最大值，x变量大于阈值后，它对y变量的约束作用急剧增强，y变量的最大值急剧减小；（i）为驼峰形曲线，随着x变量的增大，它对y变量的约束作用先减小后增强，当x等于阈值时，y变量能够达到最大，此时x变量对y变量的约束作用最弱；（j）为U形曲线，随着x变量的增大，x变量对y变量的约束作用逐渐增强，当达到一定阈值后，x变量对y变量的约束作用逐渐减小。y变量的最大值在x变量等于阈值点时最小，此时，x变量对y变量的约束作用最强；（k）与（l）为波动曲线，x变量对y变量的约束作用随着x变量的增大呈现波动状态，它们可能由多个驼峰形曲线或者U形曲线组成。（i）、（j）、（k）和（l）这四种非单调的约束关系类型是不同影响因子在阈值两侧作用的结果。

13.2.3　生态系统服务约束关系的提取方法

本研究采用分位数分割法提取生态系统服务之间的约束线（图13-12）。

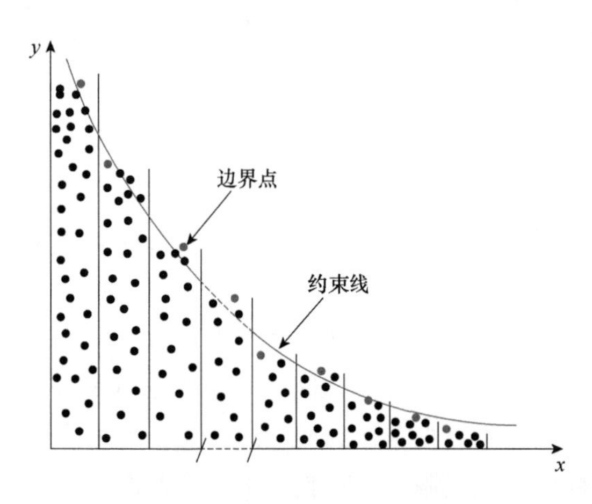

图 13-12 生态系统服务之间的约束线提取方法示意

在图13-12中，横纵坐标分别代表两种生态系统服务，首先将x变量代表的生态系统服务按照数值大小等分为100份，这样得到100列数据集，为尽量保证所得约束线能够表征散点云的上边界，本研究取每列数据集中所有散点的99.9%分位数作为上边界点，大于99.9%分位数的点认为是异常值，最后对得到的100个上边界点在Origin 9软件（OriginLab，US）进行拟合得到约束线。在边界点拟合过程中，对同一对生态系统服务尽量选取相同的拟合类型，同时，本研究以拟合优度（R^2）以散点图形态作为拟合类型标准，进而得到生态系统服务之间的约束关系。

13.2.4 青海省生态系统服务约束关系类型

青海省是“亚洲水塔”，水相关的生态系统服务非常重要。如何保护水相关生态系统服务，减缓气候变化和人类不合理土地利用对水相关生态系统服务的不利影响是青海省生态系统管理应关注的着力点。植被净初级生产力（NPP）是气候因素、土壤因素、海拔、土地利用/覆盖等因素共同作用的结果，人类能够通过改变土地利用直接调控的重要支持服务。NPP变化对其他生态系统服务可能产生重要影响，因此，本研究以NPP为限制变量，研究NPP与多种水相关生态系统服务之间的约束关系。选择分析的水相关生态系统服务包括：地表径流、土壤水、地下径流。大气降水落到地面后，一部分蒸发变成水蒸气返回大气，一部分下渗到土壤成为地下水，其余的水沿着斜坡形成漫流，通过冲沟、溪涧，注入河流，汇入海洋，这种水流称为地表径流。地表径流是人类可利用水资源的主要来源之一。土壤水对植物生长至关重要，包含土壤液态水和土壤固态水，是青海省水资源的重要组成部分。地下径流是径流的重要组成部分一基流，由地下水的补给区向排泄区流动的地下水流。大气降水渗入地面以下后，一部分以薄膜水、毛管悬着水的形式蓄存在包气带中，当土壤含水量超过田间持水量时，多余的重力水下渗形成饱水带，继续流动到地下水面，由水头高处流向低处，由补给区流向排泄区。

从图13-13可以看出，NPP与地表径流之间的约束关系类型在2000～2018年期间发生了变化，由驼峰形转换为波动形。在2000～2009年期间，NPP与地表径流之间的约束关系表现为驼峰形，之后则表现为波动形。整体约束线的拟合优度除2008年较低外，其余都在0.5左右，2000年对应的拟合优度最高，为0.67。

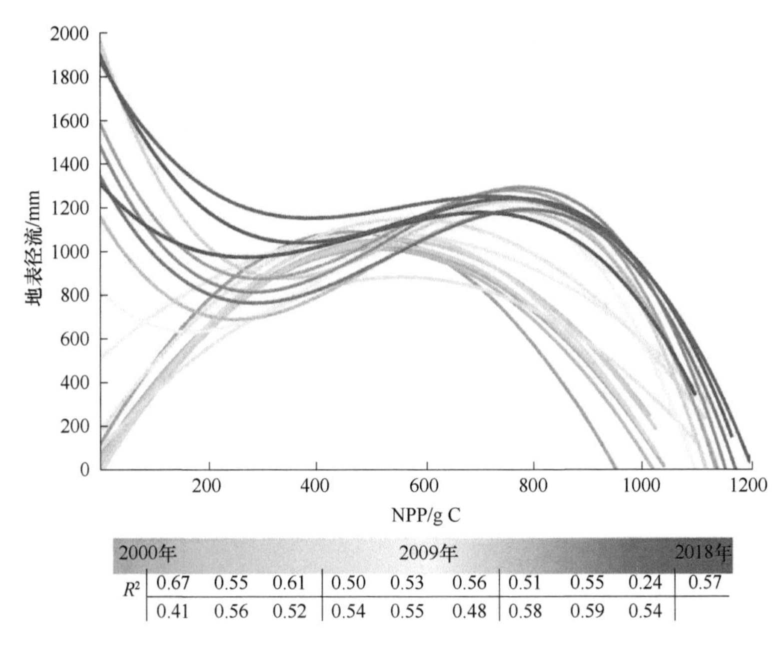

图13-13 2000～2018年NPP（*x*，g C）与地表径流（*y*，mm）之间的约束关系

根据图13-13，驼峰形约束线不论形状和阈值都非常接近，在不同年份之间NPP与地表径流之间的约束关系较稳定。然而，2009～2018年期间，NPP与地表径流之间的波动形约束关系随着时间推移整体右移，表现为波动形曲线的波谷和波峰均随年份而上升。2000～2008年期间，NPP阈值均值为511g C，在此期间，随着NPP增加，NPP对地表径流的约束关系越来越弱，地表径流能够达到的最大值，即地表径流的取值范围也越来越大，直到达到NPP阈值，此时，NPP对地表径流的约束关系最弱。之后，随着NPP增大，NPP对地表径流的约束关系越来越强，地表径流能够达到的最大值越来越小。主要原因是与植被类型、生长条件和由此形成的NPP空间格局有关，NPP较小的区域主要分布在青海省西北荒漠地区；青海省中部和南部区域降水量相对充足，土壤肥力较高，地表径流的主要来源之一是降水，降水多，草地蒸腾作用相对较小，使得草地地表径流增大；而大于NPP阈值的区域主要分布在青海省东部的森林区，林地蒸腾作用较强，降水对地表径流的补给量与植被蒸腾和土壤蒸发的水输出量之差越来越小，使得NPP和地表径流之间呈现越来越强的约束关系。2009～2018年间，青海省降水量高值区逐渐向西北部延伸，从NPP为0到波谷之间（图13-13），NPP值对应空间范围主要分布在西北部柴达木盆地，土壤干燥，蒸发作用强烈，尽管降水增多，对地表径流有促进作用，但是降水对地表径流的补给量与土壤蒸发的水输出量之差越来越小，使得NPP和地表径流之间呈现越来越强的约束关系。因此，降水格局、土壤蒸发、地表植被覆盖状况共同作用使得NPP与地表径流之间的约束关系在长时间序列中发生变化，并呈现出驼峰形和波动形的约束关系。

根据图13-14，NPP与土壤水之间的约束关系类型在2000～2018年期间未发生明显变化，均呈现为倒S形。约束线的拟合优度均在0.9以上，说明约束线能够很好地刻画NPP与土壤水之间的约束关系。相比2009～2018年，NPP与土壤水之间的约束关系在2000～2008年期间较弱；2009～2018年，随着年份增加，倒S形曲线逐渐升高，对应的NPP的阈值逐渐增大，土壤水的阈值也逐渐增大，整体曲线向右上方移动。2000～2018年期间，NPP阈值的平均值为717gC。当NPP小于阈值时，NPP对土壤水约束作用较弱，土壤水量不随NPP增大而变化。当NPP大于阈值后，NPP对土壤水的约束作用迅速增强，随着NPP增大，土壤水最大值急剧下降；主要原因是当植物生长较差时，对土壤水的消耗量较少，土壤水主要来源是降水、冰川冻土融水，同时还受到土壤饱和含水量的限制，使得土壤水含量在一定程度上能够保持稳定，不受地表植被的影响。当地表植被生长较好时，植被对土壤水的需求量增加，导致土壤水的最大值下降，使得NPP与土壤水之间的约束关系呈现倒S形曲线。土壤水是青海省水资源的重要组成部分，植被是土壤水的重要调节器，合理的植被覆盖能够有效保护土壤水，进而保持青海省水资源供给的稳定。

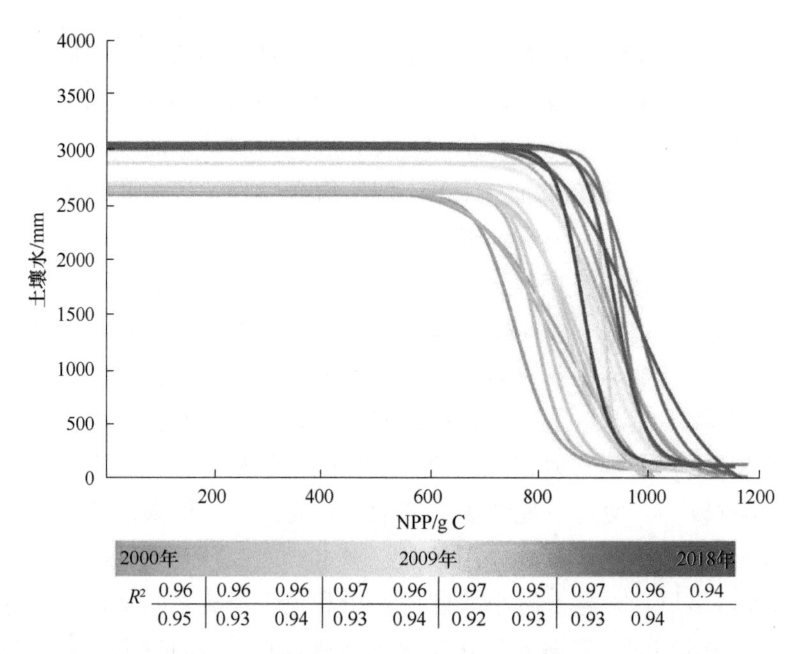

图13-14　2000～2018年NPP（*x*，g C）与土壤水（*y*，mm）之间的约束关系

根据图13-15，NPP与地下径流之间的约束关系类型在2000～2018年期间未发生较大变化，随着NPP增大，NPP对地下径流的约束作用逐渐增强。约束线的拟合优度均在0.7以上，说明约束线能够较好地刻画NPP与地下径流之间的约束关系。类似于NPP与地表径流以及NPP与土壤水之间的约束关系，NPP与地表径流之间的约束关系

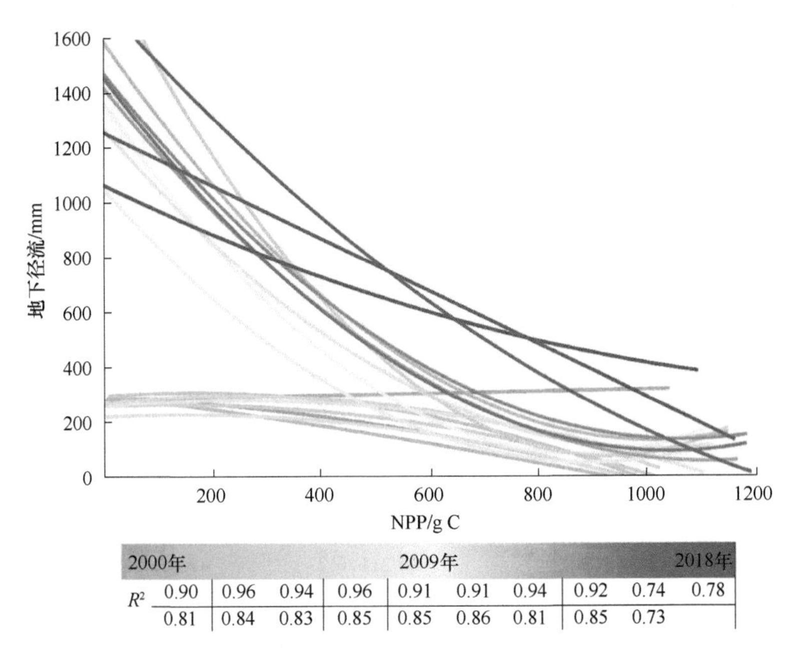

R^2									
0.90	0.96	0.94	0.96	0.91	0.91	0.94	0.92	0.74	0.78
0.81	0.84	0.83	0.85	0.85	0.86	0.81	0.85	0.73	

图13-15 2000～2018年NPP（x，g C）与地下径流（y，mm）之间的约束关系

在2000～2008年期间较其在2009～2018年期间曲线位置低，尽管都表现为约束作用逐渐增强的状态，但是在2009～2018年，NPP对地下径流的约束作用随着NPP增大而增强，地下径流波动幅度增大，但在2000～2008年，随着NPP增大，地下径流波动幅度变化不明显，只呈现小幅度的下降；主要原因是，随着地表植被生长越来越好，植被对水的利用量增加，导致能够渗入地下满足土壤水饱和后形成地下径流部分的水减少。因此，NPP与地下径流之间呈现越来越强的约束关系，表现为随着NPP增大，地下径流减少。

13.2.5 青海省生态系统服务约束关系的特征值

根据NPP与水相关生态系统服务呈现的约束关系类型，本研究提取了约束线的特征值：NPP阈值和水相关生态系统服务的阈值、单调形约束线的斜率和截距。在NPP阈值和水相关生态系统服务的阈值两侧，NPP与水相关生态系统服务的约束关系方向发生变化，通过计算非单调约束线方程（表13-2）的极值即可得到NPP阈值和水相关生态系统服务的阈值。单调形约束线的截距为约束线方程中约束变量（NPP）等于0时响应变量对应的值。单调形约束线的斜率分两种：一种为直线形，斜率可通过相应直线方程直接获得；另一种是曲线形单调约束线，通过计算约束线方程对应微分方程斜率的平均值计算获得。约束线的截距和斜率均可表征限制变量对响应变量约束关系的强度。

表 13-2 NPP与水相关生态系统服务的约束线方程

年份	NPP_地表径流	NPP_土壤水	NPP_地下径流
2000	$y=116.27543+4.23\times x-0.00458\times x^2$	$y=77.1069+(2595.54557-77.1069)/[1+(x/761.40987)^{21.20292}]$	$y=291.45002-0.09056\times x-2.22329\times 10^{-4}\times x^2$
2001	$y=65.2242+3.72717\times x-0.00363\times x^2$	$y=-640.68318+(2646.03465+640.68318)/[1+(x/876.581)^{9.5268}]$	$y=282.36487+0.0354\times x-3.30392\times 10^{-4}2\times x^2$
2002	$y=22.27467+3.91553\times x-0.00386\times x^2$	$y=-501.25898+(2678.79628+501.25898)/[1+(x/849.26414)^{10.30963}]$	$y=299.04207-0.25398\times x-7.4104\times 10^{-5}\times x^2$
2003	$y=49.80241+3.77413\times x-0.00353\times x^2$	$y=142.59469+(2612.41225-142.59469)/[1+(x/796.06991)^{31.69033}]$	$y=294.55311+0.15047\times x-4.59239\times 10^{-4}\times x^2$
2004	$y=-10.56944+3.96254\times x-0.00368\times x^2$	$y=-168.03231+(2646.58006+168.03231)/[1+(x/871.84127)^{17.97019}]$	$y=257.44556+0.08598\times x-3.34838\times 10^{-4}\times x^2$
2005	$y=29.58041+3.87415\times x-0.00373\times x^2$	$y=65.55739+(2687.87642-65.55739)/[1+(x/814.86623)^{25.03801}]$	$y=267.64281+0.21968\times x-4.42065\times 10^{-4}\times x^2$
2006	$y=-20.89765+4.24836\times x-0.00405\times x^2$	$y=-737.85234+(2696.07762+737.85234)/[1+(x/902.71193)^{13.48642}]$	$y=218.91402+0.10298\times x-3.48298\times 10^{-4}\times x^2$
2007	$y=95.5013+2.84197\times x-0.00256\times x^2$	$y=60.38323+(2686.55716-60.38323)/[1+(x/854.54146)^{23.12318}]$	$y=256.67187+0.17699\times x-3.59356\times 10^{-4}\times x^2$
2008	$y=511.66653+2.21376\times x-0.00213\times x^2$	$y=-84.97667+(2697.75496+84.97667)/[1+(x/930.67675)^{19.34137}]$	$y=1051.15895-2.22808\times x+0.00124\times x^2$
2009	$y=825.3702-2.4967\times x+0.00926\times x^2-6.99766\times 10^{-6}\times x^3$	$y=-6.39731+(2878.24112+6.39731)/[1+(x/908.72702)^{20.88499}]$	$y=1368.36973-2.92231\times x+0.00166\times x^2$
2010	$y=175.88241+3.4542\times x-0.00305\times x^2$	$y=158.6249+(2878.34508-158.6249)/[1+(x/922.79484)^{97.59139}]$	$y=1274.71956-2.31289\times x+0.00114\times x^2$
2011	$y=1974.87206-7.54872\times x+0.01604\times x^2-9.72091\times 10^{-6}\times x^3$	$y=-55.4112+(3014.95489+55.4112)/[1+(x/940.37631)^{20.07605}]$	$y=1874.40927-3.87122\times x+0.00208\times x^2$
2012	$y=1168.51586-4.24348\times x+0.01121\times x^2-7.35532\times 10^{-6}\times x^3$	$y=-109.59762+(3037.92683+109.59762)/[1+(x/930.94936)^{16.04907}]$	$y=1594.84658-2.88167\times x+0.00142\times x^2$
2013	$y=1597.41326-5.57809\times x+0.0131\times x^2-8.29453\times 10^{-6}\times x^3$	$y=-3.21629+(3007.66058+3.21629)/[1+(x/937.80791)^{21.18004}]$	$y=1424.98093-2.45421\times x+0.0011\times x^2$
2014	$y=1493.7128-5.39104\times x+0.01291\times x^2-8.10556\times 10^{-6}\times x^3$	$y=131.80792+(3009.27722-131.80792)/[1+(x/956.19013)^{45.76504}]$	$y=1478.72698-2.50712\times x+0.00117\times x^2$
2015	$y=1353.49382-4.6609\times x+0.01112\times x^2-6.92555\times 10^{-6}\times x^3$	$y=0.1929+(3030.0885-0.1929)/[1+(x/983.41851)^{25.03003}]$	$y=1462.2284-2.61672\times x+0.00125\times x^2$
2016	$y=1885.00324-4.55886\times x+0.00902\times x^2-5.41985\times 10^{-6}\times x^3$	$y=-283.75051+(3064.16857+283.75051)/[1+(x/988.10085)^{13.52557}]$	$y=1733.89198-2.20811\times x+6.45301\times 10^{-4}\times x^2$
2017	$y=1910.00318-5.605\times x+0.0113\times x^2-6.67376\times 10^{-6}\times x^3$	$y=111.17301+(3049.61622-111.17301)/[1+(x/943.79157)^{34.10662}]$	$y=1258.70277-0.96449\times x$
2018	$y=1319.2511-2.88512\times x+0.0074\times x^2-5.08267\times 10^{-6}\times x^3$	$y=120.3856+(3020.84499-120.3856)/[1+(x/884.91292)^{34.97933}]$	$y=1067.45333-0.96104\times x+3.10056\times 10^{-4}\times x^2$

根据图13-16，对于NPP与地表径流约束关系而言，NPP阈值变化范围较大，主要介于500～850 gC之间，中值为625gC，25%～50%分位数的阈值分布较为集中，表现为中值线在箱形图下方。对NPP与土壤水约束关系而言，NPP阈值主要集中在箱形图下方，NPP阈值变化范围相比NPP与地表径流约束关系的NPP阈值更为集中，表现为箱形图较小，中值附近是NPP阈值较为集中的位置，中值和均值位置相似，为700g C左右。

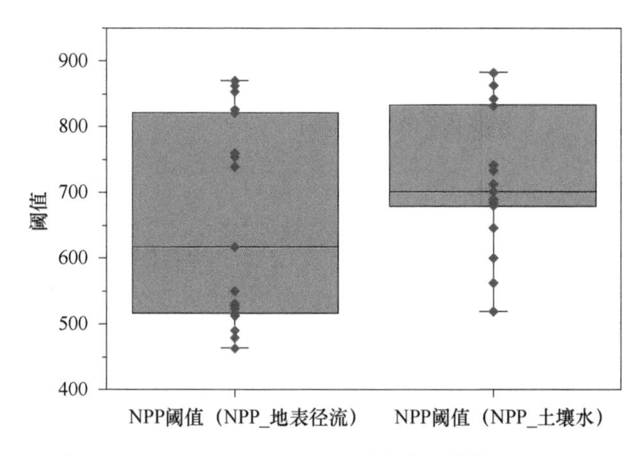

图13-16　2000～2018年NPP阈值分布情况（y，g C）

根据图13-17，NPP与地表径流和土壤水之间约束关系的NPP阈值均呈现显著的上升趋势。其中，NPP与地表径流的NPP阈值上升比NPP与土壤水的NPP阈值上升趋势更明显，两条直线在2013年相交，表明在2013年，超过该NPP阈值，NPP_地表径流以及NPP_土壤水的约束关系均表现为NPP对这两种水相关生态系统服务的约束作用增强，随着NPP增大，这两种服务的最大值均减小。

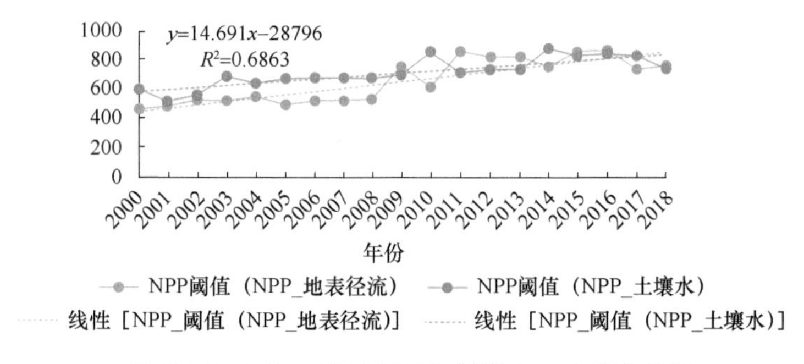

图13-17　2000～2018年NPP阈值（g C）变化情况

根据图13-18，地表径流和土壤水的阈值分布均较集中，表现为箱形图较小。地表径流阈值范围集中在750～1500mm之间，土壤水阈值范围集中在2750～3250mm之间。

地表径流阈值分布均匀，50%分位数上下阈值个数相似，而土壤水阈值则集中分布在50%分位数上方，表现为50%分位数线在箱形图上方。

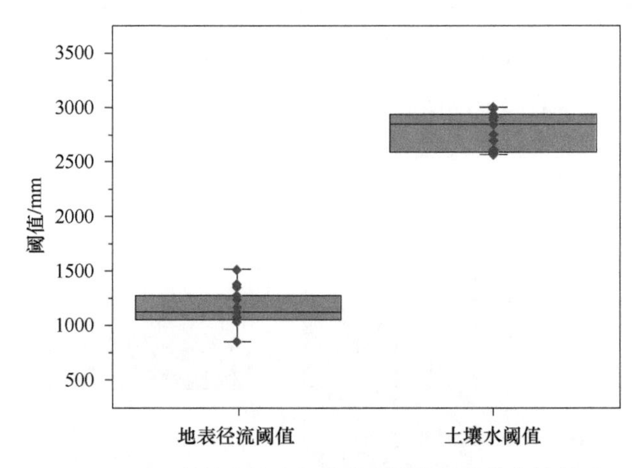

图13-18　2000～2018年地表径流阈值和土壤水阈值分布情况（y，mm）

根据图13-19，地表径流阈值和土壤水阈值均呈现显著上升趋势。其中，土壤水阈值比地表径流阈值大，每一年土壤水阈值均比地表径流阈值高1500mm左右，两条直线几乎平行，未出现交点。

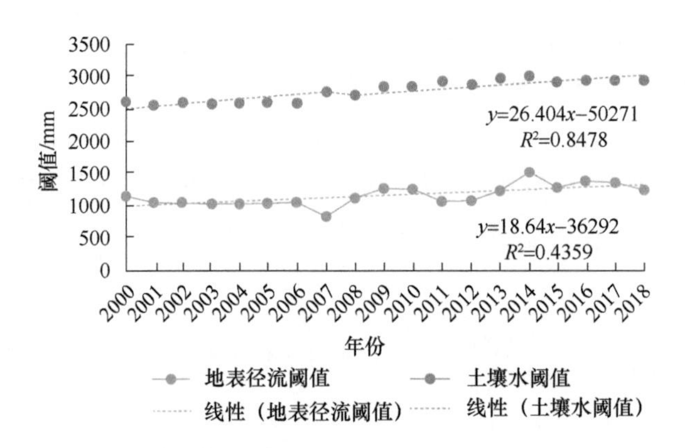

图13-19　2000～2018年地表径流阈值和土壤水阈值（mm）分布情况

根据图13-20，NPP_地下径流约束关系的斜率在2000～2018年变化幅度较大，在2000～2006年，斜率变化幅度较小；在2006年之后，斜率变化幅度大，表现为不规则的波动形，在2011年和2016年出现波谷。

根据图13-21，在2000～2018年期间NPP_地下径流约束关系的截距变化幅度较大，与斜率的变化趋势完全相反。在2000～2006年期间，截距变化不大，对应地下径流约300mm左右，与斜率相反的是，截距表现为小幅度下降；在2006年之后，截距变化幅度较大，表现为不规则的波动形，在2011年和2016年出现波峰。

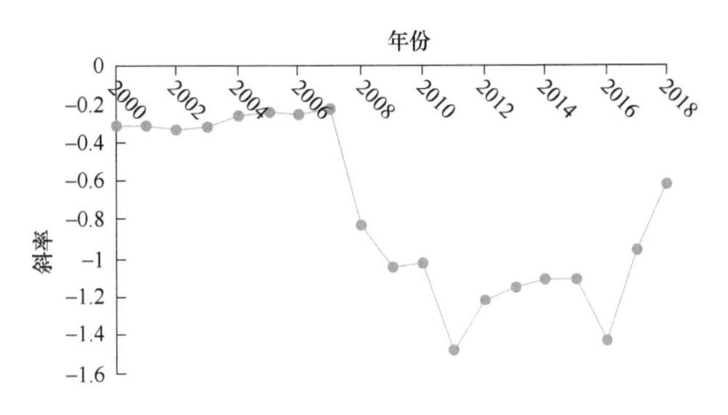

图13-20 2000～2018年NPP_地下径流约束关系的斜率变化情况

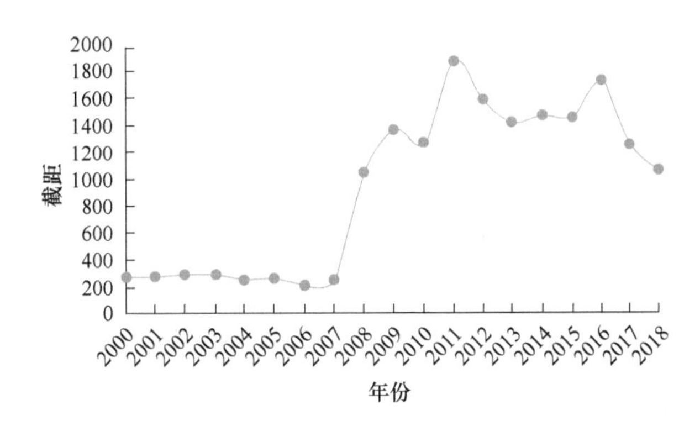

图13-21 2000～2018年NPP_地下径流约束关系的截距变化情况

13.2.6 青海省生态系统服务约束关系的影响因素分析

生态系统服务对之间的约束关系是多因子共同作用的结果，本研究选择潜在影响因子进行分析。由于约束线代表着限制因子对响应因子的制约作用，约束线及其特征值代表着响应因子的最大值或分布范围，因此本研究选择了相应因子的最大值、最小值、最值之差、标准差、平均值。本研究选择分析的影响因子包括：降水最大值、降水最小值、降水最值之差、降水标准差、降水平均值、太阳辐射最大值、太阳辐射最小值、太阳辐射最值之差、太阳辐射标准差、太阳辐射平均值、气温最大值、气温最小值、气温最值之差、气温标准差、气温平均值、NDVI最大值、NDVI最小值、NDVI最值之差、NDVI标准差、NDVI平均值、林地占比、耕地占比、草地占比、水域占比、裸地/荒漠占比、建筑用地占比。

本研究采用灰色关联度方法来分析影响NPP与水相关生态系统服务约束关系特征值的因素。灰色系统是指部分信息已知而部分信息未知的系统，灰色系统理论所要考察和研究的是信息不完备的系统，通过已知信息来研究和预测未知领域从而达到了解整个系统的目的。灰色关联度分析法是一种多因素统计分析方法，它是以各因素的样本数据为依据用灰色关联度来描述因素间关系的强弱、大小和次序，若样本数据反映出的两因素变化的态势（方向、大小和速度等）基本一致，则它们之间的关联度较大；反之，关联度较小。灰色关联度分析的意义是指在系统发展过程中，如果两个因素变化的态势是一致的，即同步变化程度较高，则可以认为两者关联较大；反之，则两者关联度较小。因此，灰色关联度分析对于一个系统发展变化态势提供了量化度量工具，非常适合动态的历程分析。本研究采用南京航空航天大学灰色系统研究所开发的灰色系统理论建模软件7.0版本计算灰色关联度。

表13-3中展示了青海省NPP与水相关生态系统服务约束关系特征值的影响因素按照关联度从大到小排序的前五个因子。对于NPP_地表径流约束关系而言，NPP阈值大小的主要影响因素是降水和太阳辐射。NPP主要受太阳辐射、气温和降水的影响，青海省整体太阳辐射差异很大，西北部太阳辐射显著高于东部，影响了NPP的分布格局，因此，与NPP阈值有关的生态系统服务约束关系特征值的主要影响因素中都有太阳辐射标准差（R_std）。除降水之外，地表植被覆盖状态是影响地表径流量的主要因素之一，NDVI最大值影响降水成为地表径流的比例，青海省分布面积最大的植被类型是草地，草地面积占比是地表径流阈值的主要影响因素之一。此外，气温和太阳辐射主要影响地表水和降水的蒸散发，也是地表径流阈值的主要影响因子。

表13-3 NPP与水相关生态系统服务约束关系特征值的影响因素

生态系统服务对	特征值	影响因素
NPP_地表径流	NPP阈值	R_std＞P_std＞P_mean＞P_min＞R_mm
	地表径流阈值	R_mean＞R_max＞NDVI_max＞LUCC_2＞T_mm
NPP_土壤水	NPP阈值	P_mean＞R_std＞P_std＞T_max＞R_min
	土壤水阈值	T_std＞NDVI_std＞R_max＞NDVI_mean＞NDVI_min
NPP_地下径流	斜率	T_mean＞T_std＞R_mm＞P_max＞P_mm
	截距	P_max＞P_mm＞R_mm＞R_min＞T_mean
总体		LUCC_1＞R_mean＞NDVI_max＞P_mean＞R_max

注：R代表太阳辐射、P代表降雨、T代表气温、NDVI代表归一化植被指数，LUCC_1、LUCC_2分别代表林地、草地占比。max、min、mm、std、mean分别代表最大值、最小值、最值之差、标准差、平均值。

对于NPP_土壤水约束关系而言，NPP阈值的主要影响因素与NPP_地表径流约束关系的影响因子几乎一致，降水和太阳辐射是主要影响因素。除降水和太阳辐射外，气温最大值是影响NPP阈值的主要因素之一，主要原因在于青海高原土壤水与气温存在相互耦合作用关系，土壤水的蒸散影响气温，同时气温也会影响土壤水，在气候变暖的大背景下，气温成为影响青海高原土壤水分的主要因素，这在约束线的NPP阈值上有所体现。土壤水阈值的主要影响因素是气温的标准差、地表覆盖因子和太阳辐射最大值，太阳辐射和气温主要影响土壤水的蒸散，地表覆盖因子通过截留地表水下渗影响土壤水，地表植被覆盖越好，截留水分越多，在土壤水未饱和的情况下土壤水分增加。

对于NPP_地下径流约束关系而言，影响该生态系统服务对特征值的主要因素是气温因子，还包括降水、太阳辐射。气温是影响NPP和地下径流的共同驱动因子，地下径流的主要来源之一是降水，降水扣除地表径流、土壤蒸散、植被蒸腾、土壤持留等才能形成地下径流，气温、降水、太阳辐射影响降水的分配，从而影响NPP_地下径流约束关系的斜率。截距表征NPP最小时，地下径流能够达到的最大值，主要受到降水量的影响，同时在NPP值较小的地区，太阳辐射高，成为影响水分蒸发的主要影响因素，因此截距的主要影响因素是降水和太阳辐射。

通过计算所有影响NPP与水相关生态系统服务约束关系特征值的因子灰色关联度，得到青海省影响NPP与水相关生态系统服务约束关系特征值的主要影响因素包括林地面积占比、太阳辐射的平均值与最大值、降水平均值以及NDVI最大值等。尽管林地面积占比在单个约束关系特征值的影响因素中不是最重要的，但在整体NPP与水相关生态系统服务约束关系特征值的影响因素中却居于重要地位，太阳辐射和降水影响多个关键特征值，尤其是NPP分布格局与水分分配，植被在水分分配过程中起重要作用，尤其是NDVI最大值，影响地表径流、蒸散发、土壤水、地下径流的分配。

13.2.7　青海省生态系统服务约束关系对生态系统管理的启示

NPP与水相关生态系统服务约束关系的特征值如表13-4所示。NPP与水相关生态系统服务约束关系特征值影响因素的灰色关联度如表13-5所示。

表13-4　NPP与水相关生态系统服务约束关系的特征值

年份	NPP_地表径流	NPP_土壤水	NPP_地下径流	
	阈值	阈值	斜率	截距
2000	(465.1 1162.9)	(600.99 2619.6)	−0.31	291.45
2001	(480.95 1035.6)	(520.24 2563.2)	−0.31	282.36
2002	(527.68 1044.6)	(564.61 2591.1)	−0.33	299.04
2003	(514.3 1026.9)	(690.54 2576)	−0.32	294.55
2004	(550.8 1029.8)	(646.78 2589.2)	−0.26	257.44
2005	(491.83 1039.7)	(679.57 2604.8)	−0.24	267.64
2006	(523.92 1051.1)	(682.96 2586.3)	−0.25	218.91
2007	(518.17 846.45)	(679.85 2751.1)	−0.22	256.67
2008	(531.69 1115.6)	(686.47 2701.9)	−0.82	1051.16
2009	(190.54 665.44) (754.55 1263.9)	(702.07 2840.7)	−1.05	1368.37
2010	(617.96 1258)	(863.82 2841.1)	−1.03	1274.72
2011	(286.35 798.94) (863.54 1048.3)	(713.59 2918.59)	−1.48	1874.41
2012	(226.93 684.4) (821.86 1072.5)	(732.99 2878.5)	−1.22	1594.84

续表

年份	NPP_地表径流	NPP_土壤水	NPP_地下径流	
	阈值	阈值	斜率	截距
2013	（241.87 700.52） （827.07 1226.1）	（734.88 2975.3）	−1.15	1424.98
2014	（235.56 887.68） （759.57 1509.7）	（882.57 2993.7）	−1.11	1478.73
2015	（305.25 710.28） （854.67 1261.6）	（833.52 2905.9）	−1.11	1462.23
2016	（272.76 1321） （870.99 1371.5）	（844.05 2930.2）	−1.43	1733.89
2017	（270.24 957.44） （740.3 1352.2）	（831.96 2930.2）	−0.96	1258.70
2018	（208.63 10000） （760.88 1234）	（742.19 2942.5）	−0.62	1067.45

注：括号内数字代表NPP与相应水相关生态系统服务的阈值。NPP的单位为g C，水相关生态系统服务的单位为mm。

通过分析影响青海省NPP与水相关生态系统服务约束关系及其特征值的影响因素，可以发现林地面积在生态系统服务约束关系整体塑造中起到非常关键的作用，尤其会影响水分的分配，主要表现为影响水相关生态系统服务的阈值大小，因此改变青海省林地覆盖状态时需慎重，需要遵循适地适树的原则。

水域面积在塑造青海省NPP与水相关生态系统服务约束关系的特征值时并未起到主导作用，但保护水域面积，提高水环境质量是青海省生态系统管理的重要工作。地表径流是人类淡水资源的主要来源，土壤水对植被生长以及冰川维持起重要作用，地下径流对于水文调节以及区域水资源补给起重要作用，在气候变化导致气温升高、降水波动大的背景下，有目的地合理调整NPP与水相关生态系统服务之间的约束关系，可以有效保护水资源。具体而言，对于存在约束关系阈值的生态系统服务类型，如NPP_地表径流和NPP_土壤水，人类能够直接改变的因素有NDVI和草地面积占比。增加草地面积占比和适当提高植被覆盖度（NDVI）可以提高地表径流阈值，而适当提高植被生产力（NPP）可以提高土壤水阈值，保护草地能够同时提高地表径流和土壤水的阈值。气候因子，尤其是太阳辐射和降水，在影响NPP_地表径流以及NPP_土壤水约束关系特征值方面也起重要作用，但这些气候因子人类很难直接调控，只能通过改变地表植被覆盖状态调控水资源分配，从而达到有效利用和保护青海省巨大的水资源宝库的目的。

表13-5　NPP与水相关生态系统服务约束关系特征值影响因素的灰色关联度

影响因子	NPP_地表径流		NPP_土壤水		NPP_地下径流	
	NPP阈值	地表径流阈值	NPP阈值	土壤水阈值	斜率	截距
NDVI_mean	0.56	0.59	0.61	0.71	0.54	0.51
NDVI_max	0.52	0.74	0.54	0.61	0.52	0.50

续表

影响因子	NPP_地表径流		NPP_土壤水		NPP_地下径流	
	NPP阈值	地表径流阈值	NPP阈值	土壤水阈值	斜率	截距
NDVI_min	0.56	0.59	0.62	0.71	0.54	0.51
NDVI_mm	0.52	0.71	0.53	0.59	0.52	0.50
NDVI_std	0.55	0.61	0.59	0.73	0.53	0.51
*P*_mean	0.72	0.58	0.84	0.68	0.54	0.55
*P*_max	0.56	0.50	0.53	0.53	0.63	0.78
*P*_min	0.71	0.63	0.61	0.55	0.62	0.56
*P*_mm	0.56	0.50	0.53	0.53	0.62	0.77
*P*_std	0.73	0.59	0.78	0.64	0.55	0.55
*T*_mean	0.69	0.54	0.60	0.54	0.72	0.56
*T*_max	0.65	0.58	0.72	0.59	0.61	0.53
*T*_min	0.59	0.61	0.67	0.65	0.59	0.52
*T*_mm	0.52	0.73	0.54	0.59	0.57	0.50
*T*_std	0.55	0.61	0.59	0.74	0.63	0.51
*R*_mean	0.57	0.79	0.62	0.66	0.51	0.52
*R*_max	0.61	0.79	0.68	0.71	0.51	0.53
*R*_min	0.65	0.56	0.71	0.68	0.53	0.71
*R*_mm	0.70	0.51	0.61	0.57	0.63	0.77
*R*_std	0.73	0.58	0.83	0.67	0.55	0.55
林地占比	0.52	0.72	0.54	0.59	0.52	0.50
草地占比	0.52	0.73	0.54	0.59	0.52	0.50
农田占比	0.57	0.57	0.65	0.66	0.54	0.51
水域占比	0.52	0.75	0.54	0.61	0.52	0.50
建筑占比	0.73	0.52	0.62	0.54	0.60	0.55
荒漠和未利用地占比	0.51	0.74	0.53	0.60	0.52	0.50

注：*R*代表太阳辐射、*P*代表降雨、*T*代表气温、NDVI代表归一化植被指数，max、min、mm、std、mean分别代表最大值、最小值、最值之差、标准差、平均值。

13.3 青藏高原隆升对气温和水资源分配的影响

13.3.1 模拟区域设置

本项研究的模拟区域设置如图13-22所示。模拟区域的范围包括整个青藏高原和内蒙古高原，向东延伸至我国东海和南海，同时包含印度洋的一部分。其中，青藏高原大致位于模拟区域的中部偏西位置，研究区青海省位于青藏高原东北部，占地面积72.23万km^2。模拟区域的水平空间分辨率设置为30 km，东西方向（x方向）的网格数为210个，南北方向（y方向）的网格数为145个，模拟区域范围是6300km×4350 km。

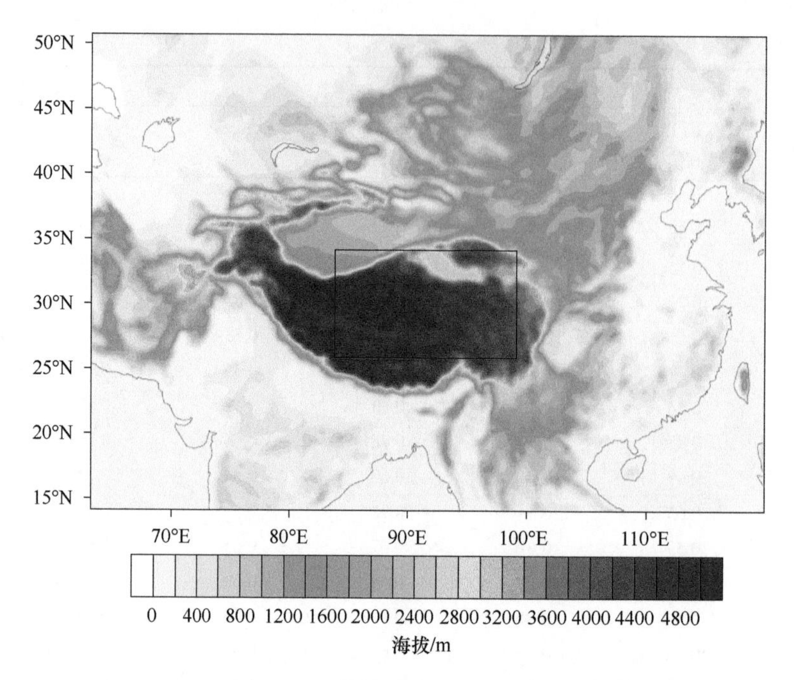

图 13-22 模拟区域范围和海拔

13.3.2 青藏高原隆升情景设置

青藏高原隆升大致可以分为三个阶段：①前奏时期，对应地质运动为喜马拉雅运动1，特点是新特提斯洋由盛而亡，高原大陆出现；②缓慢隆升及夷平时期，对应地质运动为喜马拉雅运动2，特点是平均海拔小于1000 m，夷平为主，隆升为辅；③强烈隆升时期，这一阶段包括青藏运动（长江、黄河等水系基本形成）、昆黄运动（平均海拔3000 m左右，高原进入冰冻圈）和共和运动（平均海拔大于4000 m，高原现代生态环境形成）。本研究在考虑高程梯度可辨识性的前提下，选择具有代表性的喜马拉雅运动1、喜马拉雅运动2、昆黄运动和共和运动，在现有数字高程模型的基础上乘以相应系数（分别为0.01、0.2、0.6、0.8和1.0），同时保证与周边地形相适应，最后得到5个青藏高原隆升情景（图13-23）。

13.3.3 植被情景设置

研究表明，在中新世时期，青藏高原中部和北部的植被以落叶阔叶林为主，某些地区分布有常绿阔叶林。这说明在中新世时，青藏高原中部和北部已经上升到一定程度，并且之前的植被覆盖应以常绿阔叶林为主。进入上新世，由于青藏高原进一步抬升，藏北的阔叶林逐渐缩减，柴达木盆地的植被变成落叶阔叶－针叶林，此后逐渐演变为草原、半荒漠、荒漠。第四纪是青藏高原上升最为剧烈的时期，此时藏北已无阔叶

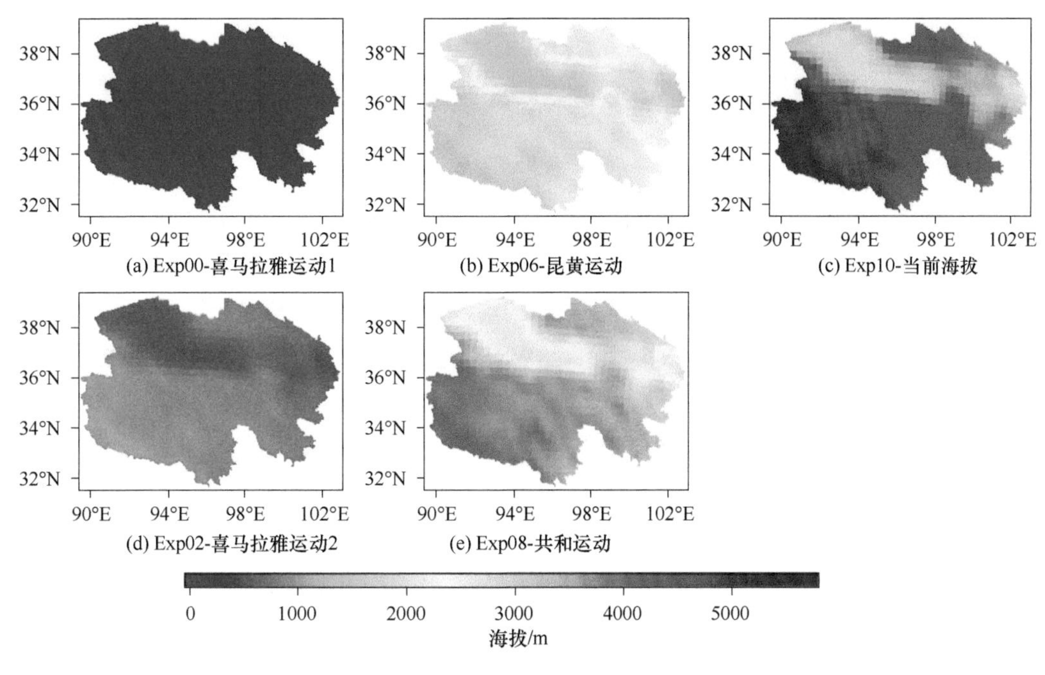

图13-23　青海高原隆升情景

树的存在。到第四纪后期，青藏高原大部分地区的植被演变为高寒荒漠，最后形成现今的植被格局。本研究将每个隆升情景所处的地质年代与上述植被演替过程对应，得到相应的植被覆盖情景（图13-24）。

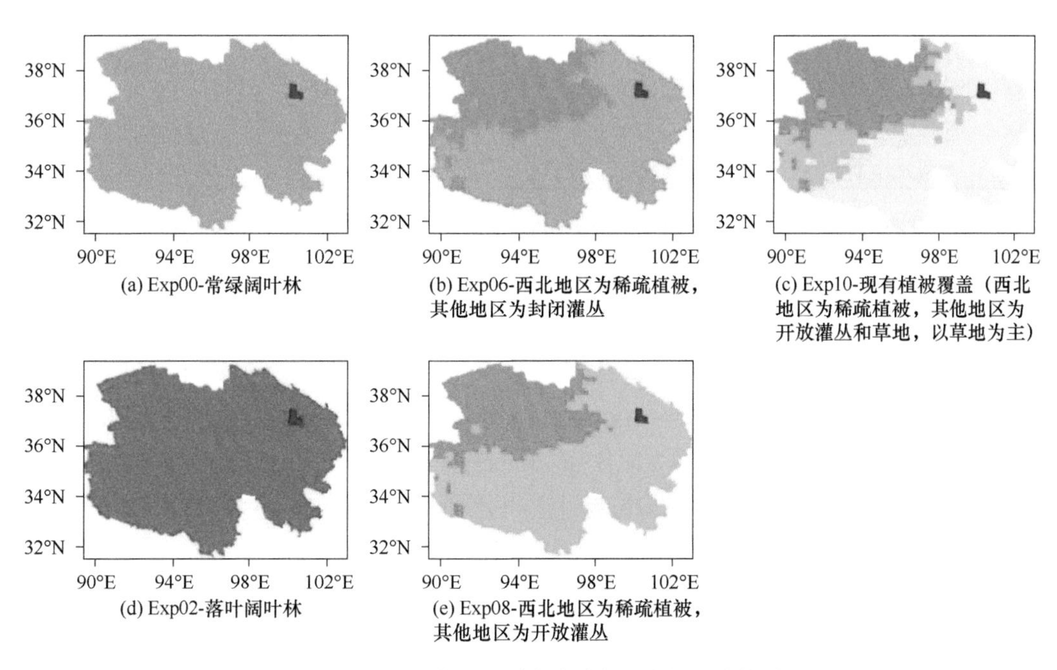

图13-24　青海高原不同隆升阶段对应的植被情景

13.3.4 WRF模式配置

WRF（Weather Research and Forecasting）模式是由美国国家大气研究中心和美国国家环境预报中心等科研机构于2000年推出的新一代高分辨率中尺度数值预报模式（Skamarock and Klemp，2008），广泛应用于气候、水文、大气环境等领域的研究。WRF模式的驱动数据主要有2类：下垫面数据（土地利用、海拔、土壤质地等）和大气边界场（气温、风场、湿度、压强等）。WRF主模式即主体积分运算程序，拥有目前最先进的数值动力框架和物理过程参数化方案，通过模拟陆面、大气以及陆面-大气中相互作用的物理过程，输出气象、水文等相关变量。本研究使用的是2016年8月发布的WRF V3.8.1版本。

WRF模式拥有先进的物理过程参数化方案，主要包括辐射方案、微物理方案、陆面过程方案、积云参数化方案、行星边界层方案、地表层方案等，每种类型的方案有若干选项供用户选择。物理过程参数化方案的选取与模拟的分辨率有关，同时要考虑各方案在设计原理、复杂程度、计算耗费机时、成熟程度等方面的差异。参数化方案的组合在一定程度上能够影响模拟结果，因此要谨慎考虑。在参考已有研究的基础上，通过对不同的参数化方案组合进行测试，最后确定本研究所使用的方案组合如表13-6所示。

表13-6 WRF模式的参数化方案设置

配置项目	具体参数	配置项目	具体参数
模式版本	WRF V3.8.1	陆面过程模型	Noah陆面过程模型
水平分辨率	ΔX和ΔY=30 km	积云参数化方案	Multi-scale Kain-Fritsch
水平网格数	210（X方向），145（Y方向）	微物理方案	WSM-3
垂直层数	45层	行星边界层方案	YSU
时间步长	120 s	地表层方案	MM5 similarity
辐射方案	RRTMG（长波和短波辐射）		

其中，辐射过程方案选择RRTMG（rapid radiative transfer model）长波和短波辐射方案，陆面过程方案选择Noah LSM（land surface model），积云过程方案选择MSKF（multi-scale kain-fritsch），微物理过程方案选择WSM-3（WRF single-moment 3 Class），行星边界层（planetary boundary layer，PBL）方案选择YSU（yonsei university PBL），地表层方案选择MM5（mesoscale Model 5）相似理论非迭代方案。此外，WRF模式的垂直方向设置45个eta层，水平方向使用Lambert等角圆锥投影，空间分辨率为30 km。依据模拟分辨率，设置模拟时间步长为一次积分120秒。

13.3.5 数值模拟方案

WRF模式的输入数据主要有2类：下垫面数据（土地利用、海拔、土壤质地等）

和大气边界场数据（气温、风场、湿度、压强等）。WRF模式通过模拟陆面、大气以及陆面-大气中相互作用的物理过程，将大尺度、低分辨率的气候信息转化为区域尺度的气候信息，输出气温、降水、土壤水、蒸散发等气象和水文变量，从而实现对区域气候的模拟和预测。如果保持大气边界场一致，改变土地利用和高程信息，则可以得到由土地利用和高程变化引起的区域气候和水文要素变化。据此，本研究总共设置5组数值模拟实验，分别对应青藏高原隆升的5个阶段（表13-7）。每组实验同时改变下垫面植被覆盖和高程信息，所有实验的运算时间均为1990年1月1日00时00分至2000年12月31日18时00分。去除第一年的运算结果，其他年份的模拟结果用于后续分析。模拟所使用的大气边界场数据是FNL（final operational global analysis），空间分辨率为1°×1°，时间分辨率为6小时。

表13-7　数值模拟方案设计

实验编号	隆升情景	植被情景	运行时间	模拟分辨率
Exp00	喜马拉雅运动1	常绿阔叶林	1990-01-01～2000-12-31	30 km
Exp02	喜马拉雅运动2	落叶阔叶林	1990-01-01～2000-12-31	30 km
Exp06	昆黄运动	稀疏植被/封闭灌丛	1990-01-01～2000-12-31	30 km
Exp08	共和运动	稀疏植被/开放灌丛	1990-01-01～2000-12-31	30 km
Exp10	当前海拔	稀疏植被/草地	1990-01-01～2000-12-31	30 km

13.3.6　青藏高原隆升对气温的影响

青藏高原隆升导致的海拔变化和植被变化降低了青海省的近地层气温，并且随着隆升过程的推进，区域降温幅度也随之增大（图13-25）。

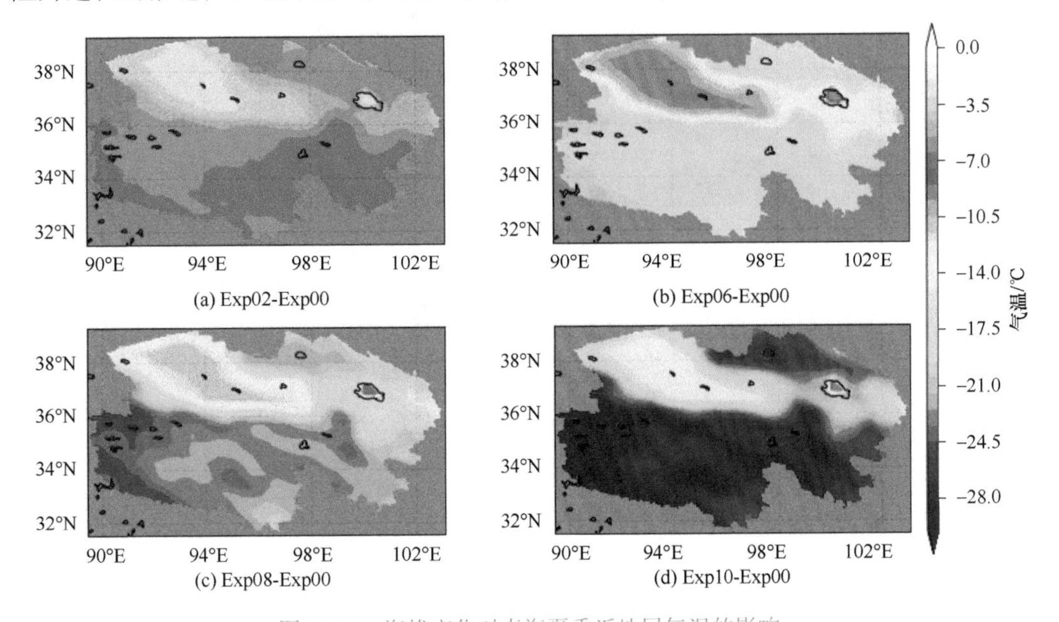

图13-25　海拔变化对青海夏季近地层气温的影响

相比于隆升的第一阶段（Exp00），第二阶段（Exp02）的降温幅度总体上小于7℃，并且由东南向西北递减，西北地区降温幅度约2～3℃。隆升的第三阶段（Exp06）导致青海省南部的降温幅度达到15～20℃，西北地区的降温幅度在10℃以内。这一阶段相比于前一阶段，气温有更大幅度的降低，青海北部和南部的温差逐渐彰显，这是由海拔和植被变化的共同作用导致的。进入隆升的第四阶段（Exp08），青海省全域的降温幅度都超过10℃，西部小范围地区最大降温幅度超过20℃。当前海拔与植被覆盖（Exp00）和高原隆升前相比，局部降温已超过30℃，南部降温幅度进一步扩大和增强，和北部形成鲜明对比。海拔变化是造成气温变化的主导因素，但是植被变化对气温的影响不可忽视（约3～6℃）。

13.3.7 青藏高原隆升对蒸散发的影响

青藏高原隆升对青海地区地表潜热通量的影响在不同的隆升阶段表现出不同的特点（图13-26）。相比于前奏时期（Exp00），隆升的早期（Exp02；平均海拔约1000 m）可以在一定程度上增加地表潜热通量，增幅为15～45 W/m^2。这是因为海拔的适度增加，可以拦截来自周围洋面的水汽，加之近地层气温仍然保持在相对较高的水平，使得地表蒸发能力增强。然而，隆升的第三阶段（Exp06；平均海拔2000 m），青海全域的地表潜热通量减少，尤其是西北部，减幅达到45 W/m^{2}左右。除了海拔变化外，植被变化（即由森林变为荒漠）在此发挥了重要的作用。此后，随着海拔升高到4000 m以上，地表潜热通量进一步减少，西北部最高减幅可以达到60 W/m^2。

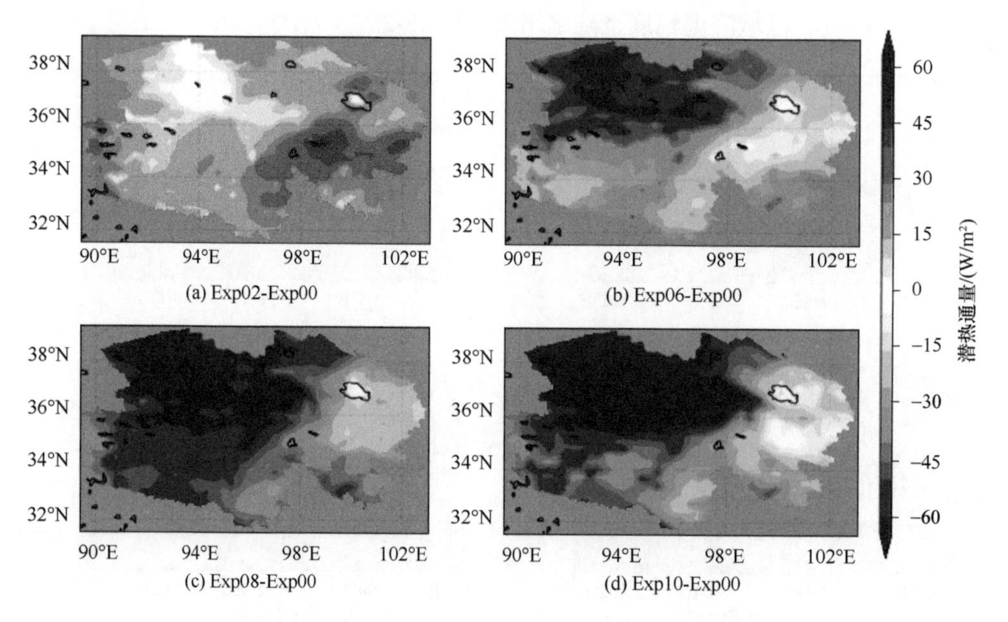

图13-26 海拔变化对青海夏季地表潜热通量的影响

青藏高原隆升总体上使青海地表显热通量减少，但是减幅较小，一般不超过40 W/m^2。在隆升的不同阶段，地表显热通量变化有所差异。在隆升的前半段，全域的地表显热通量呈现减少趋势；而在隆升的后半段，部分地区的地表显热通量随着海拔升高和植被变化而逐渐增加（图13-27）。相比于前奏时期（Exp00），在隆升早期（Exp02），地表显热通量的增幅与潜热通量减幅大致相抵，土壤热通量变化微小。这是因为前两个阶段的高原植被以森林为主，因此能量主要再分配为潜热和显热。从隆升的第三个阶段开始，海拔和植被变化的共同作用使地表潜热和显热通量减低，土壤热通量随之大幅增加，特别是西北地区。

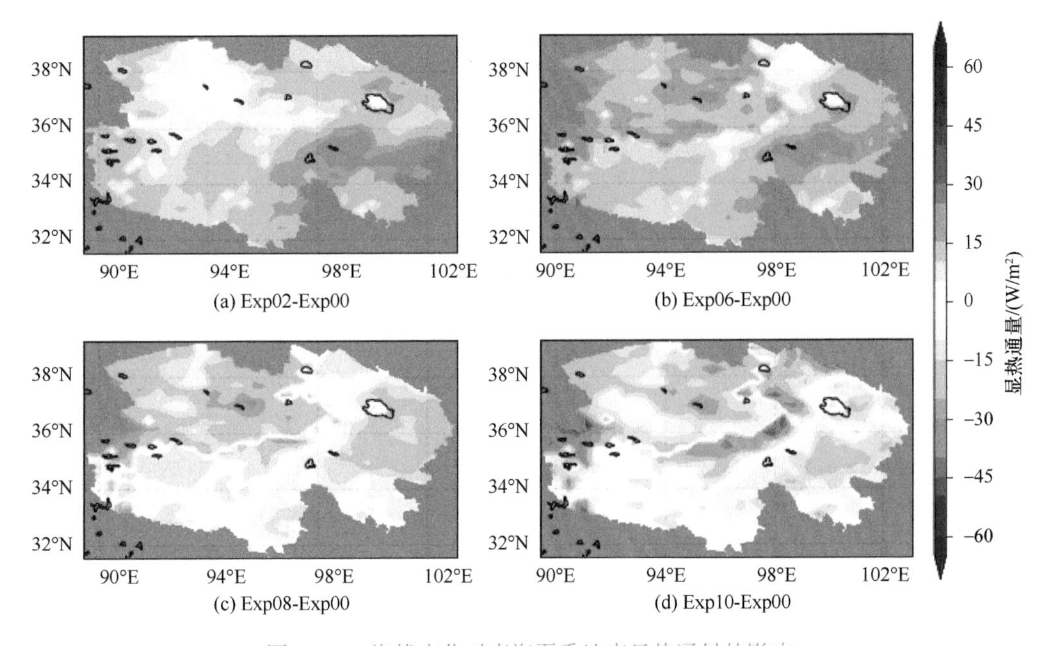

图13-27 海拔变化对青海夏季地表显热通量的影响

13.3.8 青藏高原隆升对降水的影响

青藏高原隆升对青海地区降水的影响与高原隆升对地表潜热通量的影响在空间上具有一定的相似性，即在隆升的早期和中后期表现出不同的变化特点（图13-28）。

相比于前奏时期（Exp00），隆升早期（Exp02）可以在一定程度上增加青海东部的降水量，增幅为50～250 mm；西部降水量变化不明显，局部小范围地区降水量减少70～140 mm。从隆升的第三个阶段开始，除青海东部边缘有小范围地区降水量增加之外，其余大部分地区的降水量呈现减少趋势，局部减幅超过300 mm。并且随着海拔的不断升高，降水量的减幅逐渐增大，受降雨减少影响的范围也在逐渐扩大。由海拔和植被变化导致的温度降低和大气水汽含量减少是造成本地区降水减少的主要原因。

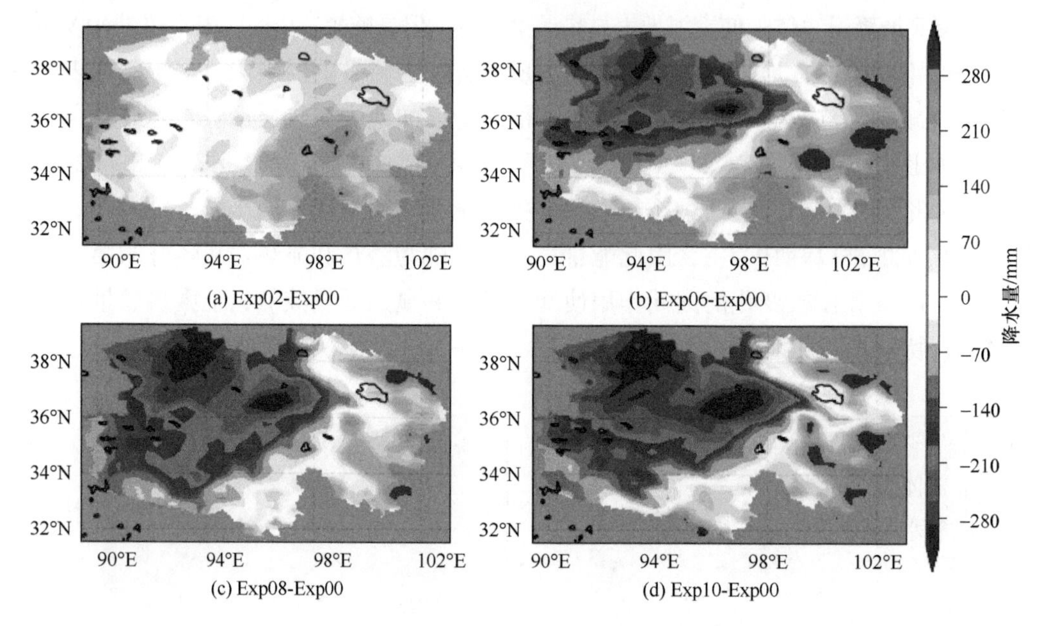

图 13-28 海拔变化对青海夏季降水的影响

13.3.9 青藏高原隆升对土壤水的影响

青藏高原隆升对青海省土壤总含水量（包括固态水和液态水）的影响如图 13-29 所示。Noah陆面过程模型的土壤层厚度为200 cm，总共包含4层，自上而下每层土壤的厚度分别为10 cm、30 cm、60 cm和100 cm。本研究取4层的加权平均得到整个土壤层的含水量，计算公式为

$$\mathrm{SUM}(\mathrm{SMOIS}\times\mathrm{DZS})/\mathrm{SUM}(\mathrm{DZS}) \tag{13-1}$$

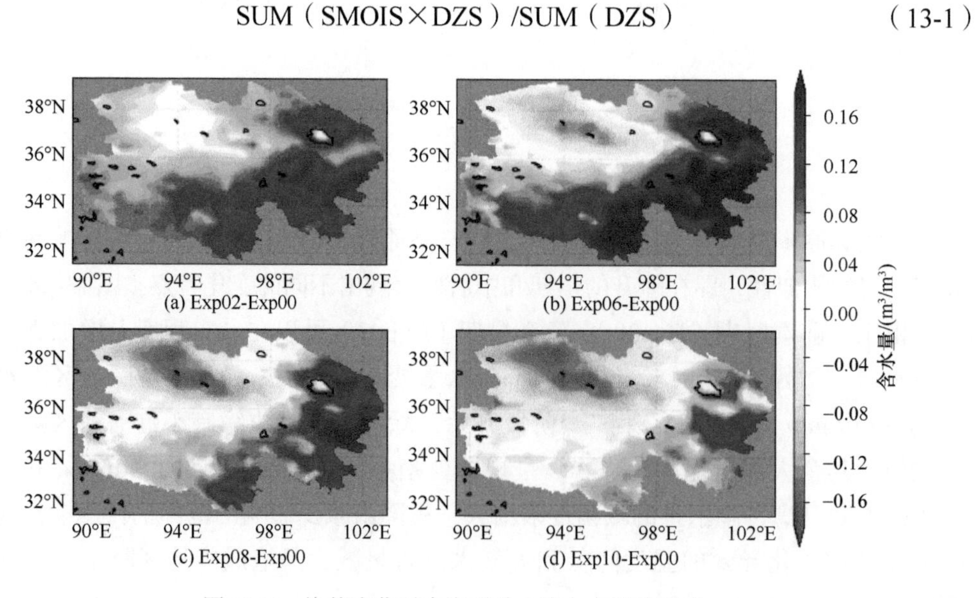

图 13-29 海拔变化对青海夏季土壤含水量的影响

式中，SMOIS为土壤各层的含水量，m^3/m^3；DZS为土壤各层的厚度，m；SUM为求和符号。

相比于前奏时期（Exp00），隆升第二阶段（Exp02）使青海省的土壤含水量增加，增幅总体上小于0.12 m^3/m^3，并由东南向西北递减，西北地区土壤含水量变化微小。在隆升的第三阶段（Exp06），青海高原的土壤含水量开始呈现大面积减少趋势，减幅约为0.06 m^3/m^3，东部地区的土壤含水量持续增加，增幅超过0.16 m^3/m^3；西北地区土壤含水量减少，最大减幅约0.14 m^3/m^3。与前一个阶段相比，随着隆升过程持续推进，全域土壤含水量开始呈现减少趋势，即西北地区的减幅增大，东南地区的增幅减小。到了隆升后期，西北地区土壤含水量大面积减少，减幅超过0.16 m^3/m^3。

进一步对青海地区土壤液态含水量的变化进行分析（图13-30），发现其变化的空间格局总体上与土壤总含水量相似，但是变化幅度较后者小。二者的对比说明青海夏季土壤含水量以液态水为主，但是受到青藏高原隆升的影响，土壤固态水含量呈现逐渐增加的趋势。这一趋势在隆升的第二和第三阶段表现不明显，但是进入隆升后期，随着海拔上升到4000 m以上，青海省东南部的土壤液态水含量明显比土壤总含水量小，说明这一地区土壤固态水含量增加，增幅可以达到0.09 m^3/m^3以上。

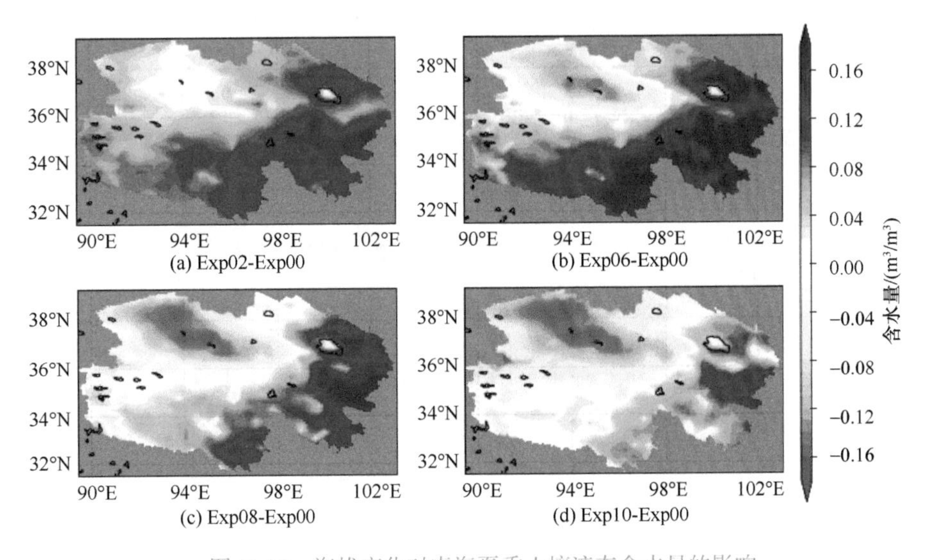

图13-30　海拔变化对青海夏季土壤液态含水量的影响

参考文献

陈仲新，张新时．2000．中国生态系统效益的价值．科学通报，45（1）：17～23．

范志平，曾德慧，朱教君，等．2002．农田防护林生态作用特征研究．水土保持学报，16（4）：130～140．

巩国丽，刘纪远，邵全琴．2014．基于RWEQ的20世纪90年代以来内蒙古锡林郭勒盟土壤风蚀研究．地理科学进展，33（6）：825～834．

郭鹏，申彦波，陈峰，等．2019．光伏发电潜力分析——以山西省为例．气象科技进展，9（2）：80～85．

郭中领．2012．RWEQ模型参数修订及其在中国北方应用研究．北京：北京师范大学博士学位论文．

江滢，罗勇，赵宗慈．2010．中国未来风功率密度变化预估．资源科学，32（4）：56～65．

蒋洁，刘永学，李满春，等．2014．南海岛礁风能资源及风能发电评价——基于quikscat风场数据与landsat etm＋影像．资源科学，36（1）：139～147．

李勇，刘亚州．2010．青海生态系统服务功能价值量评价．干旱区资源与环境，24（5）：1～10．

刘宝元．2006．西北黄土高原区土壤侵蚀预报模型开发项目研究成果报告．北京：水利部水土保持监测中心．

刘宝元，刘瑛娜，张科利，等．2013．中国水土保持措施分类．水土保持学报，27（2），80～84．

欧阳志云，王效科，苗鸿．1999．中国陆地生态系统服务及其生态经济价值的初步研究．生态学报，19（5）：607～613．

潘耀忠，史培军，朱文泉，等．2004．中国陆地生态系统生态资产遥感定量测量．中国科学D辑（地球科学），34（4）：375～384．

青海省统计局．2001—2019．青海统计年鉴．北京：中国统计出版社．

唐小平，黄桂林，徐明，等．2016．青海省生态系统服务价值评估研究．北京：中国林业出版社．

万绪才，陶锦莉．2004．风景资源旅游经济价值评估研究——以南京市珍珠泉风景区为例．皖西学院学报，20（3）：54～56．

王寿兵，王平建，胡泽园，等．2003．用意愿评估法评价生态系统景观服务价值——以上海苏州河为实例．复旦学报（自然科学版），42（3）：463～467．

王耀萱．2014．基于CITYgreen模型的厦门城市森林生态效益评价研究．福州：福建农林大学硕士学位论文．

邬建国，郭晓川，杨劼，等．2014．什么是可持续性科学？应用生态学报，25（1）：1～11．

谢高地，张彩霞，张昌顺，等．2015．中国生态系统服务的价值．资源科学，37（9）：1740～1746．

闫加海，张冬峰，安炜，等．2014．山西省太阳能资源时空分布特征及利用潜力评估．干旱气象，32（5）：712～718．

叶笃正，符淙斌，季劲钧，等．2001．有序人类活动与生存环境．地球科学进展，16（4）：453～460．

叶笃正，严中伟，马柱国．2012．应对气候变化与可持续发展．中国科学院院刊，27（3）：332～336．

于贵瑞，孙晓敏．2008．中国陆地生态系统碳通量观测技术及时空变化特征．北京：科学出版社．

张岩，刘宝元，史培军，等．2001．黄土高原土壤侵蚀作物覆盖因子计算．生态学报，21（7）：1050～1056．

朱文泉，潘耀忠，张锦水．2007．中国陆地植被净初级生产力遥感估算．植物生态学报，31（3）：413～424．

Allen R G, Pereira L S, Raes D, et al. 1998. Crop evapotranspiration. Guidelines for computing crop water requirements. FAO Irrigation and Drainage. Rome: Renouf Pub Co Ltd.

Bagnold R. 1943. The Physics of Blown Sand and Desert Dunes. London: Methuen Press.

Camps-Valls G, Tuia D, Bruzzone L, et al. 2013. Advances in hyperspectral image classification: Earth monitoring with statistical learning methods. IEEE signal processing magazine, 31 (1): 45~54.

Carpenter S R, Mooney H A, Agard J, et al. 2009. Science for managing ecosystem services: Beyond the Millennium Ecosystem Assessment. Proceedings of the National Academy of Sciences, 106: 1305~1312.

Carvalhais N, Reichstein M, Seixas J. 2008. Implications of the carbon cycle steady state assumption for biogeochemical modeling performance and inverse parameter retrieval. Global Biogeochemical Cycles, 22 (2): 1081~1085.

Cheng J, Liang S. 2014. Estimating the broadband longwave emissivity of global bare soil from the MODIS shortwave albedo product. Journal of Geophysical Research: Atmospheres, 119 (2): 614~634.

Choulga M, Kourzeneva E, Zakharova E, et al. 2014. Estimation of the mean depth of boreal lakes for use in numerical weather prediction and climate modeling. Tellus A, 66: 21295.

Clawson M. 1959. Methods for Measuring the Demand for and Value of Outdoor Recreation. Washington: Resources for the Future, Inc.

Costanza R, d'Arge R, de Groot R, et al. 1997. The value of the world's ecosystem services and natural capital. Nature, 387: 253~260.

Costanza R, de Groot R, Farber S, et al. 1998. The value of the world's ecosystem services and natural capital. Ecological Economics, 25: 3~15.

Costanza R, de Groot R, Sutton P, et al. 2014. Changes in the global value of ecosystem services. Global Environmental Change, 26: 152~158.

Cumming G S, Olsson P, Chapin F, et al. 2013. Resilience, experimentation, and scale mismatches in social-ecological landscapes. Landscape Ecology, 28: 1139~1150.

Daily G. 1997. Nature's Services: Societal Dependence on Natural Ecosystems. Saint Louis: Island Press.

de Groot R, Fisher B, Christie M. 2010. Integrating the ecological and economic dimensions in biodiversity and ecosystem service valuation. In: Pushpam Kumar. The Economics of Ecosystems and Biodiversity, Chapter 1: 1~30.

Ehrlich P, Ehrlich A. 1982. Extinction: The causes and consequences of the disappearance of species. Gollancz London: The Quarterly Review of Biology.

Fisher B, Turner R K, Morling P. 2009. Defining and classifying ecosystem services for decision making. Ecological Economics, 68: 643~653.

Forman R. 1995. Land Mosaics: The Ecology of Landscapes and Regions. Cambridge: Cambridge University Press.

Fryear D W, Bilbro J D. 2001. RWEQ: 改进后的风蚀预测模型 (I). 水土保持科技情报, 2: 20~22.

Fryrear D, Saleh A, Bilbro J, et al. 1998. Revised wind erosion equation (rweq). Wind erosion and water conservation research unit. Technical Bulletin, 1.

Fu B, Wang S, Su C, et al. 2013. Linking ecosystem processes and ecosystem services. Current Opinion in Environmental Sustainability, 5: 4~10.

Gao S, Liu R, Zhou T, et al. 2018. Dynamic responses of tree-ring growth to multiple dimensions of drought. Global Change Biology, 24: 5380~5390.

Ge R, He H, Ren X, et al. 2019. Underestimated ecosystem carbon turnover time and sequestration under the steady state assumption: A perspective from long-term data assimilation. Global Change Biology, 25: 938~953.

Glorot X, Bordes A, Bengio Y. 2011. Deep sparse rectifier neural networks. Proceedings of the fourteenth international conference on artificial intelligence and statistics, 315~323.

Haines-Young R, Potschin M. 2010. The links between biodiversity, ecosystem services and human well-being. Ecosystem Ecology: a new synthesis, 1: 110~139.

Harris I, Jones P D, Osborn T J, et al. 2014. Updated high-resolution grids of monthly climatic observations - the CRU TS3.10 Dataset. International Journal of Climatology, 34 (3): 623~642.

Helliwell D. 1969. Valuation of wildlife resources. Regional studies, 3: 41~47.

Hoff H. 2011. Understanding the nexus: background paper for the Bonn2011 Conference: the water, energy and food security nexus. Stockholm Environment Institute, Stockholm.

Hotelling H. 1947. The Economics of Public Recreation. Washington: The Prewitt Report, National Parks Service.

Huang C, Zheng X, Tait A, et al. 2014. On using smoothing spline and residual correction to fuse rain gauge observations and remote sensing data. Journal of Hydrology, 508: 410~417.

Huang K, Yi C, Wu D, et al. 2015. Tipping point of a conifer forest ecosystem under severe drought. Environmental Research Letters, 10: 024011.

Kendall M G. 1955. Rank Correlations Methods. 2nd ed. London: Griffin Press.

Kingma D, Ba J. 2015. Adam: A Method for Stochastic Optimization. International conference on learning representations. San Diego.

Kourzeneva E, Asensio H, Martin E, et al. 2012. Global gridded dataset of lake coverage and lake depth for use in numerical weather prediction and climate modeling. Tellus A, 64 (1): 15640.

Lawrence D M, Rosie A F, Charles D K, et al. 2019. The Community Land Model version 5: Description of new features, benchmarking, and impact of forcing uncertainty. Journal of Advances in Modeling Earth Systems, 11: 4245~4287.

Li T, Zheng X, Dai Y, et al. 2014. Mapping near-surface air temperature, pressure, relative humidity and wind speed over Mainland

China with high spatiotemporal resolution. Advances in Atmospheric Sciences, 31 (5): 1127~1135.

Li Z, Zhou T, Zhao X, et al. 2015. Assessments of drought impacts on vegetation in China with the optimal time scales of the climatic drought index. International Journal of Environmental Research and Public Health, 12 (7): 7615~7634.

Luo H, Zhou T, Wu H, et al. 2016. Contrasting responses of planted and natural forests to drought intensity in Yunnan, China. Remote Sensing, 8 (8): 635.

Luo H, Zhou T, Yi C, et al. 2018. Stock volume dependency of forest drought responses in Yunnan, China. Forests, 9 (4): 209.

MEA. 2001. Millennium ecosystem assessment. The United Nations.

MEA. 2005. Ecosystems and human well-being: Synthesis. Washington, DC.

Menzel A, Fabian P. 1999. Growing season extended in Europe. Nature, 397: 659.

Nassauer J I, Opdam P. 2008. Design in science: extending the landscape ecology paradigm. Landscape Ecology, 23: 633~644.

Nowak A, Grunewald K. 2018. Landscape sustainability in terms of landscape services in rural areas: Exemplified with a case study area in Poland. Ecological Indicators, 94: 12~22.

Opdam P, Luque S, Nassauer J, et al. 2018. How can landscape ecology contribute to sustainability science? Landscape Ecology, 33: 1~7.

Potschin M, Haines-Young, R. 2006. "Rio+10", sustainability science and Landscape Ecology. Landscape and Urban Planning, 75: 162~174.

Potter C S, Randerson J T, Field C B, et al. 1993. Terrestrial ecosystem production: a process model based on global satellite and surface data. Global Biogeochemical Cycles, 7 (4): 811~841.

Sharp R, Tallis H T, Ricketts T, et al. 2015. InVEST 3.2.0 User's Guide. The Natural Capital Project, Stanford University, University of Minnesota, The Nature Conservancy, and World Wildlife Fund.

Sharp R, Tallis H T, Ricketts T, et al. 2016. InVEST +VERSION+ User's Guide. The Natural Capital Project, Stanford University, University of Minnesota, The Nature Conservancy, and World Wildlife Fund.

Sherrouse B C, Semmens D J. 2015. Social Values for Ecosystem Services, version 3.0 (SolVES 3.0): documentation and user manual. Open-File Report.

Skamarock W C, Klemp J B. 2008. A time-split nonhydrostatic atmospheric model for weather research and forecasting applications. Journal of Computational Physics, 227: 3465~3485.

Turner B, Janetos A C, Verbug P H, et al. 2013. Land system architecture: using land systems to adapt and mitigate global environmental change. Global Environmental Change, 23 (2): 395~397.

UN. 2012. World Population Prospects: The 2010 Revision, Volume I-Comprehensive Tables.

UN. 2015. Resolution adopted by the General Assembly on 25 September 2015 General Assembly.

Westman W E. 1977. How much are nature's services worth? Science, 197: 960~964.

Wu D, Zhao X, Liang S, et al. 2015. Time-lag Effects of Global Vegetation Responses to Climate Change. Global Chang Biology, 21: 3520~3531.

Wu J. 2013. Landscape sustainability science: ecosystem services and human well-being in changing landscapes. Landscape Ecology, 28: 999~1023.

Xiao Z, Liang S, Sun R. 2015. Estimating the fraction of absorbed photosynthetically active radiation from the MODIS data based GLASS leaf area index product. Remote Sensing of Environment, 171: 105~117.

Xiao Z, Liang S, Wang J. 2013. Use of general regression neural networks for generating the GLASS leaf area index product from time-series MODIS surface reflectance. IEEE Transactions on Geoscience and Remote Sensing, 52 (1): 209~223.

Xiao Z, Liang S, Wang J. 2016. Long-time-series global land surface satellite leaf area index product derived from MODIS and AVHRR surface reflectance. IEEE Transactions on Geoscience and Remote Sensing, 54 (9): 5301~5318.

Xu J, Luo Y, Zhang X. 2008. China offshore wind energy resources assessment with the QuikSCAT data. Proceedings of SPIE - The International Society for Optical Engineering, 7105: 71050B-7~1050B-10.

Yu G, Chen Z, Piao S. 2014. High carbon dioxide uptake by subtropical forest ecosystems in the East Asian monsoon region. Proceedings of the National Academy of Sciences, 111 (13): 4910~4915.

Zhou T, Shi P, Jia G, et al. 2013. Nonsteady state carbon sequestration in forest ecosystems of china estimated by data assimilation. Journal of Geophysical Research: Biogeosciences, 118 (4): 1369~1384.

Zhou T, Shi P, Jia G, et al. 2015. Age-dependent forest carbon sink: Estimation via inverse modeling. Journal of Geophysical Research: Biogeosciences, 120 (12): 2473~2492.